全国高等院校新能源专业规划教材
全国普通高等教育新能源类“十三五”精品规划教材

生物质能转化原理与技术

Principles and Technology for Biomass Energy Conversion

主　编　陈汉平　杨世关
副主编　杨海平　王忠江　王　谦　林　鹿

中国水利水电出版社
www.waterpub.com.cn
·北京·

内 容 提 要

本书是为新能源类专业本科生编写的教材。本教材对生物质能转化过程中的基本原理、工艺流程和应用实践等进行了详细阐述，兼具基础性与通识性，可供新能源科学与工程专业学生学习了解生物质能源利用的概貌。全书共分为6章，主要内容包括绪论、生物质压缩成型、生物质热化学转化、生物质生化转化、生物质化学转化以及生物质其他转化技术。全书集成了现今生物质能转化领域的最新理论、工艺及应用实例，具有较强的综合性和科学性。

本书可以作为高等学校新能源科学与工程、热能工程等专业的主干课教材，也可供能源工程、环境工程、化学工程等领域科研人员、工程技术人员和管理人员等参考。

图书在版编目（CIP）数据

生物质能转化原理与技术 / 陈汉平，杨世关主编. -- 北京 : 中国水利水电出版社，2018.6(2024.4重印)
全国高等院校新能源专业规划教材　全国普通高等教育新能源类“十三五”精品规划教材
ISBN 978-7-5170-6545-6

Ⅰ. ①生… Ⅱ. ①陈… ②杨… Ⅲ. ①生物能源－高等学校－教材 Ⅳ. ①TK6

中国版本图书馆CIP数据核字(2018)第130133号

书　　名	全国高等院校新能源专业规划教材 全国普通高等教育新能源类“十三五”精品规划教材 **生物质能转化原理与技术** SHENGWUZHINENG ZHUANHUA YUANLI YU JISHU
作　　者	主　编　陈汉平　杨世关 副主编　杨海平　王忠江　王　谦　林　鹿
出版发行	中国水利水电出版社 （北京市海淀区玉渊潭南路1号D座　100038） 网址：www.waterpub.com.cn E-mail：sales@mwr.gov.cn 电话：(010) 68545888（营销中心）
经　　售	北京科水图书销售有限公司 电话：(010) 68545874、63202643 全国各地新华书店和相关出版物销售网点
排　　版	中国水利水电出版社微机排版中心
印　　刷	清淞永业（天津）印刷有限公司
规　　格	184mm×260mm　16开本　14.25印张　338千字
版　　次	2018年6月第1版　2024年4月第4次印刷
印　　数	7001—8000册
定　　价	**54.00**元

丛书前言

总算不负大家几年来的辛苦付出，终于到了该为这套教材写篇短序的时候了。

这套全国高等院校新能源专业规划教材、全国普通高等教育新能源类“十三五”精品规划教材建设的缘起，要追溯到2009年我国启动的国家战略性新兴产业发展计划，当时国家提出了要大力发展包括新能源在内的七大战略性新兴产业。经过不到十年的发展，我国新能源产业实现了重大跨越，成为全球新能源产业的领跑者。2017年国务院印发的《“十三五”国家战略性新兴产业发展规划》，提出要把战略性新兴产业摆在经济社会发展更加突出的位置，强调要大幅提升新能源的应用比例，推动新能源成为支柱产业。

产业的飞速发展导致人才需求量的急剧增加。根据联合国环境规划署2008年发布的《绿色工作：在低碳、可持续发展的世界实现体面劳动》，2006年全球新能源产业提供的工作岗位超过230万个，而根据国际可再生能源署发布的报告，2017年仅我国可再生能源产业提供的就业岗位就达到了388万个。

为配合国家战略，2010年教育部首次在高校设置国家战略性新兴产业相关专业，并批准华北电力大学、华中科技大学和中南大学等11所高校开设“新能源科学与工程”专业，截至2017年，全国开设该专业的高校已超过100所。

上述背景决定了新能源专业的建设无法复制传统的专业建设模式，在专业建设初期，面临着既缺乏参照又缺少支撑的局面。面对这种挑战，2013年华北电力大学力邀多所开设该专业的高校，召开了一次专业建设研讨会，共商如何推进专业建设。以此次会议为契机，40余所高校联合成立了“全国新能源科学与工程专业联盟”（简称联盟），联盟成立后发展迅速，目前已有近百所高校加入。

联盟成立后将教材建设列为头等大事，2015年联盟在华北电力大学召开了首次教材建设研讨会。会议确定了教材建设总的指导思想：全面贯彻党的教育方针和科教兴国战略，广泛吸收新能源科学研究和教学改革的最新成果，认真对标中国工程教育专业认证标准，使人才培养更好地适应国家战略性新兴产业的发展需要。同时，提出了“专业共性课＋方向特色课”的新能源专业课程体系建设思路，并由此确定了教材建设两步走的计划：第一步以建设新能源各个专业方向通用的共性课程教材为核心；第二步以建设专业方向特色课程教材为重点。此次会议还确定了第一批拟建设的教材及主编。同时，通过专家投票的方式，选定中国水利水电出版社作为教材建设的合作出版机构。在这次会议的基础上，联盟又于2016年在北京工业大学召开了教材建设推进会，讨论和审定了各部教材的编写大纲，确定了编写任务分工，由此教材正式进入编写阶段。

按照上述指导思想和建设思路，首批组织出版9部教材：面向大一学生编写了《新能源科学与工程专业导论》，以帮助学生建立对专业的整体认知，并激发他们的专业学习兴趣；围绕太阳能、风能和生物质能 3 大新能源产业，以能量转换为核心，分别编写了《太阳能转换原理与技术》《风能转换原理与技术》《生物质能转化原理与技术》；鉴于储能技术在新能源发展过程中的重要作用，编写了《储能原理与技术》；按照工程专业认证标准对本科毕业生提出的“理解并掌握工程管理原理与经济决策方法”以及“能够理解和评价针对复杂工程问题的工程实践对环境、社会可持续发展的影响”两项要求，分别编写了《新能源技术经济学》《能源与环境》；根据实践能力培养需要，编写了《光伏发电实验实训教程》《智能微电网技术与实验系统》。

首批 9 部教材的出版，只是这套系列教材建设迈出的第一步。在教育信息化和“新工科”建设背景下，教材建设必须突破单纯依赖纸媒教材的局面，所以，联盟将在这套纸媒教材建设的基础上，充分利用互联网，继续实施数字化教学资源建设，并为此搭建了两个数字教学资源平台：新能源教学资源网（http：//www.creeu.org）和新能源发电内容服务平台（http：//www.yn931.com）。

在我国高等教育进入新时代的大背景下，联盟将紧跟国家能源战略需求，坚持立德树人的根本使命，继续探索多学科交叉融合支撑教材建设的途径，力争打造出精品教材，为创造有利于新能源卓越人才成长的环境、更好地培养高素质的新能源专业人才奠定更加坚实的基础。有鉴于此，新能源专业教材建设永远在路上！

丛书编委会

2018 年 1 月

本 书 前 言

在传统化石能源日趋短缺及其利用带来严重环境污染问题的背景下，生物质能作为人类能源利用史上最为悠久的资源越来越受到人们的重视，其作为理想的替代能源，被誉为继煤炭、石油、天然气之后的“第四大”能源；它直接或间接地来源于绿色植物的光合作用，可转化为常规的固态、液态和气态燃料，取之不尽、用之不竭，是一种低污染、分布广泛、总量丰富、应用广泛的可再生能源，同时也是唯一一种可再生的碳源。

生物质能源可以以固体成型燃料、热解生产气液固燃料、气化制备合成气、气化发电、发酵制备燃料乙醇和沼气等形式存在，应用于国民经济的各个领域。国际自然基金会 2011 年 2 月发布的《能源报告》认为，到 2050 年，将有 60%的工业燃料和工业供热将来源于生物质能源。目前，对生物质能的利用手段主要包括燃烧、热解、气化、发酵等方式，并根据生物质种类的不同，对于其利用手段也不尽相同，所涉及的学科背景也不同，囊括了燃烧学、热化学、工程热物理、生物化学、物理化学等众多学科，呈现了多学科交叉特点。因此，笔者在考虑到其应用广泛和多学科交叉等特点的同时，兼顾新能源专业本科学生各专业发展方向，编写了这本以通识性、基础性为特色的专业必修课教材——《生物质能转化原理与技术》。

本教材是全国新能源科学与工程专业的统编规划教材，其编写、出版向整个学科的各专业方向学生系统介绍了生物质能源利用的整体概况。本教材在对生物质能源利用方式的相关理论与目前生物质能产业化方面的发展方向概述性地阐述的基础上，还重点介绍了生物质成型燃料、热化学转化、生化转化及化学转化等方式的主要原理、技术、工艺及装备；并结合工程案例介绍其主要应用，使学生对实际应用中对各种转化方式有更加直观的感受。此外，本教材还对一些新兴的利用概念原理及技术，如生物质热解多联产的新概念及新兴技术、微生物燃料电池等进行了简要的介绍；并重点对生物质能利用的工程项目、存在问题以及发展趋势进行了介绍与探讨。本教材共分 6 章，分别为绪论、生物质压缩成型、生物质热化学转化、生物质生化转化、生物质化学转化及生物质其他转化技术。

本教材由华中科技大学陈汉平统筹规划，并由陈汉平和华北电力大学杨世关任主编，华中科技大学杨海平、东北农业大学王忠江、江苏大学王谦和厦门大学林鹿任副主编。本教材的编者也全部是来自于国内高校从事生物质能的一线科研教学人员，有着多年的理论知识积累和丰富的实践经验。本书第 1 章绪论由华中科技大学杨海平、陈汉平撰写；第 2 章生物质压缩成型由华北电力大学杨世关、李继红和华中科技大学杨晴撰写；第 3 章生物质热化学转化由华中科技大学陈汉平、杨海平、王贤华、邵敬爱、陈应泉和华北电力大学陆强撰写；第 4 章生物质生化转化由东北农业大学王忠江、华中科技大学邵敬爱、华北电力大学赵莉撰写；第 5 章生物质化学转化由江苏大学王谦、王爽，华中科技大学王贤华，厦门大学刘健撰写；

第 6 章生物质其他转化技术由厦门大学林鹿、曾宪海，华中科技大学张世红和张雄撰写。全书由陈汉平、邵敬爱统稿，华中科技大学能源与动力工程学院研究生符世龙、夏明巍、车庆丰、成伟、王金泽、周晓鸣等协助文字、图表处理等工作。

笔者努力使本书能够作为生物质能利用的入门书籍，为相关专业学生及关心生物质能转化发展的人们提供一个粗略的图景来初窥生物质能利用现状的门径，但本领域的发展如火如荼，对整个领域发展进行勾画非一本书所能完成，书中难免存在疏漏或不当之处，敬请读者批评指正，以便在后续版本中继续加以改进和完善。

作者

2018 年 3 月

目　　录

第1章 绪论

1.1 生物质能源与资源

能源亦称能量资源或能源资源，是人类社会赖以生存和发展的重要物质基础。纵观人类社会发展的历史，人类文明的每一次重大进步都伴随着能源的改进和更替。能源的开发和有效利用程度以及人均能源消费量，是生产技术、生活水平和社会发展的重要标志之一。

凡是自然界存在的，通过科学技术手段能够转换成各种形式能量（热能、电能、光能、化学能和机械能等）或可做功的资源都被统称为能源。其中凡自然界原来就存在，没有经过加工或转换的能源统称为一次能源，如煤、石油、天然气、煤层气、水能、太阳能、风能、生物质能、核能、地热能等；由一次能源经过加工或转换而得到的能源称为二次能源，如电力、焦炭、煤气、汽油、柴油、热力等。

能源根据其使用的普及情况分为常规能源和新能源两类。常规能源是指在现有的科学技术的水平下已被广泛使用的能源，如煤炭、石油、天然气、水能等。那些虽然早已被利用或已引起人们重视，但尚未广泛利用或利用技术尚待完善或正在研究中的能源，都称为新能源。随着科学技术的发展，新能源的技术日益完善而被逐渐广泛采用，新能源也就成为常规能源。在我国现阶段，太阳能、风能、地热能、生物质能、海洋能等都被列为新能源。

目前我国已经成为世界上第一大能源生产国和能源消费国。表1.1列出了2015年中国和世界主要能源的储量和储采比（按当年的生产水平尚可开采的剩余能源储量的年数）的对比。从中可以看出，随着国民经济的快速增长，我国正面临着日益严峻的能源危机。

表1.1　　2015年中国与世界主要能源情况的对比

项　目	石油	天然气	煤炭
世界总可采储量	2394亿t	186.9万亿m^3	8915.31亿t
中国可采储量	25亿t	3.8万亿m^3	1145亿t
中国所占比例/%	1.1	2.1	12.8
世界储采比	50.7	52.8	114
中国储采比	11.7	27.8	31
中国产量名次	4	6	1

我国目前仍处于工业化、城镇化加速发展阶段，能源需求会继续增长，能源供应保障任务更加艰巨。我国能源形势严峻，仍然面临着能源资源结构单一，能源效率低，农村能源严重短缺，能源过度依赖进口，人均能源不足以及能源分布不均等问题，图 1.1 所示为 2015 年世界与中国一次能源消费比例。从图 1.1 中可知，目前人类的能源消费主要以煤、石油、天然气等化石能源为主。由于大量使用化石能源、砍伐森林以及化学排放等，人类正面临着严峻的生态与环境危机。如何在开发和使用能源的同时保护好我们赖以生存的地球环境与生态，已经成为全球性的重大课题，而大力开发和利用风能、太阳能、生物质能等新能源才是人类走出困境的唯一出路。与太阳能、风能、水能和潮汐能相比，生物质是唯一以物质形式存在的能源，也是唯一可存储和运输的可再生能源。生物质的组成与常规的化石燃料相似，它的利用方式也与利用化石燃料的常规能源类似。但生物质种类繁多，具有不同特点和属性，利用技术远比化石燃料复杂多样。

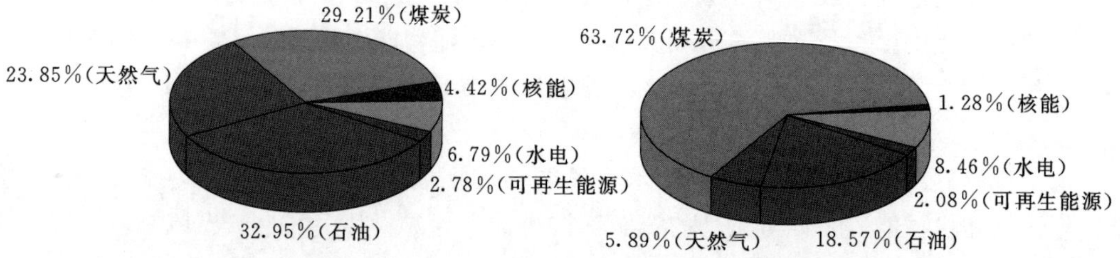

(a) 2015 年世界 13147.3Mtoe 一次能源消费比例　　(b) 2015 年中国 3014.0Mtoe 一次能源消费比例

图 1.1　世界与中国一次能源消费比例

1.1.1　生物质的定义和形成

生物质是指来源于植物或动物的一切有机物质。《联合国气候变化框架公约》所定义的生物质的概念为："来源于植物、动物和微生物的非化石物质且可生物降解的有机物质"。它也包括农林业和相关工业产生的产品、副产品、残渣和废弃物，以及工业和城市垃圾中非化石物质和可生物降解的有机组分。

生物质是一种可持续、可再生的能源，它可通过 CO_2、空气、H_2O、土壤、阳光、植物及动物的相互作用源源不断的形成。有机体死后，微生物将生物质分解成基本组成部分，如 H_2O、CO_2 和潜在能源。生物质在微生物降解和燃烧过程中释放的 CO_2，全部来自于生物质近期生长过程中吸收大气中的 CO_2，即生物质燃烧过程中产生的 CO_2 不会增加地球上 CO_2 总量。因此，生物质通常被称为温室气体零排放的可再生能源。

植物类生物质是通过叶绿素将太阳能转化为化学能而储存在生物质内部而形成的能源，同时吸收大气中的 CO_2 和土壤中的水分，而储存在植物中的化学能通过食物转移到动物和人类体内，动物和人类的排泄物也会促进植物生长。

1.1.2　生物质的分类

对于生物质如何进行分类，有不同的标准。例如，依据是否能大规模代替常规化石能源，而将其分为传统生物质能和现代生物质能。广义地讲，传统生物质能指在发展中国家小规模应用的生物质能，主要包括农村生活用能（薪柴、秸秆、稻草）及其他农业生产的废弃物和畜禽粪便等；现代生物质能是指可以大规模应用的生物质能，包括现代林业生产的废弃物、甘蔗渣和城市固体废弃物等。

以下将依据来源的不同，将适合于能源利用的生物质分为林业资源、农业资源、生活污水和工业有机废水、城市固体废物及畜禽粪便等五大类，我国的生物质资源量分布情况见表1.2。

表1.2　我国的生物质资源量分布情况

指　标	资源量/亿t	可获得量/亿t	能源可利用量	
			/亿t	/亿t标准煤
林业资源	1.25	1.25	1.25	0.63
农业资源	6.81	5.46	1.38	0.69
有机废水/亿 m^3沼气	500	500	500	0.39
城市固体废物	1.5	1.5	0.15	0.02
畜禽粪便	2.39	2.39	2.39	1.07
合计				2.8

1. 林业资源

林业生物质资源是指森林生长和林业生产过程提供的生物质能源，包括薪炭林、大森林抚育和间伐作业中的零散木材、残留的树枝、树叶和木屑等；木材采运和加工过程中的枝丫、锯末、木屑、梢头、板皮和截头等；林业副产品的废弃物，如果壳和果核等。

2. 农业资源

农业生物质能源是指农业作物（包括能源植物）；农业生产过程中的废弃物，如农作物收获时残留在农田内的农作物秸秆（玉米秸、高粱秸、麦秸、稻草、豆秸和棉秆等）；农业加工业的废弃物，如农业生产过程中剩余的稻壳等。能源植物泛指各种用以提供能源的植物，通常包括草本能源作物、油料作物、抽取碳氢化合物植物和水生植物等几类。

3. 生活污水和工业有机废水

生活污水主要由城镇居民生活、商业和服务业的和各种排水组成，如冷却水、洗浴排水、洗衣排水、厨房排水、粪便污水等。工业有机废水主要是酒精、酿酒、食品、制药、造纸及屠宰等行业生产过程中排出的废水等，其中都富含有机物。

4. 城市固体废物

城市固体废物主要是由城镇居民生活垃圾，商业、服务业垃圾和少量建筑业垃圾等固体废物构成。其组成成分比较复杂，受当地居民的平均生活水平、能源消费结构、城镇建设、自然条件、传统习惯以及季节变化等因素影响。

5. 畜禽粪便

畜禽粪便是畜禽排泄物的总称，它是其他形态生物质（主要是粮食、农作物秸秆和牧草等）的转化形式，包括畜禽排出的粪便、尿及其与垫草的混合物。我国主要的畜禽包括鸡、猪和牛等，其资源量与畜牧业生产有关。

1.1.3 生物质的特征

1. 储量巨大

地球上从森林到海洋存在着数量巨大的生物质，陆地地面以上总的生物质量约为 1.8Mt，海洋中约 40 亿 t，土壤中存在的生物质量基本上与陆地地面以上的相当。陆地地面以上总的生物质量换算成能量约为 33000EJ，是世界能源年消耗量的 80 倍以上。此外，在光合作用下新的生物质还在不断产生。生物质的年净生产量，陆地地面以上约为 1150 亿 t，其总量换算成能量接近世界能源年消耗量的 10 倍。其中森林树木的年生长量十分巨大，相当于全世界一次性能源的 7～8 倍，实际可以利用的量按该数据的 10%推算，可以满足能量供给的要求。

2. 环境友好

生物质在使用的过程中，对环境污染小。如生物质的灰分含量低于煤，含氮量通常比煤少，特别是含硫量生物质比煤少得多，一般少于 0.2%，减少了 SO_2的排放。燃用生物质产生的 CO_2又可被等量生长的植物光合作用所吸收，CO_2净排放量近似为零，从而减轻了“温室效应”的负面影响。

3. 可再生性

生物质能蕴藏量巨大，而且是唯一可再生、可替代化石能源转化成气态、液态和固态燃料以及其他化工原料或产品的碳资源。只要有阳光照射，绿色植物的光合作用就不会停止，生物质能也就永远不会枯竭。特别是在大力提倡植树、种草、合理采樵、保护自然环境的情况下，植物将会源源不断地供给生物质能资源。

4. 兼容性强

生物质的化学组成与化石能源相似，其利用技术和利用方式与传统的化石燃料具有很好的兼容性，且其可以转化为气、液、固体资源，对化石燃料进行良好的替代。可再生能源中，生物质是唯一可以储存运输的能源，加工转换与连续使用更加方便。在用科学的方法利用生物质的能量后，剩余部分还可以还田，改良土壤，提高土地肥力。

1.2 生物质的组成与特性

1.2.1 化学组成

生物质是多种复杂的高分子有机化合物组成的复合体，其组成成分多种多样，主要有纤维素、半纤维素、木质素以及少量的淀粉、蛋白质、脂质等。其中纤维素、半纤维素和木质素的存在形态如图 1.2 所示。不同种类的生物质，其成分差异很大。从能源利用的角度来看，利用潜力较大的是由纤维素、半纤维素组成的全纤维素类生物质。上述组成成分由于化学结构的不同，其反应特性也不同，因此根据生物质的组成特性选择相应的能量转化方式十分重要。典型生物质材料的组成成分见表 1.3。

表 1.3　　典型生物质材料的主要组成成分（空干基）

种类	半纤维素	纤维素	木质素	灰分
玉米秸秆	32.5	32.9	4.6	7.0
稻秆	41.1	29.5	5.1	2.5
稻壳	37.2	23.9	12.8	7.6
麦秸	22.4	43.2	9.5	6.4
高粱秸	31.6	42.2	7.6	6.0
甘蔗渣	38.5	38.1	20.2	1.6
毛竹	17.3	35.8	19.6	1.1
烟叶	5.1	39.0	6.5	5.7

1. 纤维素

纤维素是由 D-葡萄糖通过 β-葡萄糖苷键连接而成的多糖。其分子以 $(C_6H_{12}O_5)_n$ 表示，n 为聚合度，为几千至几万，结构式如图 1.3 所示。纤维素完全水解后生成 D-葡萄糖（单体），部分水解则生成纤维二糖、纤维三糖等 $n=4\sim10$ 的多糖。纤维素具有晶体结构，不溶于水，无还原性，水解一般需要浓酸或稀酸在加压下进行。棉花几乎 100%由纤维素组成；而木材中还含有一定量的半纤维素和木质素，纤维素平均含量为 40%～50%。

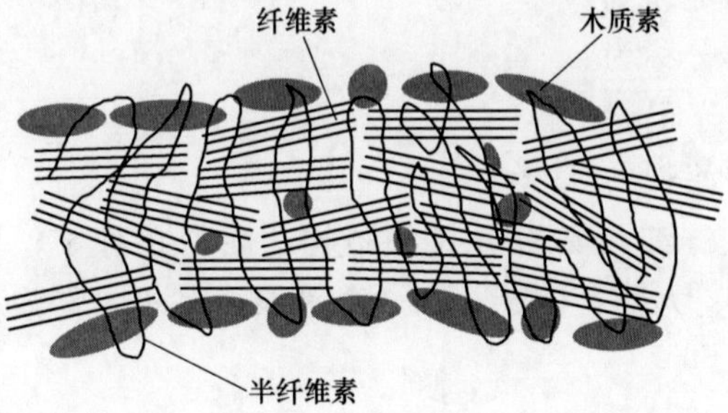

图 1.2　生物质的主要成分结构图

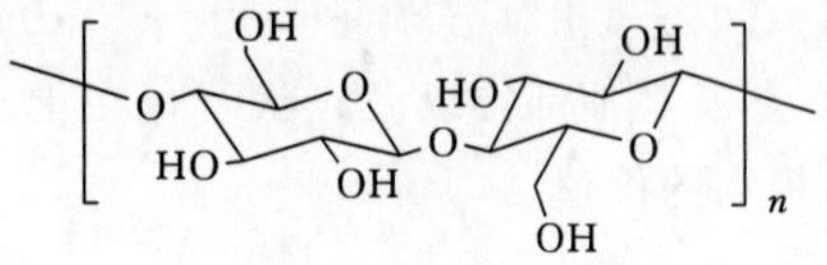

图 1.3　纤维素结构式

2. 半纤维素

纤维素是仅由 D-葡萄糖结构单元组成的多糖，而半纤维素则是由 D-木糖、D-阿拉伯糖（以上均为戊糖，五碳单糖）、D-甘露糖、D-半乳糖、D-葡萄糖（以上均为己糖，六碳单糖）等结构单元构成的多糖。其中戊糖多于己糖，平均分子式可表示为 $(C_5H_8O_4)_n$。与纤维素有规律的链状结构不同，半纤维素含有支链结构，聚合度为 50～200，低于纤维素的聚合度，结构式如图 1.4 所示。因此，半纤维素与纤维素相比，易于分解，大多可溶

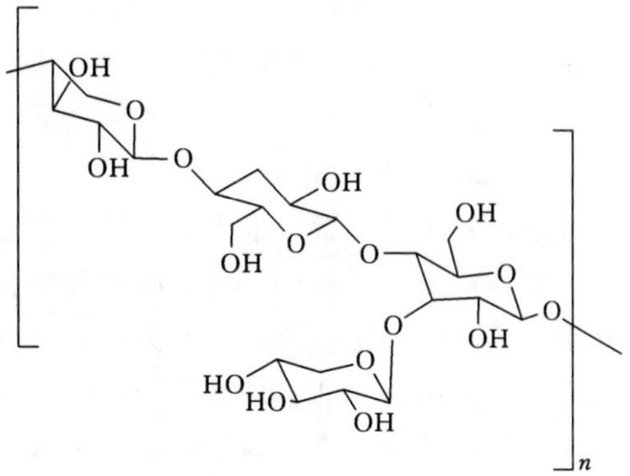

图 1.4　半纤维素结构式

于碱溶液。半纤维素中含量较多的是木聚糖，它是 D-木糖经 1,4-糖苷键缩合形成的产物。半纤维素大量存在于植物的木质化部分，如秸秆、种皮、坚果壳和玉米穗等，其含量依植物种类、部位和老幼程度而有所不同，半纤维素前驱体是核糖苷酸。

3. 木质素

木质素是植物界中仅次于纤维素的最丰富的有机高聚物。广泛分布在具有维管束的羊齿植物以上的高等植物中，是裸子植物和被子植物所特有的所特有的化学成分。木质素是一类由苯丙烷单元，通过醚键和碳碳键连接的复杂的无定型高聚物，它和半纤维素一起作为细胞间质填充在细胞壁的微细纤维之间，加固木化组织的细胞壁，也存在于细胞间层，把相邻的细胞黏结在一起。木质素具有立体结构，而且难以被微生物及化学试剂分解，所以具有构成植物骨骼和保护植物的功能，结构式如图 1.5 所示。

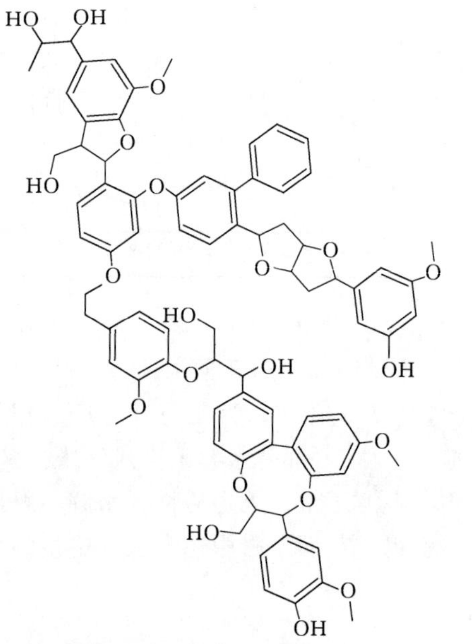

图 1.5　木质素结构式

4. 淀粉

淀粉与纤维素一样，是由 D-葡萄糖（和一部分麦芽糖）结构单元构成的多糖，纤维素是以 β-葡萄糖苷键结合而成的，而淀粉是以 α-葡萄糖苷键结合而成的。此外，纤维素不溶于水，而淀粉则分为在热水中可溶和不可溶两部分，可溶部分称为直链淀粉，占淀粉的 10%～20%，相对分子量 1 万～6 万；而不溶部分称为支链淀粉，占淀粉的 80%～90%，相对分子量 5 万～10 万，支链淀粉具有分枝状结构。淀粉在种子、块状（根）茎及其他部位以微粒状态存在于玉米、大豆、山芋、米、麦等农产品中，作为食物具有极高的价值。

5. 蛋白质

蛋白质是构成细胞的重要物质，约占细胞总干重的 60%以上，蛋白质是由多种氨基酸组成，相对分子质量很大，由五千到百万以上，氨基酸主要由碳（C）、氢（H）、氧（O）三种元素组成，另外还有氮（N）和硫（S）。构成蛋白质的氨基酸有 20 多种，细胞中的储存蛋白质以多种形式存在与细胞壁中成固体状态，生理活性较稳定，可以分为结晶和无定形。粗蛋白含量约相当于该物质中氮元素含量乘以 6.25。

6. 其他有机成分

纤维素、半纤维素、木质素几乎是所有生物质的组成成分。与这些多糖类碳水化合物相比，生物质中含量较少（在不同物种中含量不同）的物质是甘油酯，它是甘油的脂肪酸酯，根据所结合的脂肪酸基团的数目，可分为甘油单脂、甘油二酯和甘油三酯，特别是甘油三酯，作为脂肪（油脂）在生物质中含量较多。

生物质中还含有少量的生物碱、色素、树脂、甾醇、萜烃、类萜、石蜡。他们虽然含量较低，但大多数具有生物学特性，作为化学品和药品的价值较高，这方面的有效利用正在开展之中。

7. 无机成分（灰分）

虽然生物质是天然高分子有机物，但也含有微量的无机成分（灰分）。灰分中含有钙（Ca）、钾（K）、磷（P）、镁（Mg）、硅（Si）、铝（Al）、钡（Ba）、铁（Fe）、钛（Ti）、钠（Na）、锰（Mn）、锶（Sr）等金属，而金属含量则与生物质的种类有关。树木和草本植物燃烧后的残余灰分可以作为肥料播撒在土地上，有利于生物质生产的循环。

1.2.2 元素组成

生物质燃料中除含有少量的无机物和一定量的水分外，大部分是可以燃烧的有机物。生物质燃料的元素的基本组成是碳（C）、氢（H）、氧（O）、氮（N）、硫（S）、磷（P）、钾（K）等元素。表1.4为典型生物质主要元素组成。

表1.4　典型生物质主要元素组成（单位:%，空干基）

生物质种类	碳（C）	氢（H）	氮（N）	硫（S）
稻草	38.32	5.06	0.63	0.11
玉米秸秆	42.17	5.45	0.74	0.12
麦秸	42.28	5.31	0.65	0.18
马粪	37.25	5.35	1.40	0.17
牛粪	32.07	5.46	1.41	0.22
杂树叶	41.14	4.68	0.74	0.14
褐煤	66.87	4.11	1.16	0.48
烟煤	83.83	4.33	1.12	2.59
无烟煤	86.20	2.60	0.79	0.29

（1）碳（C）是燃料中的主要元素，其含量多少决定着燃料发热量的大小，含碳量越高发热量越高。碳燃烧后生成CO_2或CO，并放出大量的热量。1kg纯碳完全燃烧释放约33913kJ的热量。碳的存在形式有两种：①碳与氢、氮等元素组成不稳定的碳氢化合物，为化合碳，燃烧时以挥发物析出燃烧；②固定碳，挥发物析出后在更高的温度下才能燃烧。柴草中固定碳的含量少于煤炭，而挥发物含量多于煤炭，所以容易着火燃烬。

（2）氢（H）常以碳氢化合物的形式存在，燃烧时以挥发气体析出。1kg氢燃料可放出142256kJ的热量。但氢的燃烧产物是水蒸气，汽化潜热要带走一部分热量，实际放热值为11970kJ。氢含量越高越容易燃烧。

（3）氧（O）助燃但本身不释放出热量，而且会降低燃料的发热量。

（4）氮（N）不能燃烧，一般情况下以自由态排入大气，但在高温状态下可与氧反应生成NO_x污染大气环境。

（5）硫（S）是可燃物质，1kg硫燃烧放热9210kJ，燃烧产物SO_2和SO_3与水蒸气反应生成有害物质，腐蚀金属，污染大气，危害人体，影响动植物生长。生物质中硫含量并不大，占0.1%～0.2%。

(6) 磷 (P) 可燃，燃烧后生成 P_2O_5，是草木灰中的磷肥，在生物质元素组成中占比为 0.2%~0.3%。

(7) 钾 (K) 可燃，燃烧后生成氧化钾，是草木灰中的钾肥。

在生物质中还有一定量的水分和少量矿物质，水分在燃烧过程中产生水蒸气，带走一部分热量，其他不可燃的矿物质如 SiO_2、Al_2O_3、CaO、Fe_2O_3等组成灰分。灰分对燃料发热量有较大影响，灰分多，发热量就少，燃烧的温度就低。

生物质的元素组成与煤等传统化石能源相比，其含硫量和含氮量都较低，同时灰分含量也很小，燃烧后 SO_x、NO_x和灰尘排放量都比化石燃料小得多，是一种清洁的燃料。生物质能的优点是燃烧容易、污染少、灰分较低；缺点是热值及热效率较低、体积大且不易运输。直接燃烧生物质的热效率仅为 10%~30%。

1.3 生物质能转化利用技术

通常把生物质能通过一定方法和手段转变成使用起来更为方便和干净的燃料物质或能源产品的技术统称为生物质能转化利用技术。生物质能主要转化利用技术如图 1.6 所示，不同的利用方式具有各自的技术特点。

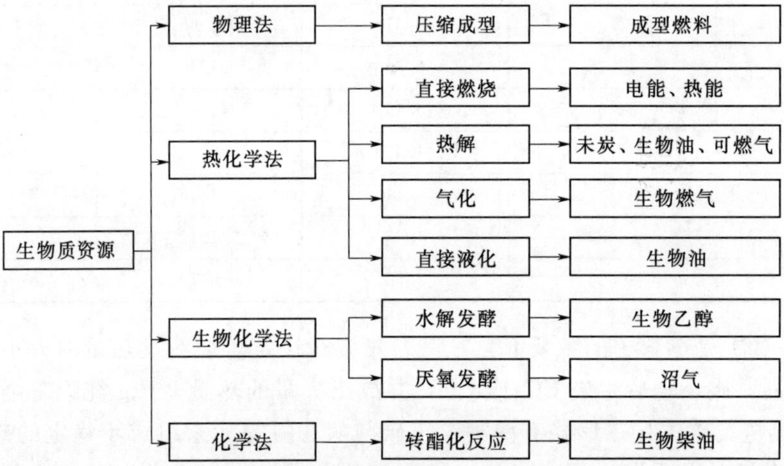

图 1.6 生物质能主要转化利用技术

1. 成型燃料技术

生物质材料的力传导性极差，通过缩短力传导距离，给其一个剪切力，可使被木质素包裹的纤维素分子团错位、变形、延展，在较小压力和较低温度下，可使其相邻相嵌，并借助于木质素的黏结而重新组合成型。利用这一原理将经过粉碎后的农林废弃物采用机械加压方式压缩成具有一定形状、密度较大的固体燃料的技术，即为生物质成型燃料技术。

生物质成型燃料工艺根据是否向原料中添加黏结剂可以分为加黏结剂成型和不加黏结剂成型两种，根据原料热处理方式不同又可以分为常温压缩成型、热压成型和炭化成型三种。

压缩成型不仅提高了生物质的能量、密度，减小了生物质的体积，使之便于运输和存储，而且还解决了生物质直接燃烧效能低的问题，使之能够替代煤炭用作锅炉燃料，或作为居民采暖和炊事燃料使用。

2. 直接燃烧技术

直接燃烧是最原始、最实用的生物质能利用方式。但传统的燃烧利用方式技术相对落后，热能转换效率较低。随着社会发展和科技进步，燃用生物质的设施和方法也在不断改进和提高。现代的生物质直接燃烧技术主要有生物质直接燃烧发电技术和生物质与煤混合燃烧技术两种。

3. 热解技术

生物质通过热解可转化为三种能源产品，即生物油、生物质炭和可燃气。控制热解反应条件（如温度、压力和滞留时间等）可以改变三种产物的比例。根据反应温度和加热速率的不同，可将生物质热解工艺分成慢速、常规、快速热解等工艺。慢速热解主要用来生产木炭，低温和长期的慢速热解使得炭产量最大可达30%，约占50%的总能量；中等温度及中等反应速率的常规热解可制成相同比例的气体、液体和固体产品；快速热解是在传统热解基础上发展起来的一种技术，相对于传统热解，它采用超高加热速率、超短产物停留时间及适中的热解温度，使生物质中的有机高聚物分子在隔绝空气的条件下迅速断裂为短链分子，使焦炭和产物气降到最低限度，从而最大限度获得液体产品。

4. 气化技术

气化是以 O_2（空气、富氧或纯氧）、水蒸气或 H_2 等作为气化剂，在高温的条件下通过热化学反应将生物质中可燃部分转化为可燃气（主要为 CO、H_2 和 CH_4 等）的热化学反应。气化可将生物质转化为高品质的气态燃料，直接应用作为锅炉燃料或发电，产生所需的热量或电力，或作为合成气进行间接液化以生产甲醇、二甲醚等液体燃料或化工产品。目前主要开发了上吸式固定床气化炉，下吸式固定床气化炉和循环流化床气化炉。

5. 液化技术

液化是把固体状态的生物质经过一系列化学加工过程，使其转化成液体燃料（主要是指汽油、柴油、液化石油气等液体烃类产品，有时也包括甲醇、乙醇等醇类燃料）的清洁利用技术，根据化学加工过程的不同技术路线，液化可分为直接液化和间接液化。直接液化就是把固体生物质在高压和一定温度下与 H_2 发生反应（加氢），直接转化为液体燃料的热化学反应过程。间接液化是指将由生物质气化得到的合成气（$CO+H_2$），经催化合成为液体燃料（甲醇或二甲醚等）。

6. 生物乙醇技术

乙醇又称酒精，是由C、H、O三种元素组成的有机化合物，也是一种优质的液体燃料，不含硫及灰分，可以直接代替汽油、柴油等石油燃料，是最易工业化的一种民用燃料或内燃机燃料，也是最具发展潜力的一种石油替代燃料。

生物质可以通过生物转化的方法生产乙醇，由淀粉类或糖类生物质采用发酵方法生产燃料乙醇的技术已经相当成熟，但采用木质纤维素类生物质生产乙醇，则必须要解决大规模、低成本生产纤维素酶的瓶颈问题。

7. 沼气技术

沼气是人畜粪便、工业有机废液和农作物秸秆等，在厌氧条件下经过微生物的发酵作用而生成的一种混合气体。由于这种气体最先是在沼泽中发现的，所以称为沼气。沼气一般含 CH_4 50%～70%，其余为 CO_2 和少量的 N_2，H_2 和 H_2S 等。

沼气发酵的过程，实质上是微生物的物质代谢和能量转化过程，这些微生物在分解代谢过程中获得能量和物质，以满足自身生长繁殖，同时大部分物质转化为 CH_4 和 CO_2。

8. 生物柴油技术

植物油虽然可以直接用作内燃机的燃料，但由于它的黏度高、挥发性差等缺点，为避免燃用设备出现故障和问题，需要对其进行酯化处理以生产生物柴油，使其在性质上更接近柴油，成为较理想的柴油代用燃料。目前，国内外生物柴油的生产技术主要以化学法为主，即采用植物油（或动物油）与甲醇或乙醇在酸性、碱性或生物酶等催化剂作用下进行交换反应，生成相应的脂肪酸甲酯或乙酯燃料油。

1.4　发展生物质能的重要性

根据2013年统计数据表明，中国已经成为世界上第二大能源资源生产国和消费国。根据英国石油公司（BP）的统计，2002—2011年，全球能源消费量增长2.5%，中国就占了全球增长量的71%。如今，中国面临急需解决的几大问题：如农村发展问题，能源安全问题和环境保护问题。促进生物质能源作为替代传统化石燃料的能源，是解决这些问题的重要途径。

众所周知，中国是一个燃煤大国。煤炭是在所有化石类燃料中燃烧后 CO_2 排放量最大的一种。虽然在短期内替代燃煤是不可能任务，但我们尽量减少使用量，寻找替代能源。特别是在中国石油、天然气等其他化石类能源资源极度短缺的大背景下，开发利用生物质能源，对于维护中国能源安全、优化能源结构、促进农村和农业发展、实现可持续发展具有十分重要的意义。中国又是一个农业大国，生物质能资源非常丰富，具有开发利用生物质能的良好条件。

加大生物质能的开发利用，是中国能源安全的保障。中国能源资源短缺，能源消费结构不合理（化石能源占到92%），这一严峻的形势势必会影响到中国经济的发展和国家的安全。近年来，多个省市拉闸限电，预示着国家电力供应告急。加大生物质能的开发利用，也是建设环境友好型社会的重要措施。随着经济的发展，以化石能源为主的能源消费量剧增，给中国环境造成了巨大的压力。2009年中国的 CO_2 排放量达74.3亿t，超越美国位居世界第一位，SO_2 的排放量达2000万t，居世界第一位。因此加快生物质能源的发展进程与中国环境减压的目标相吻合。

生物质能源是一种清洁能源，生物质中有害物质（硫和灰分等）的含量仅为煤炭的10%左右。同时，生物质 CO_2 的排放和吸收构成自然界碳循环，其能源利用可实现 CO_2 零排放。所以，加大生物质能的开发利用，对于提高能源利用效率，减少温室气体排放，保护环境，实现可持续发展等都具有重要作用。加大生物质能的开发利用，还是解决“三农”问题的有效途径。中国是一个农业大国，“三农”问题是关系国计民生的重大问题，生物质能源产业的发展与农业发展有着密切联系，生物质原料生产是农业生产的一部分，通过生物质能源产业的发展可以延长农业生产链条。农林废弃物也是生物质能源的原料，通过对农作物秸秆、畜禽粪便、石油基地膜的循环利用，既可以实现资源的有效利用，又能改善农村的生态环境。生物质能源产业的发展还能为农民提供多种形式的就业岗位，增加农民收入。结合中国农村人口多，生物质资源分散的特点，远距离采集和运输会消耗大量的成本，所以应就地取材，大力发展沼气池、生物质压块炭化燃料、生物质户用气化炉等生物质能等技术，全面提升农民生活质量，全面加快社会主义新农村建设步伐。

1. 有助于解决能源短缺问题

生物质能的开发利用有利于解决中国的能源危机问题。能源问题是一个国家的经济和社会发展稳定所必须的重要物质基础，也是现代工业的命脉。传统的化石能源主要包括煤炭、石油以及天然气。随着人类社会的发展，经过数亿年沉积的化石能源在很短的时间内过度开采，大量消耗，储量骤减，也促使其价格不断攀升。而且燃烧化石能源所排放到大气中的温室气体等有害气体，不仅会带来环境问题，甚至还会带来气候突变问题。这使得人们必须转向寻找新型的可再生和环境友好型能源，减少对传统化石的依赖。可再生能源的优点就在于其可再生性和循环性。对中国而言，重点发展可再生能源（包括水力发电、风力发电、太阳能光伏、地热能和生物质能源等）是能源结构调整的必然之路。发展生物质能源作为可再生能源发展的重要一环，对中国调整能源结构是十分必要而且是十分重要的。我国生物质资源主要来自于废弃物资源：以最大限度优先利用废弃物资源，促进资源综合利用和环境保护；合理开发边际土地资源，不占用耕地，不破坏森林草地和自然生态环境。《国家中长期科学和技术发展规划纲要》《国家“十三五”科学技术发展规划》《国家能源科技“十三五”规划》《可再生能源发展“十三五”规划》和《生物质发展“十三五”规划》都明确促进生物质能产业的发展。

2. 有助于环境保护

当前中国的环境污染问题有目共睹，雾霾等污染问题已上升为社会焦点问题的层面。由于供暖、工业燃煤、汽车尾气等众多因素带来的大气污染和水污染问题，已经受到人们越来越多的重视。其中大气污染最主要的三个来源就是燃料燃烧、工业生产和交通运输。燃料燃烧和交通运输方面的污染就与传统的化石能源消耗密切相关。而臭氧层破坏，酸雨以及温室效应等这些由于大气污染引起的环境问题大家并不陌生。

生物质能源是一种清洁的绿色能源。不仅可以节约传统的化石能源用量，还可以大大减少温室气体等有害气体的排放量，起到减排的效果。先以生物燃料乙醇为例，因为添加了乙醇的汽油氧含量增加，使得一氧化碳碳氢化合物燃烧更为充分。可以明显降低汽车尾气里的这两个指标；再以生物柴油为例，因为其硫含量较低，燃烧后产生的 SO_2 和硫化物排放可减少 30%以上。此外，生物柴油不含芳香族烷烃成分，对环境及人身体健康的影响大大低于石油类柴油。

3. 有助于“三农”问题的解决

农村地区是中国经济发展的最薄弱地区，大多数农村地区的人们生活水平还相对落后。很多农村地区还是通过传统的燃烧木柴和秸秆等方式低效的生物质能源。所以，合理地利用农村地区丰富的生物质资源，不仅可以给农民带来更多的收入改善生活，而且还可以充分利用废弃资源改善农村环境，促进农村地区经济和社会的可持续发展，为中国的现代农业发展开辟了广阔前景和无限商机。

粮食作物作为能源使用而引起的粮食安全问题，也是我们现在亟须面对和解决的。国土资源部公布数据，截至2012年年底，国有农用土地64646.56万 hm^2，其中耕地13515.85万 hm^2（20.27亿亩），人均耕地面积仅仅0.093hm^2。虽然我国总耕地面积可以排进世界前5位，但是人均耕地面积居世界排名120余位。世界人均耕地面积0.19hm^2，中国人均耕地面积不到世界人均耕地面积的一半，地区分布十分不平衡。粮食安全问题的根本原因就在于中国人口众多，而耕地面积有限，有限的土地生长的粮食也是有限的。首先过多的粮食如果被用作能源使用，那我们又要吃什么呢？其次，能源作物（不作为人畜食物，以能源利用为主要目的，有能源利用价值的植物）的种植也会挤压粮食作物种植空间。所以缓解这一问题的方法就是发展非粮食能源作物、农林废弃物和利用非耕种土地种植能源作物。

能源作物完全可以做到不与人类食用的粮食作物争地。在拥有耕种资源有限地区，农业生产中的粮食生产过程的废弃物就可以作为生物质原料。而在耕地资源匮乏的地区，也可以选取耐干旱耐贫瘠的能源作物品种，充分利用土地资源。

1.5 生物质能源发展现状与趋势

生物质能对全球能源的供应远高于其他可再生能源。2015年生物质能满足的能源需求达60EJ。从2010年开始，生物质能利用率以每年2%的速度增长。自2005年起，生物质能在全球总的一次能耗中始终占10%左右，并且从2005—2015年，全球生物质能需求已经增长了24%。生物质能的利用主要体现在供热、发电及运输这三个方面。2015年，全球生物质发电装机总容量达106.4GW，发电量达464TW·h。发电量具有代表性的国家有美国（69TW·h）、德国（50TW·h）、中国（48TW·h），巴西（40TW·h）、日本（36TW·h）及英国和印度。2015年，全球生物燃料产量达1330亿L，其中主要的生物燃料为乙醇（74%）和生物柴油（22%）及少量的加氢植物油。美国和巴西生物燃料产量占全球主导地位，总占比达70%。

1.5.1 国内外生物质能发展现状

目前生物质能源是美国国内最大的可再生能源。美国在开发利用生物质能方面处于世界领先地位，主要生物质能源的利用形式包括乙醇、生物柴油、生物电能以及工业过程利用等，大规模种植的能源作物主要是大豆、玉米和向日葵。美国生物质能产业是当今发展得最成功的国家。2009年，时任美国总统奥巴马对美国农业部长下达了总统令，要求农业部大力加快在生物燃料产业的投资和生产，在美国建立永久的生物燃料产业，扩大生物燃料基础设施，利用这个产业为美国加快发展农村经济提供唯一的机会。

巴西是世界上生物质能源生产及利用的先驱，全球最大的生物质能源项目普罗阿克尔（PROALCOOL）于1975年在巴西建立。巴西是当今世界上利用生物质生产酒精且规模化开发生物质能最好的国家之一，是全球第一大生物乙醇生产国和出口国。其不仅是目前世界上唯一不使用纯汽油作汽车燃料的国家（该国乙醇产量的97%都用于燃料），而且也是世界上最早通过立法手段强制推广乙醇汽油的国家。燃料乙醇成为了巴西的支柱产业，有利于巴西保证能源安全、促进经济发展和增加就业。

欧盟各成员国生物质燃料产业的发展进度，基本呈现三大类：①第一大类是以德国、瑞典、法国为代表的已成功启动生物燃料产业的国家；②第二大类包括捷克、波兰、斯洛伐克等国家，这些国家在早期引入生物质燃料产业以支持农业的发展，并取得了一定的成功，但是这些国家政府的支持政策均在实施过程中出现一定的波动，导致市场对该行业缺乏足够的信心与投资兴趣，影响了该行业的发展；③第三大类主要包括英国、荷兰、马耳他等国家，这些国家在发展生物质燃料的问题上仍处于谨慎观望、小步慢走的阶段。

目前，中国生物质能的主要转换技术是热解技术、生物质能气化和生物质发电。总体而言，中国的技术水平仍相对比较滞后，生物质能源产业要进一步发展就要力争突破技术瓶颈，尤其是第二代生物燃料和部分新生物化学品研发尤为重要。为进一步完善我国生物质能产业政策体系，加强生物质能供热应用，着力推进产业改造升级，改善环境质量，治理大气环境污染等，2014 年至今，先后出台的政策有：《关于实施联合国开发计划署——中国生物质颗粒燃料示范项目有关问题的通知》《关于开展生物质成型燃料锅炉供热示范项目建设的通知》《京津冀及周边地区秸秆综合利用和禁烧工作方案（2014—2015 年）》《关于加强和规范生物质发电项目管理有关要求的通知》《北方地区冬季清洁取暖规划 2017—2021 年》《关于促进生物质能供热发展指导意见的通知》等。

世界各国都在加快生物质能源的发展进度，生物燃料供给量将会快速增长，预计 2050 年将超过 30 EJ（图 1.7）。其中普通生物柴油及普通乙醇供给量将逐年减少，最终被生物甲烷、生物喷气燃料、高级生物柴油、纤维素乙醇和甘蔗乙醇等更加清洁的生物燃料取代；高级生物柴油将得到迅猛发展，到 2050 年，供给量将超过 10 EJ。

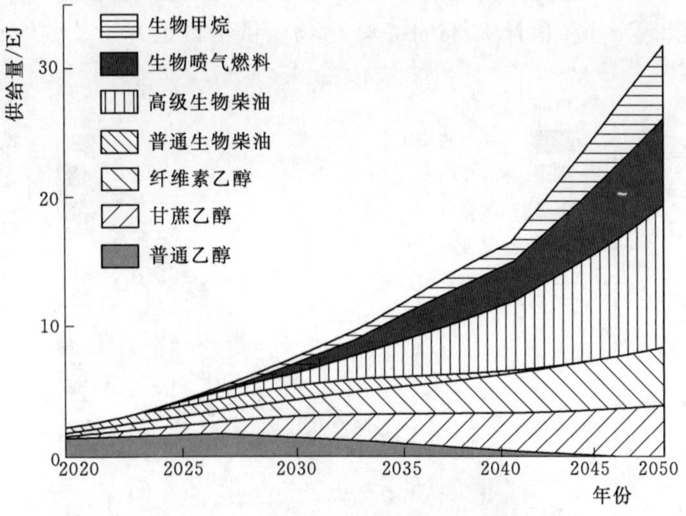

图 1.7 世界生物燃料供给量预测

1.5.2 我国生物质能的发展趋势与对策

我国生物质资源丰富，能源化利用潜力大。全国可作为能源利用的农作物秸秆及农产品加工剩余物、林业剩余物和能源作物、生活垃圾与有机废弃物等生物质资源总量每年约 4.6 亿 t 标准煤。截至 2015 年，生物质能利用量约 3500 万 t 标准煤，其中商品化的生物质能利用量约 1800 万 t 标准煤。生物质发电和液体燃料产业已形成一定规模，生物质成型燃料、生物天然气等产业已起步，呈现良好发展势头。

1. 生物质发电

截至 2015 年，我国生物质发电总装机容量约 1030 万 kW，其中，农林生物质直燃发电约 530 万 kW，垃圾焚烧发电约 470 万 kW，沼气发电约 30 万 kW，年发电量约 520 亿 kW·h，生物质发电技术基本成熟。

2. 生物质成型燃料

截至 2015 年，生物质成型燃料年利用量约 800 万 t，主要用于城镇供暖和工业供热等领域。生物质成型燃料供热产业处于规模化发展初期，成型燃料机械制造、专用锅炉制造、燃料燃烧等技术日益成熟，具备规模化、产业化发展基础。

3. 生物质燃气

截至 2015 年，全国沼气理论年产量约 190 亿 m^3，其中户用沼气理论年产量约 140 亿 m^3，规模化沼气工程约 10 万处，年产气量约 50 亿 m^3，沼气正处于转型升级关键阶段。

4. 生物液体燃料

截至 2015 年，燃料乙醇年产量约 210 万 t，生物柴油年产量约 80 万 t。生物柴油处于产业发展初期，纤维素燃料乙醇加快示范，我国自主研发生物航煤成功应用于商业化载客飞行示范。

我国生物质能具有良好的发展势头，预测生物质发电量逐年增长，2050 年将达到 1100 亿 kW·h（图 1.8），尤其秸秆发电和垃圾发电量更是迅猛增长，将分别达到 300 亿 kW·h 和 460 亿 kW·h。预计 2025 年后，生物质供给量也开始急剧增长，预计到 2050 年达到 6.5EJ。

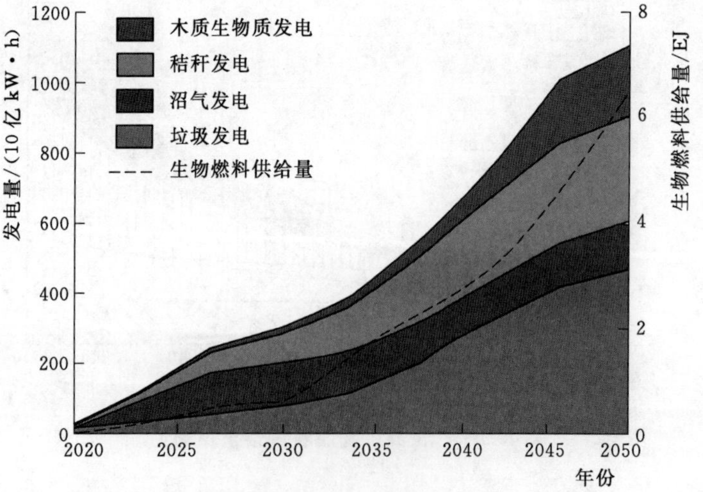

图 1.8　中国生物质能发电量及生物质能供给量预测

《生物质能发展“十三五”规划》最新指出：生物质能是唯一可转化成多种能源产品的新能源，通过处理废弃物直接改善当地环境，是发展循环经济的重要内容，综合效益明显。从资源和发展潜力来看，生物质能总体仍处于发展初期，还存在以下主要问题：

（1）尚未达成共识。目前社会各界对生物质能认识不够充分，一些地方甚至限制成型燃料等生物质能应用，导致生物质能发展受到制约。

（2）分布式商业化开发利用经验不足。受制于我国农业生产方式，农林生物质原料难以实现大规模收集，一些年利用量超过 10 万 t 的项目，原料收集困难。畜禽粪便收集缺乏专用设备，能源无害化处理难度较大。急需探索就近收集、就近转化、就近消费的生物质能分布式商业化开发利用模式。

（3）专业化市场化程度低，技术水平有待提高。生物天然气和生物质成型燃料仍处于发展初期，受限于农村市场，专业化程度不高，大型企业主体较少，市场体系不完善，尚未成功开拓高价值商业化市场。纤维素乙醇关键技术及工程化尚未突破，急待开发高效混合原料发酵装置、大型低排放生物质锅炉等现代化专用设备，提高生物天然气和成型燃料工程化水平。

（4）标准体系不健全。尚未建立生物天然气、生物成型燃料工业化标准体系，缺乏设备、产品、工程技术标准和规范。尚未出台生物质锅炉和生物天然气工程专用的污染物排放标准。生物质能检测认证体系建设滞后，制约了产业专业化规范化发展。缺乏对产品和质量的技术监督。

（5）政策不完善。生物质能开发利用涉及原料收集、加工转化、能源产品消费、伴生品处理等诸多环节，政策分散，难以形成合力。尚未建立生物质能产品优先利用机制，缺乏对生物天然气和成型燃料的终端补贴政策支持。

在未来 20 年生物质能源基本发展策略如下：

（1）农村能源。进一步推广实用技术，充分发挥生物质能作为农村补充能源的作用，为农村提供清洁的能源，改善农村生活环境，提高人民生活条件。

（2）工业化应用。促进成熟技术的产业化，提高生物质能利用的比重，提高生物质能在能源领域的地位，为生物质能今后的大规模应用奠定工业基础。

（3）技术前沿与新技术。提高生物质能的利用价值，实现生物质能多途径利用，大力开发高品位生物质能转化的新技术，建立工业性试验示范工程，为未来大规模利用生物质能源提供技术支撑和技术储备。

（4）基础理论研究。对于生物质能技术研究中存在且必须加以解决的重大科学理论问题，应予以足够的重视，加大研究力度，为生物质能新技术或新工艺与研究提供理论依据。

（5）资源发展。研究、培育、开发速生、高产的能源植物品种，利用山地、荒地、沙漠、湖泊和近海地区发展能源农场、林场或养殖场，建立生物质能资源发展基地，提供可工业化利用的糖类、淀粉、木质或油类等生物质能资源。

（6）政策扶持。由于生物质能的现代化利用尚处于发展初期，与其他能源建设相比，需要政府给予更多的支持和相应的扶持政策。提高认识，加强领导；制定优惠政策，增加资金投入；应用高新技术，做好试验示范；加强产业建设，提高经济效益；随着企业的发展，必须建立相应的服务体系、并要不断提高服务质量；提高业务素质，壮大技术队伍；开展国际合作，引进先进技术和资金。

思　考　题

1. 什么是生物质能？相对于普通化石能源，生物质能有何特点？

2. 生物质主要包括哪些类别？各类特点如何？

3. 生物质的主要成分是什么？各成分有何特点？

4. 生物质能源的传统利用主要是直接燃烧，有何缺点？现在是如何解决的？

5. 生物质热化学转化技术有哪些？各技术的特点是什么？

6. 生物质液体燃料有何优点？

7. 我国大力开发利用生物质能源，有何意义？

8. 为什么说发展生物质能源对减少碳排放是有利的？我国与国外发展现状的差距有哪些？

9. 讨论生物质能的发展趋势，并阐述有哪些发展措施。

参 考 文 献

[1] 史仲平，华兆哲，译. 生物质和生物质能源手册 [M]. 北京：化学工业出版社，2007.
[2] 吴晋沪，译. 生物质气化与热解实用设计与理论 [M]. 北京：科学出版社，2011.
[3] 吴创之，马隆龙. 生物质能现代化利用技术 [M]. 北京：化学工业出版社，2003.
[4] 张建安，刘德华. 生物质能源利用技术 [M]. 北京：化学工业出版社，2009.
[5] 刘荣厚，牛卫生，张大雷. 生物质热化学转化技术 [M]. 北京：化学工业出版社，2005.
[6] 袁振宏，吴创之，马隆龙. 生物质能利用原理与技术 [M]. 北京：化学工业出版社，2016.
[7] 李海滨，袁振宏，马晓茜. 现代生物质能利用技术 [M]. 北京：化学工业出版社，2011.
[8] 李为民，王龙耀，许娟. 现代能源化工技术 [M]. 北京：化学工业出版社，2011.
[9] 张迪茜. 生物质能源研究进展及应用前景 [M]. 北京：北京理工大学，2015.
[10] 21 世纪可再生能源政策网络 (REN21). 2016 年全球可再生能源现状报告 [R]. 2016.
[11] 国家可再生能源中心. 中国可再生能源产业发展报告 2015 [R]. 2015.
[12] 国家能源局. 生物质能发展“十三五”规划 [R]. 2016.
[13] 国家发展和改革委员会能源研究所，能源基金会. 中国 2050 高比例可再生能源发展情景暨路径研究 [R]. 2015.

第2章 生物质压缩成型

2.1 生物质压缩成型机理

生物质压缩成型是指将松散的生物质加工成致密成型燃料的过程。成型的主要目的是打破生物质规模化利用的瓶颈——原料收集、储存、运输成本高的难题。该难题产生的根源是生物质堆积密度低，如图2.1所示。一方面与其自身密度低有关；另一方面还与其形状不规则导致堆积时原料间空隙大有关。将生物质通过压缩加工成成型燃料，可以显著提高其堆积密度，从而较好地解决上述瓶颈。

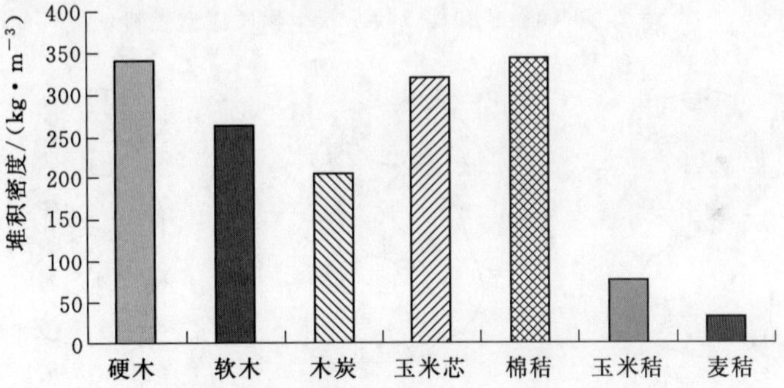

图2.1 几种不同生物质的堆积密度

成型燃料是生物质原料经粉碎、干燥、压缩成型等工序，加工而成的具有一定形状的致密固体燃料。根据形状和大小不同，可将成型燃料分为颗粒燃料（Pellet）和棒（块）状燃料（Briquette），如图2.2所示。根据《生物质固体成型燃料技术条件》（NY/T 1878—2010），直径或横截面尺寸不大于25mm的成型燃料被定义为颗粒燃料，大于25mm的成型燃料则被归为棒（块）状燃料。

松散的生物质是如何被压缩成一个整体的呢？下面通过阐释生物质颗粒相互间的联结机制来阐明成型机理。

在压力和（或）温度作用下，生物质颗粒间主要通过三种机制结合在一起：固体架桥（solid bridge），机械镶嵌（mechanical interlocking）和吸引力（attraction forces），如图2.3所示。

固体架桥主要由黏结剂固化后形成。生物质含有多种天然黏结剂，包括木质素、淀粉、蛋白质、脂肪和水溶性碳水化合物等。其中木质素的含量远高于其他组分，是生物质

(a) 颗粒状

(b) 棒状

(c) 块状

(d) 棒状

图 2.2　颗粒状和棒（块）状生物质成型燃料

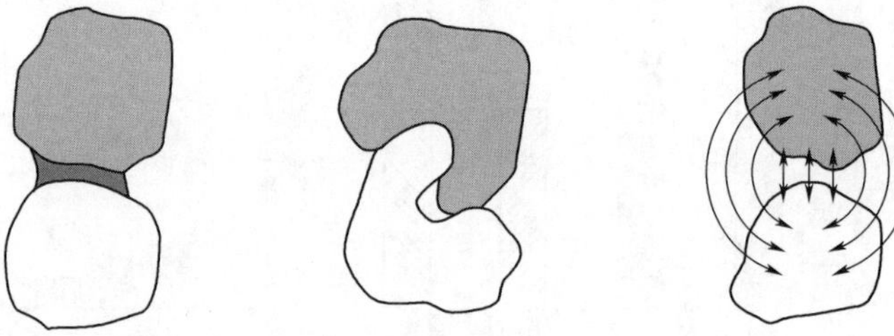

(a) 固体架桥　　(b) 机械镶嵌　　(c) 吸引力

图 2.3　生物质颗粒联结机制

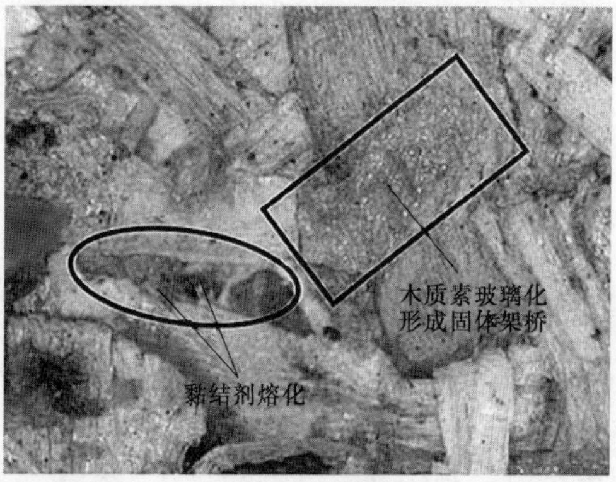

图 2.4　玉米秸秆成型燃料内木质素形成的固体架桥

成型最主要的黏结剂。木质素是一种热塑性高分子物质，没有固定熔点，但有玻璃化温度，温度超过玻璃化温度后，木质素开始具有黏性，流动性增加，使生物质颗粒的塑性变形性能增强。软化后的木质素将相邻的颗粒黏结在一起，待温度下降后，木质素固化，相当于在颗粒之间架了一座桥，如图 2.4 所示。

木质素的玻璃化温度受到其分子量大小的影响，分子量越大玻璃化温度越高，同时，水分对玻璃化温度的影响也很大，见表 2.1。

表 2.1 不同木质素的玻璃化温度

树种	分离木质素	玻璃化温度/℃	
		干燥状态	吸湿状态（水分/%）
云杉	高碘酸木质素	193	115（12.6）
云杉	高碘酸木质素	193	90（27.1）
云杉	二氧六环木质素（低相对分子质量）	127	72（7.1）
桦木	高碘酸木质素	179	128（12.2）
针叶树	木质素磺酸盐（Na）	235	118（21.2）

机械镶嵌是使生物质颗粒结合在一起的另一重要作用机制。通常情况下，当生物质原料呈纤维状、扭曲片状等形状时，易发生镶嵌作用，添加纤维状原料有助于提高成型燃料的强度。此外，高压条件下，硬性颗粒和软性颗粒之间也易于发生机械镶嵌，图 2.5 所示为玉米秸秆成型燃料截面的扫描电镜照片（×600），可以看到颗粒间的镶嵌现象。

图 2.5 成型燃料中的机械镶嵌作用

生物质成型过程中，发生在颗粒之间的吸引力有分子间作用力（范德华力）和静电引力。这两种作用力只有当颗粒间的距离非常近时才会产生，比如，范德华力的产生需要颗粒间的距离小于 0.1μm。静电引力可以在具有过剩电荷或者双电层的相邻颗粒间产生。

要使上述机制发挥作用，首先要对原料施加压力。根据压力大小可以将生物质成型分为以下三种。

（1）高压成型。仅仅依靠压力的作用将生物质压缩为成型燃料。

（2）中压加热成型。又称热压成型，该工艺在压缩成型过程中，需要将原料加热。加热使木质素等黏结剂发挥作用，同时也使生物质颗粒软化，增加其塑性变形性能。

（3）低压加黏结剂成型。通过外加黏结剂，在较低的压力下将生物质压缩成型。

上述三种成型工艺中，第二种成型工艺兼顾了能耗和成本，最具可行性，是目前应用最广泛的成型工艺。

将生物质加工成成型燃料后，不仅改变了其密度，而且还方便了燃料的装卸和存储等操作，极大地改善了储运性能，方便采用多种交通工具对其运输，比如汽车、轮船等，如图 2.6 所示。

成型不仅解决了制约生物质规模化利用的堆积密度过低的问题，而且改善了燃料的燃烧性能。主要体现在以下两方面：

图 2.6 运输颗粒燃料的汽车

(1) 成型降低了生物质挥发分的析出速度，为改变生物质燃烧过程的不稳定创造了条件。生物质结构疏松，挥发分含量高，着火温度低，一般在 250～350℃下挥发分便快速析出并开始剧烈燃烧，此时燃烧设备往往难以及时为这些挥发分的完全燃烧提供充足的空气，从而造成挥发分不完全燃烧热损失。成型后燃料结构变得致密，密度的增加既增加了挥发分析出的阻力，又减缓了燃料内部温度升高的速度，从而使挥发分的析出变得相对平稳。

(2) 成型提高了生物质炭骨架抗热气流冲击的能力，为降低炭的不完全燃烧创造了条件。生物质燃烧后期，其松散的炭骨架极易被热气流吹散并随烟气释放到大气中，导致大量炭粒不能完全燃烧并释放其热量，而成型可显著提高其抗热气流的能力。

2.2 生物质成型工艺与设备

2.2.1 生物质成型工艺

将松散的生物质加工成成型燃料需要经过一系列步骤。生物质成型燃料的生产工艺流程需要根据原料种类、特性、成型方式以及生产规模等进行具体确定。图 2.7 和图 2.8 所示分别为某棒状成型燃料厂及颗粒燃料生产厂所采用的工艺流程。

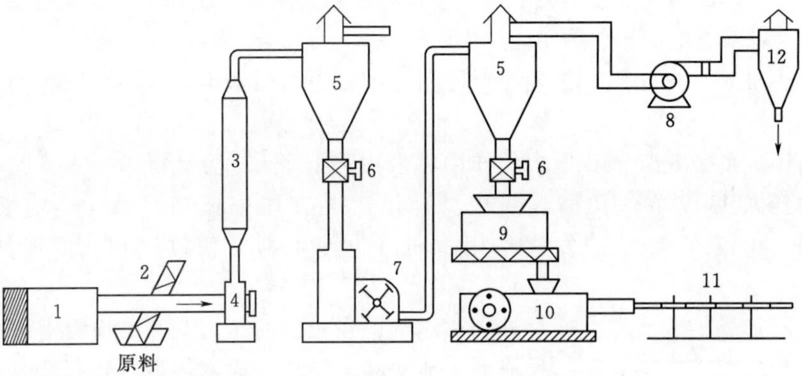

图 2.7 棒状成型燃料生产工艺流程

1—热风炉；2—螺旋上料机；3—干燥仓；4—涡轮研磨机；5—旋风分离器；6—气闸；7—锤式粉碎机；8—风机；9—中间料仓；10—成型机；11—冷却槽；12—旋风除尘器

生物质成型所用设备包括 4 类，具体如下：

(1) 原料预处理设备，包括切割机、粉碎研磨机以及干燥系统。

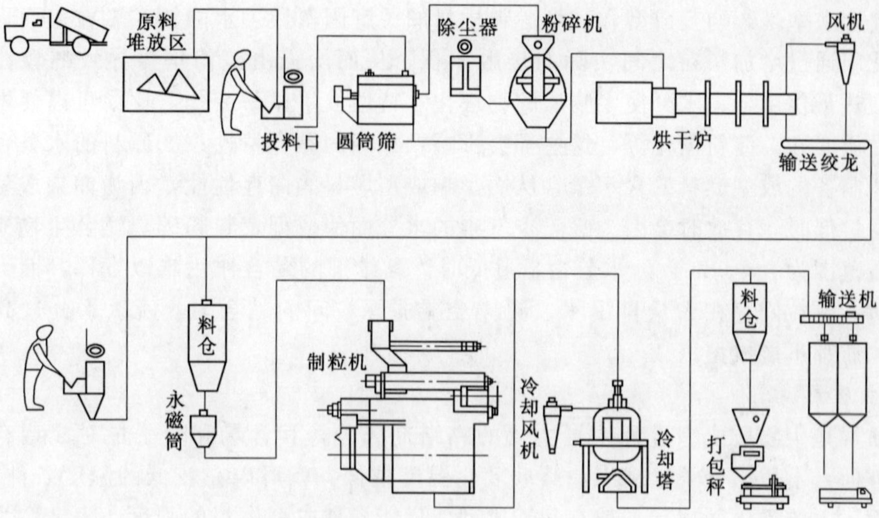

图 2.8　颗粒状成型燃料生产工艺流程

（2）原料输送设备，包括螺旋上料机、气动输料设备以及中间料仓等。

（3）压缩成型及其配套的控制装置。

（4）成型燃料处理及包装设备，包括燃料切割设备、冷却装置以及包装设备等。

生物质压缩成型过程受多种因素影响，从大的方面可以分为外部因素和内部因素两类。外部因素主要包括温度和压力；内部因素主要指生物质的物理和化学特性，其中物理特性包括原料的粒度、含水率，化学因素主要指原料中木质素的分子结构及其含量，以及其他天然黏结剂的含量。

1. 压力

压力是保证生物质成型的最基本条件，只有施加足够的压力，生物质才能够被压缩成型。研究表明，制备棒（块）状成型燃料的压力条件是 50～200MPa，制备颗粒成型燃料的压力条件是 50～100MPa。当压力较小时，成型燃料密度随压力增大而增大的幅度较大，而当压力超过一定值后，成型燃料密度的增加幅度就显著下降，所以在满足生物质成型性能后，不宜再过度增加压力。

2. 温度

温度主要起三个方面的作用：①使木质素软化熔融起到黏结剂的作用；②使原料颗粒变软，提高其塑性变形性能，从而更容易被压缩成型；③使成型燃料表面炭化，炭化层能阻碍成型燃料吸收水分，提高燃料的存放时间。成型过程中，加热温度应控制在 300℃以下，因为超过该温度后生物质会发生裂解反应。一般螺旋挤压成型机要求将成型套筒的温度控制在 280～290℃，而活塞冲压成型套筒的温度要求控制在 160℃左右。对于颗粒燃料成型机，成型过程中原料与成型部件之间摩擦产生的热量足以满足成型温度要求，所以不需要设置加热设施，有时为了控制温度还需要对成型部件进行冷却。

3. 原料含水率

原料含水率是影响其成型和成型燃料质量的关键因素。①水能够在颗粒表面形成水化膜，水化膜通过增加颗粒之间实际的接触面积，从而增强由范德华力导致的颗粒间的黏合；②在热量作用下，水分使生物质的物理化学特性发生显著变化，比如可以使木质素软化、蛋白质变性、淀粉糊化等，这些都会影响颗粒间的黏合特性；③原料的水分含量还直接影响所制备的成型燃料的含水量，从而影响成型燃料的储存性能，因为如果成型燃料中水分含量过低时，存放时会因为吸收空气中的水分而使成型燃料粉碎。适合生物质成型的水分含量范围为 8%～20%。水分含量过低时，黏结剂的黏合作用难以发挥，而当水分含量过高时，颗粒间存在大量自由水，同样会减弱颗粒间的黏合力，所以水分过高或者过低，生物质都不能成型。

4. 木质素

木质素是生物质成型过程中最主要的黏结剂成分，其含量和分子量对成型有重要影响。一方面，木质素分子量越小，其玻璃化温度越低，就可以在较低的温度条件下成型；另一方面，木质素含量越高，越有利于成型，且能提高成型燃料的强度。表 2.2 为木质素不同含量对玉米秸秆压缩成型的影响，从中可以看出，随着木质素含量的增加，成型燃料的强度显著提升。通常情况下，木屑等木质原料比秸秆类原料更易压缩成型，一个主要原因就是木质原料的木质素含量高于秸秆类原料。

表 2.2　　木质素不同含量对玉米秸秆压缩成型的影响

木质素添加比 /%	温度 /℃	压力 /MPa	水分 /%	保型时间 /s	密度 /(kg/m³)	强度 /N
0	160	6	14.20	30	1171.46	217.4
5	160	6	14.20	30	1179.08	345.8
10	160	6	14.20	30	1182.35	428.5
15	160	6	14.20	30	1190.58	514.9

注　强度指制备的成型燃料所能承受的最大压力。

5. 原料粒度

原料粒度既影响成型燃料质量，又影响成型过程。从有利于提高成型燃料强度角度考虑，原料的粒度应有差异，不宜均匀一致。此外，原料的粒度应根据成型机的具体情况和所加工的成型燃料类型来决定。生产棒（块）状燃料时，可以采用较大尺寸的原料，而生产颗粒燃料时，则需要小颗粒原料。例如，螺旋挤压成型适合加工粒度为 6～8mm，且含有 10%～20%小于 4 目颗粒的粉末状原料。活塞冲压成型则要求原料有较大的尺寸和较长的纤维，原料粒度小反而容易产生颗粒脱落现象。颗粒燃料的生产一般要求原料的粒度在 2mm 以下。粒度对成型过程的影响主要表现为可能导致进料部位发生堵塞。

2.2.2　生物质成型设备

根据成型方式不同，可将生物质成型设备分为螺旋挤压、活塞冲压、模压三种类型，其中，模压成型又分为环模成型和平模成型。颗粒燃料主要由模压成型设备生产，而棒（块）状成型燃料则可以由这三种类型的成型设备加工而成。生物质成型燃料生产方式如图 2.9 所示。

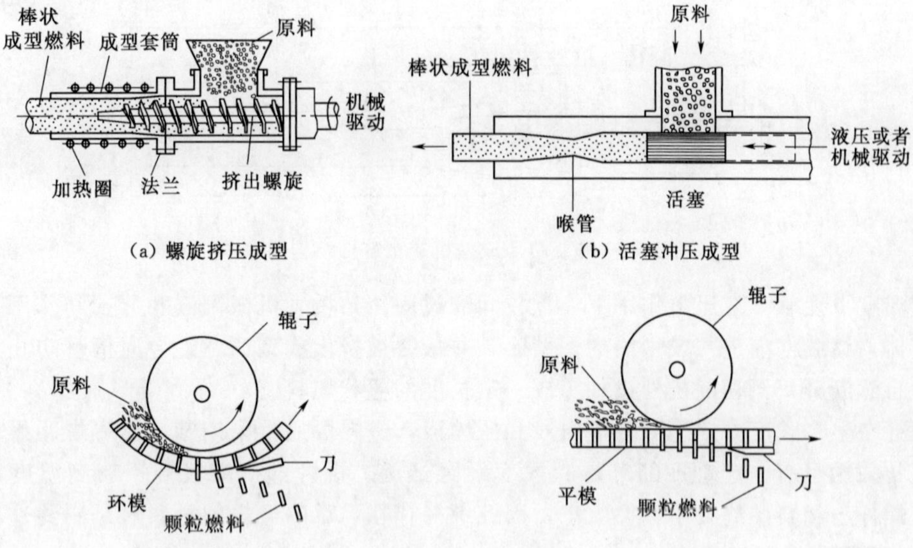

(a) 螺旋挤压成型　　(b) 活塞冲压成型

(c) 环模成型　　(d) 平模成型

图 2.9　生物质成型燃料生产方式

1. 螺旋挤压成型机

图 2.10 和图 2.11 所示分别是螺旋挤压成型机及其成型部件的结构示意图。这种成型机的工作过程为：经干燥和粉碎的原料从料斗连续加入，经进料口进入成型套筒，物料通过传动螺杆表面的摩擦作用被不断地向前推送，由于强烈的剪切和摩擦产生大量热量，使物料温度逐渐升高；在到达压缩区前，原料被部分压缩，密度增加，进入压缩区后，原料

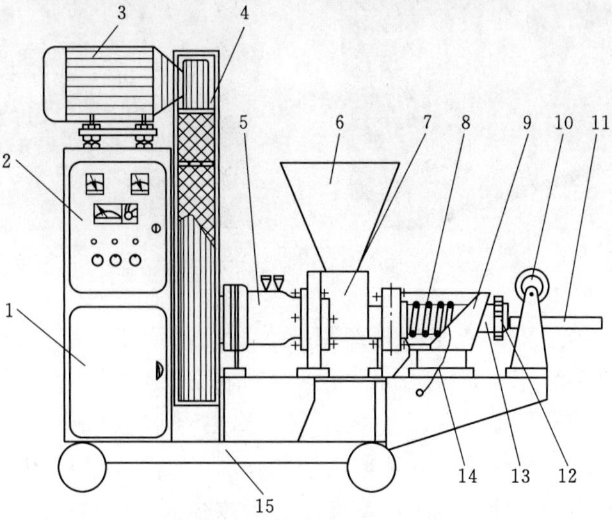

图 2.10　螺旋挤压成型机结构示意图

1—工具柜；2—电器柜；3—电机；4—传动皮带；5—传动轴；6—料斗；
7—进料口；8—电热丝；9—保温罩；10—切断机；11—导向槽；
12—压紧套；13—成型筒；14—热电偶；15—机座

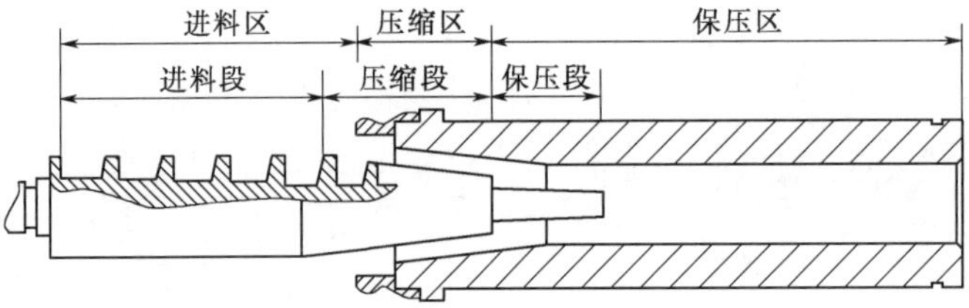

图 2.11　螺旋挤压成型机成型部件结构示意图

在较高温度下变软，在压力作用下，颗粒间通过固体架桥、机械镶嵌和分子间作用力成为一个整体，继续向前进入成型筒的保型区，并最终被挤出成型筒，经导向槽（防止成型棒因重力自然断开）至切断机处被加工成一定长度的棒状燃料。

螺杆在整个长度方向上分为进料段和压缩段，进料段通常采用圆柱形等螺距螺旋；压缩段通常采用具有一定锥度的等螺距或变螺距螺旋。螺杆的压缩段处于较高温度和压力下，且螺杆与物料始终处于摩擦状态，因此螺杆存在严重的磨损问题，这是制约这种成型设备推广应用的主要问题。

螺旋挤压成型机的优点包括：成型燃料生产过程连续，生产过程中成型机由于不承受振动负荷而运行平稳，生产的成型燃料质量均匀，燃料棒中心孔有利于燃料燃烧，燃料棒表面的炭化层能阻止空气中水分进入，从而防止燃料棒因吸水而破碎。此外，由于设备结构简单，所以成型机造价低。如图 2.12 所示为螺旋挤压成型机与成型螺杆。

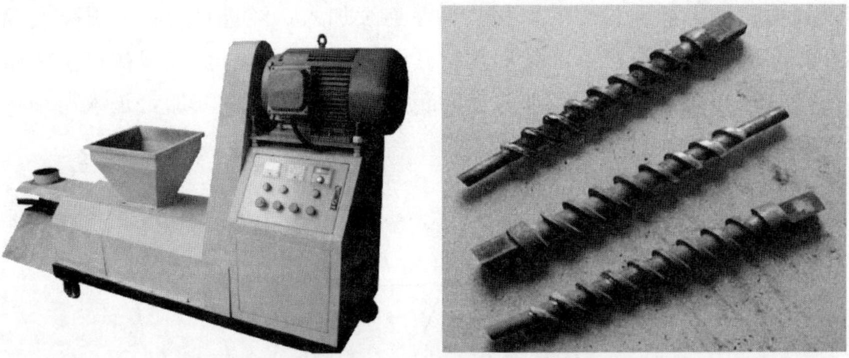

图 2.12　螺旋挤压成型机与成型螺杆

螺旋挤压成型机的主要缺点是螺杆磨损快，这是制约螺旋挤压成型机推广应用的瓶颈。成型过程中，由于螺杆和原料之间的相对运动，受成型过程中压力和温度的影响，螺杆会被快速磨损，比如，普通碳钢生产的螺杆，使用寿命还不到 8h。当螺杆磨损到一定程度时，螺旋叶片顶部直径变小，叶片厚度变薄，高度减小，螺杆与成型套筒配合间隙增大，产生的挤压力变小，致使成型速度变慢，生产率降低，成型效果变差。螺杆磨损到一定程度后将无法生产出成型燃料。

针对螺杆磨损问题，人们提出了两个解决思路：

(1) 对螺杆头进行局部热处理，使其表面硬化。如采用喷焊钨钴合金、碳化钨焊条堆焊、局部炭化钨喷涂或局部渗硼处理等方法对螺杆磨损严重部位进行强化处理。

（2）把磨损最严重的螺杆前部用耐磨材料做成可拆卸的活动螺旋头，磨损后仅更换活动螺旋头即可，螺杆本体还可继续使用。

这些方法虽然可延长螺杆使用寿命，但并不能从根本上解决磨损问题。

2. 活塞冲压成型机

活塞冲压成型机的成型部件由活塞（或冲杆）与成型套筒（包括冲杆套筒、成型锥筒、成型锥筒外套及保型筒）组成，如图 2.13 所示。

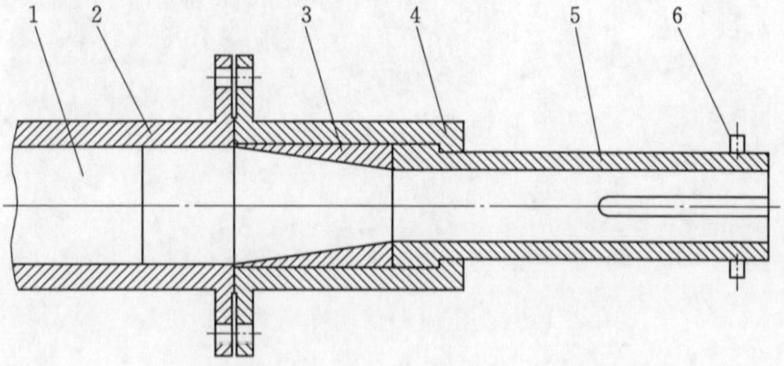

图 2.13　活塞冲压式成型机成型部件结构示意图

1—冲杆；2—冲杆套筒 3—成型锥筒；4—成型锥筒外套；5—保型筒；6—夹紧套

成型筒设计时，成型锥筒内壁的曲面形状应能满足多种生物质成型工艺的要求，保型筒应有足够的长度且末端孔径可调节。成型锥筒是磨损速度最快的部件，因此可设计成能够更换的套筒，套筒材料可以采用铸铁、合金钢、非金属陶瓷等。

按驱动力不同，活塞冲压式成型机可分为机械驱动活塞冲压式成型机和液压驱动活塞冲压式成型机两大类，如图 2.14 和图 2.15 所示。机械驱动活塞式成型机是由电机带动惯性飞轮转动，利用惯性飞轮储存的能量，借助曲柄连杆机构或凸轮机构，带动活塞做往复运动。这种成型机由于冲杆运动速度快，所以可以实现较高的产率。但是由于存在较大的振动负荷，所以机器运行稳定性差，噪音较大。而且由于冲杆快速往复运动时会在冲杆和套筒间形成负压，使得细颗粒进入润滑油系统导致其被污染。

图 2.14　机械驱动活塞冲压式成型机

图 2.15　液压驱动活塞冲压式成型机

液压驱动活塞式成型机是利用液压油泵所提供的压力，驱动液压缸活塞推动冲杆将生物质冲压成型，这种成型机运行较平稳，油温便于控制，驱动力大。但是，由于液压驱动的特点，使得冲杆运动缓慢，所以该类成型机的燃料产率受到很大制约。

与环模或平模等模压成型方式相比，冲压成型的优势集中体现在两个方面：①生产的成型燃料密度大、抗机械破碎能力强；②便于根据需要加工成规格统一的产品，满足燃料作为家用商品销售的需要。从成型机冲压出来的成型燃料，既可以依靠重力自然断裂，也可以根据需要切割成统一的规格，并进行包装，如图 2.16 所示。

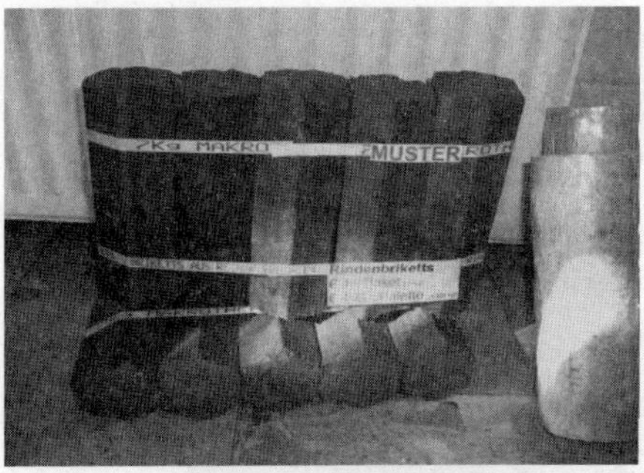

(a) 切割后包装的成型燃料

(b) 自然断裂后的散装成型燃料

(c) 成型燃料切割机与包装机械

图 2.16　冲压成型生产的各种成型燃料及燃料棒切割设备

3. 环模成型机

环模成型机成型部件主要由环模和压辊组成，如图 2.17 所示。环模上均匀开设成型孔，运行过程中，环模成型机在动力驱动下使压辊或环模转动，在此过程中将进入压辊和环模间隙的生物质挤入环模成型孔内。物料在不断地摩擦、挤压过程中产生高温，在高温高压作用下，进入成型孔中的生物质先软化进而发生塑性变形，被压缩成一个整体。通过压辊和环模的旋转，持续将已经成型的燃料从成型孔中挤出。

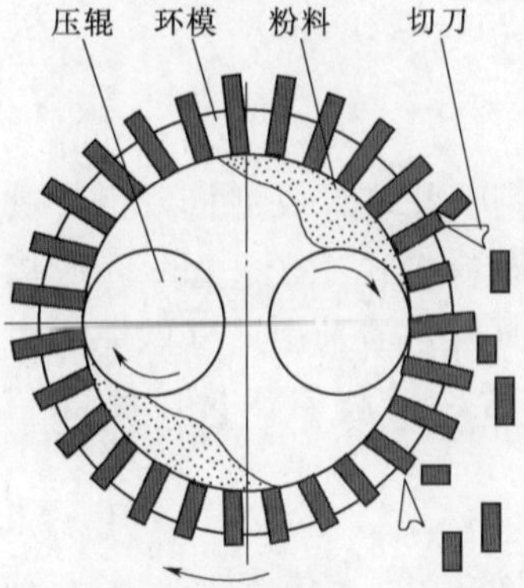

(a) 环模成型机成型部件结构示意图

(b) 环模成型机成型部件图片

图 2.17 环模成型机部件

环模成型机的环模分为一体式环模和分体式环模两种，如图 2.18 和图 2.19 所示。环模是成型机最易磨损的部位，一体式环模磨损后需整体更换，维修费用相对较高。分体式环模可在一定程度上解决该问题。这种结构的环模由外部“母环”和中间的成型模块组成。磨损只发生在由成型模块组成的成型腔部位，当成型腔磨损程度不能满足生产需求时，只需更换成型模块即可。而分体式环模只适应于生产棒（块）状燃料，用于生产颗粒燃料时，只能用一体式环模，这是因为生产颗粒燃料的环模上成型孔数量太多，难以做成分体式成型模块。

图 2.18 环模成型机内部的一体式环模

环模成型机的优势在于生产率可以设计的比较大，可以满足成型燃料规模化生产的需要。环模成型机用于生产块状或棒状燃料时，存在的突出问题是所生产的成型燃料密度较低、燃料块有明显的裂缝，如图 2.20 所示。这种质量的燃料虽然对燃烧的影响并不明显，但影响燃料的运输和储存。由于抗机械破碎能力差，所以在运输过程中容易破碎，且在储存过程中容易吸收水分导致粉碎，导致这一问题的主要原因是这种成型方式难以在成型孔上设计足够长的保型段。

(a) 分体式模块图片

(b) 分体式环模图片

图 2.19　环模成型机内部的分体式环模

图 2.20　有缝隙的成型燃料

对于环模颗粒燃料成型机，由于其成型孔小，要求原料粒径小于 10mm，所以适合采用木屑做原料，当采用秸秆做原料时，仅粉碎就需要消耗较高的能量，使得经济性变差。

4. 平模成型机

平模成型机的成型部件主要由平模和压辊两部分组成。平模成型设备的压辊有锥体压辊和圆柱体压辊两种类型，如图 2.21 所示，图 2.22 所示为平模成型机成型部件实物图。压辊数量 2～4 个，成型过程中成型部件有三种运动方式：平模运动、压辊运动、平模和压辊同时运动。

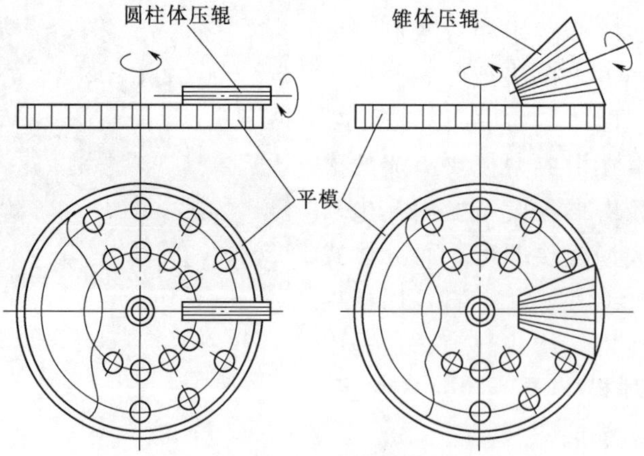

图 2.21　平模成型机成型部件结构示意图

平模盘作为成型机的核心部件，是成型孔的载体。其结构形式有两大类，即一体式平模盘和套筒式平模盘。一体式平模盘按成型孔直径的大小分为颗粒燃料平模盘、棒（块）状燃料平模盘，如图 2.23 所示。套筒式平模盘是目前平模成型机的发展趋势，套筒内孔可设计成圆孔或方孔结构。套筒平模成型机最大优点是母盘为永久型部件，可以设计多种

(a)

(b)

图 2.22 平模成型机成型部件实物图

图 2.23 一体式（左）和套筒式平模盘

形状的成型腔，生产不同原料的成型燃料，套筒可以采用廉价的铸铁，也可以采用陶瓷类非金属材料。

平模成型机上的压辊多采用直辊式。一体式平模盘配用的压辊宽度较大，与套筒式平模盘配套的压辊直径要尽可能大，以便使转速降低，压辊自转速度一般为 50～100 r/min。平模成型机压辊外缘的结构形状与整体式环模压辊类似，如图 2.24 所示。从平模成型技术的发展来看，套筒式平模棒（块）状成型机是重要的发展方向。

当用于生产棒（块）状成型燃料时，平模盘最好采用套筒式结构。平模盘厚度设计首先要满足成型质量要求，即满足成型和保型需要，其次要考虑原料适应性，以及能耗及生产率的要求。

平模成型机结构简单、成本低廉、维护方便。由于喂料室的空间可以设计得比较大，

图 2.24 平模成型机压辊

所以可采用大直径压辊，加之模孔直径可设计到 35 mm 左右，因此原料适应性较好。当用秸秆做原料时，进行切断处理就可满足成型要求。这种成型方式对原料水分的适应性也较强，含水率 15%～25%的物料都可挤压成型。

当用于生产颗粒燃料时，平模式成型机仍然存在整体式平模磨损后维修费用高，原料粉碎粒度要求高，以及粉碎耗能高的问题。

2.3　生物质成型燃料燃烧特性及设备

2.3.1　生物质成型燃料燃烧过程及特性

生物质成型燃料的燃烧过程如图 2.25 所示。首先是挥发分的析出和燃烧，在 200℃左右挥发分开始析出，550℃左右大部分挥发分已析出。随着挥发分的不断燃烧，逐渐进入到表面焦炭过渡区燃烧阶段，此时挥发分和成型燃料表面的焦炭同时燃烧。挥发分基本燃尽后，就进入以炭燃烧为主的阶段，由于成型燃料焦炭骨架结构相对紧密，运动的气流难以使其解体，炭骨架保持层状燃烧。这时炭燃烧需要的氧主要依赖渗透扩散作用提供，燃烧状态相对稳定。在燃烧过程中可以清楚地看到炭燃烧时蓝色火焰包裹着明亮的炭块，燃烧时间明显延长，图 2.26 所示是生物质成型燃料燃烧过程的照片。

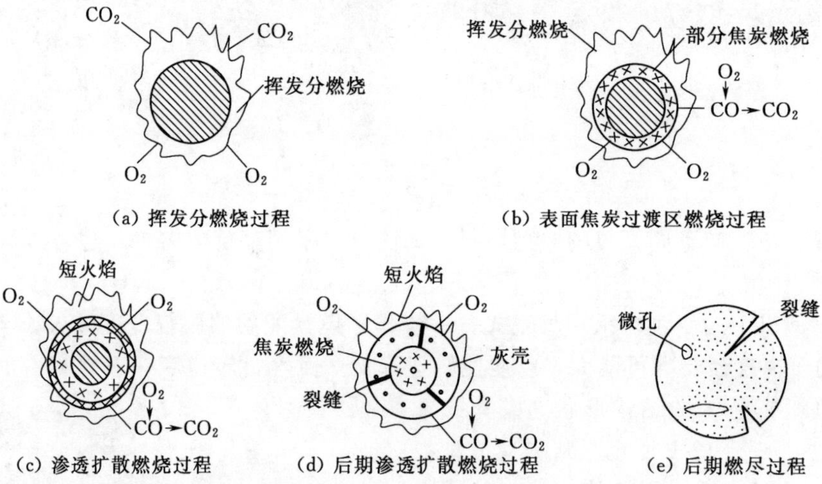

(a) 挥发分燃烧过程　(b) 表面焦炭过渡区燃烧过程

(c) 渗透扩散燃烧过程　(d) 后期渗透扩散燃烧过程　(e) 后期燃尽过程

图 2.25　生物质成型燃料的燃烧过程示意图

与松散的生物质燃烧过程相比，成型燃料的燃烧过程相对稳定，主要体现在以下两方面：

(1) 成型燃料的致密结构限制了挥发分的析出速度，为有效降低挥发分不完全燃烧产生的热损失创造了条件。而挥发分不完全燃烧产生的热损失恰恰是松散生物质燃烧初期存在的突出问题。产生该问题的原因是初期大量挥发分快速析出使得供氧与需氧难以有效匹配。研究发现，随着成型燃料密度的增大，成型燃料内部挥发分析出所遇阻力增加，挥发分析出速度减缓，从而为平衡氧气的供需矛盾创造了条件。

(a) 初期

(b) 中期

(c) 后期

图 2.26 成型燃料燃烧过程

(2) 在炭燃烧阶段，成型燃料的骨架不易被热气流冲散，可以降低焦炭不完全燃烧产生的热损失，而焦炭不完全燃烧产生的热损失是困扰松散生物质燃烧的第二大问题，这是由于松散生物质的炭骨架非常疏松，极易被热气流冲散并随排烟进入大气，从而导致焦炭不能完全燃烧，并产生大量颗粒污染物。

生物质成型燃料与松散生物质燃烧特性的相同之处在于，两者在燃烧过程中都有结渣和沉积腐蚀问题。

沉积是由生物质的碱金属等易挥发物质在高温下挥发进入气相后，与烟气、飞灰一起在锅炉对流换热器、再热器、省煤器、空气预热器等受热面上凝结、黏附或者沉降的现象，图2.27所示为秸秆燃烧过程中在锅炉过热器及炉墙表面形成的沉积。沉积层会随着设备使用时间的延长逐渐增厚，使换热效率逐步降低，并可以造成换热设施因腐蚀而泄漏。

图 2.27 秸秆燃烧过程中在锅炉过热器及炉墙表面上的沉积

沉积对燃烧设备的危害主要表现在以下三个方面：

(1) 导致燃烧设备热效率下降。沉积层的导热系数一般只有金属管壁导热系数的1/400～1/1000。比如，当锅炉受热面上有厚 1mm 的沉积层时，导热系数就降到原来的1/50 左右，严重影响受热面内的热量传导，并最终影响设备的热效率。

(2) 造成受热面严重腐蚀。生物质尤其是秸秆类生物质含有较多的氯元素，燃烧时氯会被释放到烟气中。释放出来的氯与烟气中的其他成分反应生成氯化物，凝结在飞灰颗粒上，当遇到温度较低的受热面时，就与飞灰一起沉积在受热面上，氯化物与受热面上的金属或金属氧化物反应，把铁元素置换出来形成盐等不稳定化合物，从而造成受热面的腐蚀。

(3) 影响设备的正常运行。比如，随着受热面上的沉积物日益增厚，当破坏沉积形成的作用力（包括重力、气流黏性剪切力以及飞灰颗粒对壁面上沉积的撞击力等）超过了沉积与壁面的黏结力时，沉积层就会从受热面上脱落，形成塌灰，从而严重影响设备正常燃烧、诱发运行事故、甚至导致设备损坏。

所以，预防和解决沉积问题是生物质成型燃料燃烧设备一个重要的研究方向，该问题的解决可以从抑制碱金属的析出，或者及时清除沉积等角度出发。

结渣是生物质成型燃料燃烧面临的另一突出问题。结渣是指燃料灰渣在高温下黏结于炉排等部位，并不断积累的现象。生物质成型燃料易于结渣的根本原因同样在于其碱金属和氯元素含量高，而这些元素能够降低灰熔点，导致生物质在燃烧过程中容易产生结渣，从而影响燃烧效率及锅炉出力，严重时会造成锅炉停机。

2.3.2　生物质成型燃料燃烧设备

生物质成型燃料燃烧设备应根据燃料的燃烧特性进行设计，基本原则是在保证燃料高效燃烧的前提下，避免或减少沉积及结渣的形成，减少沉积对燃烧及换热设备的腐蚀，延长设备使用寿命。

生物质成型燃料燃烧设备的关键部件是炉排与炉膛。炉排的设计与进风量关系密切，同时影响结渣的程度。炉膛的设计直接影响燃料的燃烧效率与污染物排放，同时与沉积腐蚀程度有紧密关系。

合理的炉排设计可以有效避免或阻止燃料燃烧过程灰粒聚团结渣，并能实现合理的配风。为了有效减少结渣的形成，在炉排设计方面，目前多采用活动式炉排，通过炉排上下前后的运动、振动或转动等产生的剪切力阻止结渣的形成。

生物质成型燃料燃烧设备的炉膛多采用双燃室或多燃室炉膛结构设计，颗粒燃料锅炉结构如图 2.28 所示。通过增加燃室及加大燃室截面，降低出口烟速，减少飞灰量及飞灰粒度，从而减轻飞灰对锅炉换热面的冲刷磨损。炉膛内布置足够的换热面，使燃烧产生的烟气从炉膛排出时温度降至灰渣的变形温度以下，以防在换热面发生沉积，同时可以延长烟气在炉膛内的行程，增加其在炉膛内的滞留时间，提高换热效率。

生物质成型燃料燃烧设备设计的关键参数主要有过量空气系数、炉排面积、炉膛容积、炉排速度等。根据试验，小型生物质成型燃料炉具的过量空气系数一般需要大于 2，大中型燃烧设备的过量空气系数也必须大于 1.5。

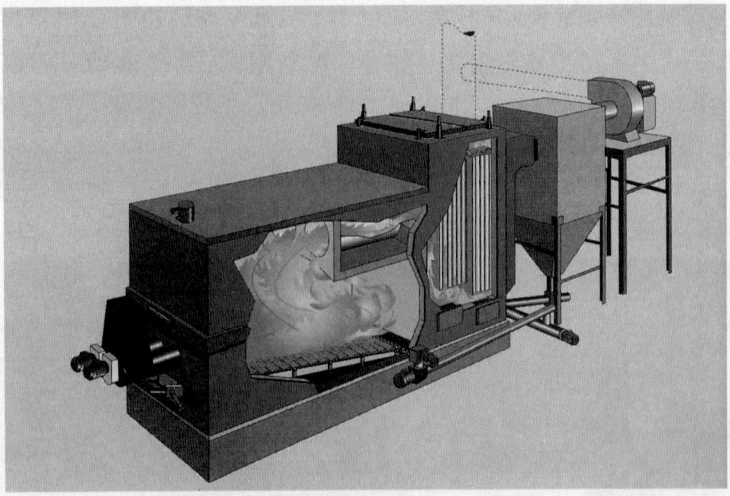

图 2.28 颗粒燃料锅炉结构示意图

图 2.29 所示是一变速链条炉排双燃烧室生物质成型燃料锅炉结构。该锅炉采用变速炉排双燃烧室结构设计。炉排变速运动可实现燃料与风量风速匹配，减轻结渣，同时双燃室结构的设计可有效减少沉积腐蚀。

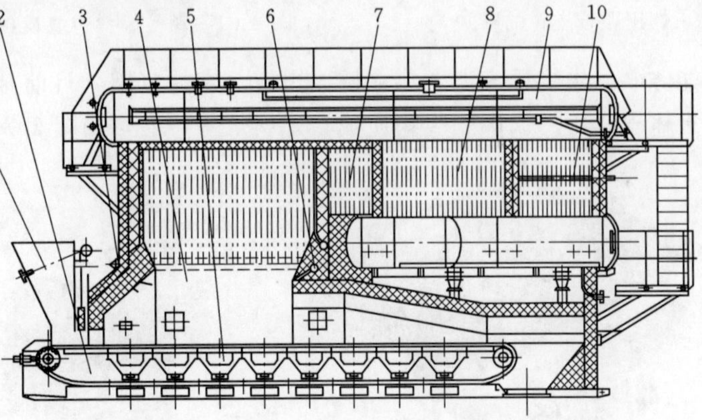

图 2.29 变速链条炉排双燃烧室生物质成型燃料锅炉结构示意图

1—进料斗；2—锅炉链条；3—前拱二次风；4—炉膛；5——次风；6—后拱二次风；7—燃尽室；8—对流管束；9—上锅筒；10—吹灰装置

该锅炉具有的显著特点是：①多燃烧室设计，设置裂解室、高温气（固）相燃烧室、二次燃尽室；②前后分段多次供风、梯次配氧，保证燃烧工况优化；③设置吹灰装置，及时清除沉积物，避免结焦产生深度腐蚀；④采用炉排变速运动，随时根据燃料及工况调整运行速度。

2.4 生物质成型燃料应用

生物质成型燃料可应用于生活用能和工业用能两大领域。其中生活用能主要包括炊事和采暖，工业用能主要包括工业锅炉、工业窑炉，以及发电行业。

在采暖利用方面，生物质成型燃料既可以用于分散采暖，也可以用于集中供暖。在欧洲，由于其生产的成型燃料主要是木质颗粒，因此当用于分散采暖时，多以壁炉为主要采暖设施，如图 2.30 所示。这种壁炉可实现自动进料、拨灰等操作，因此使用非常方便，而且干净整洁。为满足这种利用需求，生产商提供有适用于家庭的包装好的颗粒燃料产品，如图 2.31 所示，消费者可以像购买普通产品一样在商场直接购买。国内生物质成型燃料用于分散采暖时多采用采暖炉。随着国内对大气环境质量要求的日益提高，将生物质成型燃料用于集中供热领域已经成为国内成型燃料的一个主要用途。

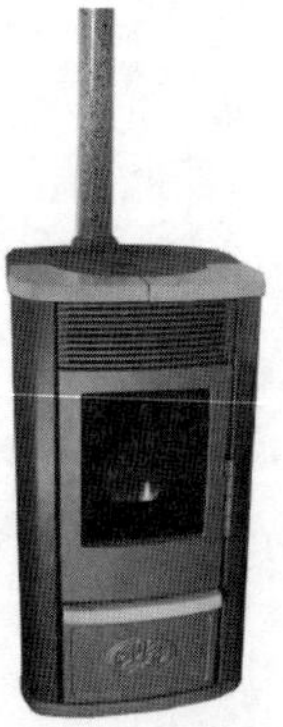

图 2.30 燃用颗粒燃料的壁炉

图 2.31 颗粒燃料包装设备及包装产品

在炊事用能方面，生物质成型燃料在国内也有一定的应用。目前开发有家用生物质成型燃料炉具和集体食堂用的炊事用生物质成型燃料灶等产品，如图 2.32 所示。

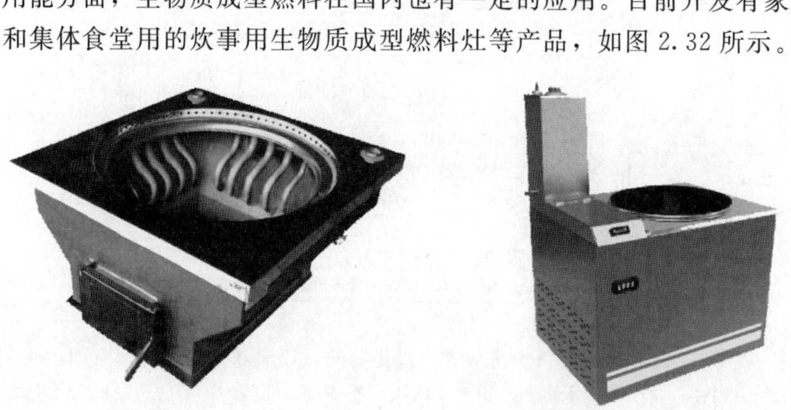

图 2.32 炊事用生物质成型燃料灶

在集中供热及工业应用等成型燃料规模化利用领域，目前获得广泛认可的商业模式是合同能源管理（Energy Performance Contracting，EPC）。EPC 是一种以减少的能源费用来支付节能项目全部投资的节能投资方式。这种节能投资方式允许客户使用未来的节能收益实施节能项目，客户与节能服务公司之间签订节能服务合同。EPC 自 20 世纪 70 年代从市场经济国家中逐渐发展起来，基于这种机制运作的专业化节能服务公司发展十分迅速，尤其在美国、加拿大和欧洲部分国家，已经发展成为新的节能服务产业，我国也开始支持节能服务产业的发展。

EPC 有以下三个基本特征：

(1) 节能项目是指节能效益占项目总效益50%以上的项目，节能服务公司和客户的收益都主要来自节能效益。

(2) 节能服务公司提供项目的全过程服务。提供能效分析、项目设计和可行性研究、设备选购、施工、验收、运行人员培训、节能量检测和确认等“一条龙”服务。

(3) 节能服务公司为客户提供节能量保证。

广州某公司按照合同能源管理的模式，2009年投资5000万元在珠海经济特区红塔仁恒纸业有限公司建设了一座以生物质颗粒为燃料的蒸汽厂，建设了3台40t/h的循环流化床锅炉及辅机等系统集成设备，如图2.33所示，替代该公司原有的以重油为燃料的蒸汽系统。据测算，该项目年产50万～55万t蒸汽，消耗生物质颗粒燃料8.5万～9.5万t，代替3.3万～3.6万t重油。年节省蒸汽生产成本约4000万元，年减排$CO_2$11万～13万t，年减排SO_2约90t。

图2.33 燃生物质成型燃料的蒸汽厂

2.5 生物质成型燃料发展前景

生物质成型燃料与煤同属固体燃料，有很多相似特性，与煤相比又具有清洁和可再生的特点。鉴于煤在能源结构中仍占有很大的比例，所以作为煤炭重要替代燃料的生物质成型燃料具有广阔的发展前景。

近年来，以木屑为原料的颗粒燃料在欧美等国得到了快速发展。目前，颗粒燃料的最大市场在欧美，世界十大颗粒燃料生产国分别是瑞典、加拿大、美国、德国、奥地利、芬兰、意大利、波兰、丹麦和俄罗斯。颗粒成型燃料加工厂已遍布欧洲，瑞典是欧洲颗粒燃料最大的生产和消费国，紧随其后的是德国和奥地利。瑞典之所以能够领跑颗粒燃料的发展，主要得益于有充足的原料，有利于生物燃料发展的税收体系以及广泛的区域供暖网络三个因素。

我国生物质成型燃料应积极开拓在农村生活用能领域的发展应用。随着我国农村城镇化进程的不断提速，考虑到我国的能源资源状况，以及能源清洁化的发展趋势，生物质成型燃料将是解决农村用能，尤其是采暖用能需求的一个重要选项。同时，在集中供热和供气领域，成型燃料也有一定的市场空间。这一论断既是基于对国内外生物能源宏观形势的观察，同时依据对该项技术自身状况和特征的分析形成了以下一些认识：

（1）经过近半个世纪的研究与应用实践，生物质成型燃料在技术、装备、配套设施及商业模式等方面都有了长足进步，能够支撑工业和民用需求。

（2）生物质资源丰富，农村资源就地转化利用是最为合理的方式。我国仅农作物秸秆资源量就有 7 亿 t 左右，相当于约 3.5 亿 t 标准煤。

（3）生物质成型燃料是可再生能源利用供热成本最低的固体能源，未来中国乡镇即使全部实现了现代化，炊事、冬季取暖、设施农业供热、中小型热水锅炉的能源不可能全部依赖化石能源，在化石燃料，尤其是煤的储量减少，供应困难的情况下，生物质成型燃料将是最好的替代燃料。

（4）生物质成型燃料属于碳中性燃料，其推广应用有利于推进 CO_2 等温室气体的减排，符合能源的发展趋势。

思　考　题

1. 生物质加工成成型燃料后，为什么可以改善其燃烧特性？
2. 生物质成型的主要作用机制是什么？
3. 活塞冲压成型所生产的棒状成型燃料的质量为什么优于模压成型所生产的燃料？
4. 如何理解合同能源管理这种商业模式？
5. 模压成型适用于生产颗粒燃料，而用于生产块状或棒状燃料时则存在燃料密度低及裂纹较多等问题，为何燃料尺寸的增加会导致质量的下降？

参 考 文 献

[1] 张百良，李保谦，杨世关，等. 生物质成型燃料技术与工程化 [M]. 北京：科学出版社，2012.

[2] Nalladurai Kaliyan，R. Vance Morey. Natural binders and solid bridge type binding mechanisms in briquettes and pellets made from corn stover and switchgrass. Bioresource Technology，2010，101：1082-1090.

[3] 张百良，王许涛，杨世关. 秸秆成型燃料生产应用的关键问题探讨 [J]. 北京：农业工程学报，2008，24（7）：296-300.

[4] Tom Reed，Becky Bryant. Densified biomass：a new form of solid fuel. U. S. Government Printing Office，Washington，D. C. 1978.

[5] 赵青玲. 秸秆成型燃料燃烧过程中沉积腐蚀问题的试验研究 [D]. 郑州：河南农业大学，2007.

[6] B. M. Jenkins，L. L. Baxter. Combustion Properties of Biomass [J]. Fuel Processing Technology，1989，54（8）：17-46.

[7] T. Heinzel，V. Siegle，H. Spliethoff，K. R. G. Hein. Investigation of Slagging in Pulverized Fuel Co-combustion of Biomass and Coal at a Pilot-scale Test Facility [J]. Fuel Processing Technology，1998，54：109-125.

[8] Coda B，Aho M，Berger R，et al. Behavior of Chlorine and Enrichment of Risky Elements in Bubbling

Fluidized Bed Combustion of Biomass and Waste Assisted by Additives [J]. Energy and fuels, 2001, 15 (3): 680 - 690.

[9] 马孝琴，骆仲泱，方梦祥，等. 添加剂对秸秆燃烧过程中碱金属行为的影响 [J]. 杭州：浙江大学学报（工学版）. 2006, 40 (4): 599 - 604.

[10] Stelte W, Holm J K, Sanadi A R, et al. A study of bonding and failure mechanisms in fuel pellets from different biomass resources [J]. Biomass & Bioenergy, 2011, 35 (2): 910 - 918.

[11] Mani S, Tabil L G, Sokhansanj S. Effects of compressive force, particle size and moisture content on mechanical properties of biomass pellets from grasses [J]. Biomass & Bioenergy, 2006, 30 (7): 648 - 654.

[12] Kaliyan N, Morey R V. Factors affecting strength and durability of densified biomass products [J]. Biomass & Bioenergy, 2009, 33 (3): 337 - 359.

[13] Selkimäki M, Mola - Yudego B, Röser D, et al. Present and future trends in pellet markets, raw materials, and supply logistics in Sweden and Finland [J]. Renewable & Sustainable Energy Reviews, 2010, 14 (9): 3068 - 3075.

[14] 蒋挺大. 木质素 [M]. 北京：化学工业出版社，2001.

第3章 生物质热化学转化

3.1 生物质热化学转化途径

生物质热化学转化是指在加热条件下，利用化学手段将生物质转化成燃料或化学品，包括燃烧、气化和热解等。

3.1.1 生物质燃烧

生物质燃烧是一种最简单的热化学转化方式，也是目前大规模高效清洁利用生物质能的一种重要方式。从化学角度看生物质燃烧是构成生物质的有机物质与空气中的氧气发生剧烈的氧化反应并放出热量的过程；从能量转化的角度看，是蕴含在生物质有机质中的化学能通过氧化反应转化成热能的过程。本质上来说生物质燃烧属于气固异相反应，但由于其性质的复杂性，燃烧包含了干燥（水分蒸发）、热解（挥发分析出）、气相燃烧和焦炭（固定碳）燃烧阶段，是化学反应、传热、传质以及流动等诸多过程的耦合。在实际燃烧过程中，上述几个阶段是连续发生而且存在不同程度的重叠。此外，由于生物质中挥发分所占份额较大，挥发分的燃烧组织至关重要。当挥发分气体着火燃烧后，气体便不断向上流动，流动与反应同时进行并形成扩散火焰。在此扩散火焰中，由于空气与可燃气体不同的混合比例，因而形成各层温度不同的火焰。当比例恰当时，燃烧速度较快，温度较高；当比例不恰当时，燃烧速度较慢，温度较低。因此，生物质燃烧过程中助燃空气给入的位置、时机以及形式非常重要，空气过多、过少或者混合不佳都可能会影响燃烧甚至造成熄火。简单来看，生物质的燃烧过程主要分为两个阶段，也就是挥发分析出燃烧和焦炭燃烧，前者反应较快，约占燃烧时间的10%，后者耗时较长，约占燃烧时间的90%。生物质燃料的燃烧存在挥发分析出快、灰含量低、半焦质地轻、燃烧活性强等特点，与煤炭燃烧存在显著差异，因此需要对燃烧利用的设备和装置进行有针对性的设计。

3.1.2 生物质气化

生物质气化（Gasification）是以生物质为原料，以 O_2（空气、富氧或纯氧）、水蒸气、或 H_2 等作为气化剂，在高温条件下通过热化学反应将生物质中可燃的部分转化为可燃气的过程。生物质气化产生的气体，主要有效成分为 CO，H_2 和 CH_4 等可燃气体。气体燃料易于管道输送、燃烧效率高、过程易于控制、燃烧器具比较简单、没有颗粒物排放，因此是品位较高的燃料。而生物质气化的能源转换效率较高，设备和操作简单，也是生物质热化学转化的主要技术之一。气化和燃烧都是有机化合物和氧发生的反应，主要区别在于是否提供了充足的氧气。燃烧过程提供了充足的O_2，燃烧产物是不可再燃烧的烟气。气化过程只提供了有限的O_2，而将大部分化学能转移到燃气中，在利用燃气时又将化学能释放出来。气化与燃烧又是密不可分的，因为燃烧是气化的基础，而气化是部分燃烧或缺氧燃烧。固体燃料中碳的燃烧为气化过程提供了能量，气化反应其他过程的进行取决于碳燃烧阶段的放热状况。实际上，气化是为了增加可燃气的产量而在高温状态下发生的热解过程。生物质气化是燃料热解、热解产物燃烧、燃烧产物还原等诸多复杂反应的集合。对于不同的气化装置、工艺流程、反应条件和气化剂的种类，反应过程和产物性质不同，不过从宏观现象上来看，都可以分为原料干燥、热解、氧化和还原四个反应阶段。

3.1.3 生物质热解

生物质热解又称热裂解或裂解（Pyrolysis），是目前世界上生物质能研究的前沿技术之一。生物质热解是指在惰性条件下，利用热能切断生物质大分子中的化学键，使之转变为炭、可冷凝液体和小分子不可冷凝气体三态产物的过程。根据工艺和条件的不同，固体、液体和气体产物的比例和性质不同。生物质燃料的热解过程也主要分为干燥阶段、解聚及“玻璃化转化”阶段、挥发分析出阶段和残留物的分解四个阶段。热解也是一种不可缺少的热化学转化过程，因为其不仅是能产生高能量密度产物的独立过程，也是气化和燃烧等过程的必要步骤。同时热解特性对热化学的反应动力学及相关反应器的设计和产物分布具有决定性影响。热解工艺适合于生物质燃料挥发分含量高、固定碳含量低的特点，根据工艺条件，可以分为慢速热解、常速热解、快速热解，而快速热解中升温速率特别高的工艺又称为闪速热解。生物质热解与气化技术是不同的，主要在于：①气化过程要加气化剂，而热解不加气化剂，尤其是不加O_2；②气化的基本目标产物是可燃性气体，大多以空气为气化剂，产出的可燃性气体中N_2含量较多（50%左右），气体的热值较低，而热解的目标产物是液、气、炭三种产物，气体的热值较高；③气化过程不需要另外考虑加热问题，其转化用的热量靠自身氧化过程生成的热量来供给，而热解则需要考虑加热问题，尽管这部分热量也可以用最终产物的燃烧来供给。

3.2 生物质燃烧技术与设备

人类自从学会用火，便开始把生物质作为燃料使用，直接燃烧是最原始也是最直接的生物质能源转化利用方式。随着社会的发展、科技的进步，燃用生物质的技术和设备历经不断改进和提高。由于认识到生物质属于清洁的可再生能源，大规模利用能有效降低温室气体排放，采用先进燃烧技术高效大规模利用生物质在近一二十年中受到广泛重视，在全球范围内已形成一个蓬勃发展的新兴产业。

3.2.1 生物质燃烧技术

3.2.1.1 生物质燃烧基本过程

生物质在燃烧过程中，可燃部分与O_2在一定的温度下进行化学反应，将化学能转化为热能，使燃烧产物温度升高。

生物质的特点是水分含量较大、含碳量比化石燃料少、有机氢含量多，在燃烧过程中，碳和氢容易结合成小分子量的烃类化合物并挥发，且燃点低。燃烧初期，需要足够的空气满足挥发分燃烧，否则挥发分容易裂解，造成不完全燃烧产生炭黑。生物质燃烧大致分为燃料干燥阶段、挥发分析出和焦炭的形成阶段、挥发分燃烧阶段、焦炭的燃烧和燃尽阶段。

1. 燃料干燥阶段

生物质被加热后，温度不断升高，当达到100℃时，表面水和空隙的内在水开始蒸发，生物质进入干燥阶段。水分蒸发时需要吸收燃烧过程中释放的热量，会降低燃烧室的温度，减缓燃烧进程。

2. 挥发分析出和焦炭的形成阶段

当温度持续升高，达到一定温度后，生物质中的挥发分开始析出。当挥发分析出完毕后，剩下的即为焦炭。

以上两个阶段，生物质处于吸热状态，为后面的燃烧做好前期的准备工作，称为燃烧前准备阶段。

3. 挥发分燃烧阶段

随温度升高，挥发分开始燃烧，此温度称之为挥发分的着火温度。由于挥发分组成复杂，因此燃烧反应也较为复杂。挥发分中的可燃性气体燃烧，释放大量热量，温度进一步升高，促进挥发分析出并燃烧，起到一个正反馈的过程。一般挥发分燃烧产生的热量占生物质总热量的70%以上。

4. 焦炭的燃烧和燃尽阶段

由于挥发分的燃烧消耗了大量的氧气，减少了扩散到焦炭表面的氧的含量，抑制了焦炭的燃烧。另外，挥发分燃烧提高了焦炭表面的气流温度，气流通过对流、传导和辐射的方式加热焦炭，当达到焦炭的着火温度时，焦炭开始燃烧。焦炭燃烧的后段称之为燃尽阶段，该阶段灰分不断增加。

值得一提的是，上述各个阶段虽然是依次串联，但也有一部分是重叠进行的，各个阶段所经历的时间与燃料的种类、成分和燃烧方式等因素有关。

从上述燃烧过程可知，要使燃料充分地燃烧，必须具备三个条件，即燃烧的“三要素”：①一定的温度；②合适的空气量及燃料良好的混合；③足够的反应时间和空间。

（1）一定的温度。这是良好燃烧的首要条件。温度的高低对生物质的干燥、挥发分析出和点火燃烧有着直接影响。温度越高，干燥和挥发分析出越顺利，达到点火燃烧的时间也较短，点火容易。不同的点火温度以及燃料种类，其着火点也不同，不同种类木材的着火点及自燃温度见表3.1。

（2）合适的空气量及燃料良好的混合。当一定数量的生物质完全燃烧时，需要一定的空气量（理论空气量）；考虑到混合不完全等因素，实际供给空气量（实际空气量）一般都大于理论空气量，实际空气量与理论空气量的比值称为过量空气系数。在合适空气量情况下，影响燃烧的主要因素取决于空气与燃料的良好的混合，一般由空气流速所决定。气流扩散大时，空气与燃料混合得好，燃烧的速度快。但是，如果过量空气系数过大，进入燃烧室的冷空气多，会降低燃烧的温度，影响燃烧的进程，而且排烟量增多，导致排烟损失增加。

表 3.1　　不同种类木材的着火点及自燃温度

种类	引火点/℃	着火点（有明火）/℃	氧气中自燃温度/℃	空气中自燃温度/℃	320℃下着火时间/s
云杉	260	300	260	430	140
杨树	250	290	240	450	138
樱	250	250	250	490	144
松	250	260	260	490	187
枥	250	270	270	470	151
榆	240	280	280	440	164
桦	240	260	260	500	179
青冈	260	290	290	540	272
柿	240	250	250	420	197（350℃以下）

（3）足够的反应时间和空间。燃烧反应一般都发生在一定的时间内和空间中。如果燃烧空间狭小，燃料的滞留时间则较短，燃料还没有充分燃烧时，就有可能进入低温区，从而使气体和固体不完全燃烧热损失增加。因此，为了保证充分的燃烧时间，就需要有足够的燃烧空间。此外，还有燃烧空间是否充分利用的问题。如果燃烧空间有死角，即使空间再大，燃烧时间仍有可能不够，需要适当设置挡墙或炉拱，改变气流方向，使之更好地充满燃烧空间，延长停留时间，并加强气流扰动。

3.2.1.2　生物质的燃烧特性

生物质燃料的燃烧与传统燃料煤的燃烧相比，有很大的区别。有经验已经表明，直接将燃煤锅炉改烧生物质往往会出现很大的问题。这与生物质的组成成分与独特性质是分不开。深入地了解生物质燃料的独特性质，掌握其燃烧特性，有利于进一步科学、合理地开发利用生物质能。

与煤相比，生物质的挥发分含量高、固定碳和灰分的含量低，元素组成中 C 含量低、O 含量高，但热值低。并且生物质中 S 含量低，是一种较清洁的能源。同时，生物质灰含有大量碱金属（Na、K），燃烧过程中，碱金属易与灰分中的 SiO_2 反应，生成低熔点共晶体，导致结渣；或者会出现床内料层结块的现象。含有的一定量的氯在燃烧规程中易引起高温氯腐蚀。

生物质与煤的燃烧过程相似，可大致分为预热干燥、挥发分的析出、燃烧和焦炭形成及残余焦炭的燃烧。燃烧过程有以下特点：

（1）生物质水分含量较多，燃烧需要较高的干燥温度和较长的干燥时间，产生的烟气体积较大，排烟热损失较高。

（2）生物质燃料的密度小，结构比较松散，迎风面积大，容易被吹起，悬浮燃烧的比例较大。

（3）由于生物质发热量低，炉内温度场偏低，组织稳定的燃烧比较困难，同时生物质中碱金属含量比较高，在高温燃烧过程中易引起颗粒的团聚、受热面积灰结渣等问题，影响锅炉的正常运行。

（4）由于生物质挥发分含量高，燃料着火温度较低，一般在250～350℃温度下挥发分就大量析出并开始剧烈燃烧，此时若空气供应量不足，将会增大燃料的化学不完全燃烧损失。

（5）挥发分析出燃尽后，受到灰烬包裹和空气渗透困难的影响，焦炭颗粒燃烧速度缓慢、燃尽困难，如不采取适当的必要措施，将会导致灰烬中残留较多的余碳，增大机械不完全燃烧损失。

由此可见，生物质燃烧设备的设计和运行方式的选择应从不同种类生物质的燃烧特性出发，才能保证生物质燃烧设备运行的经济性和可靠性，提高生物质能开发利用的效率。

3.2.1.3　生物质燃烧速率的影响因素

生物质燃烧速率受反应物与生成物的气流扩散和化学反应动力学控制。影响气流扩散的因素有反应物和生成物的气流扩散速度、气流组分浓度、流速和传热速度等。影响化学反应动力学的因素有温度、压力、组分浓度等。在以上因素中，起主要作用的是温度和气流扩散速度。尽管生物质中固定碳含量低，但其依然决定着燃烧时间和燃尽程度。

1. 温度

温度是决定反应速率快慢的重要因素，主要是通过影响化学反应速率而起作用的。温度升高，反应速率增加。试验表明，温度每增加100℃，化学反应速度可以增加1～2倍。

2. 气流扩散速度

气流扩散速度由氧气浓度所决定，燃烧速率取决于扩散到燃烧表面的氧气量。

3. 燃烧区域划分

根据温度和气流扩散速度对燃烧的影响程度的不同，可以将燃烧划分为动力燃烧区、扩散燃烧区和过渡燃烧区。

（1）动力燃烧区。当燃烧温度较低时，化学反应速度缓慢，气流扩散速度不起关键作用，燃烧速度主要由温度所决定。在这一区域中，提高温度是有助于强化燃烧。

（2）扩散燃烧区。当燃烧温度较高时，化学反应迅速，扩散到燃烧表面的氧气的浓度接近于零，气流的扩散远远低于燃烧反应的需求。因此，燃烧速度取决于扩散速度。增加气流扩散速度，可以强化燃烧。

（3）过渡燃烧区。动力燃烧区与扩散燃烧区之间的区域，燃烧速度既与温度有关，又与气流扩散速度有关。提高温度和增加气流扩散速度都可以强化燃烧。

3.2.1.4　燃烧过程的优化控制

生物质燃烧过程包含动力燃烧、扩散燃烧和过渡燃烧，三种燃烧状态性质各不相同，因此，针对不同状态需要对燃烧温度、过量空气系数、燃烧时间和空间等进行优化控制，以达到最佳燃烧状态。

1. 燃烧温度

燃烧温度的控制是稳定燃烧的首要条件。燃烧温度直接影响生物质的干燥、热解和燃烧，以及碳颗粒的燃尽程度。温度越高，干燥和挥发分的析出越顺利，着火燃烧越稳定。如果同时提高干燥空气温度，可以提高燃料的传热系数，将有利于燃料的着火和燃烧。

2. 过量空气系数

燃料的干燥、燃烧和燃尽阶段直接受到过量空气系数的影响。生物质挥发分含量高，因此挥发分燃烧阶段必须供给充足的氧气，否则析出的气体可能裂解生成炭黑，影响后续的燃烧。燃尽阶段对空气的需求量并不大，但需要提高气流向碳颗粒表面的扩散能力。

3. 燃烧时间和空间

生物质中挥发分含量高，大幅缩短了燃烧所需时间，尽管固定碳含量很低，但却决定了燃尽时间，因此提高碳颗粒的停留时间十分重要。燃料燃烧过程中流动轨迹受燃烧空间的大小和形状以及气流流程的影响，充分利用燃烧空间可保证燃料的稳定燃烧，从而提高生物质的燃烧效率。

3.2.1.5 生物质燃烧技术分类

生物质燃烧技术可以分为生物质直接燃烧技术、生物质成型燃料燃烧技术、生物质与煤混烧技术以及生物质气化燃烧技术等。

1. 生物质直接燃烧技术

生物质直接燃烧是指纯烧生物质，主要分为炉灶燃烧和锅炉燃烧。传统的炉灶燃烧效率非常低，热效率只有10%～18%，即使目前热效率最大的节能柴灶也只有20%～25%。生物质锅炉燃烧是把生物质作为锅炉的燃料，采用先进的燃烧技术以提高生物质利用效率，适应于生物质资源相对集中、可大规模利用的地区。按照锅炉燃烧方式的不同可分为层燃炉和流化床锅炉等。层燃技术广泛应用于农林废弃物的开发利用和城市生活垃圾焚烧等方面，它是将生物质燃料铺在炉排上形成层状，与一次配风相混合，逐步进行干燥、热解、燃烧及还原过程，可燃气体与二次风在炉排上方空间充分混合燃烧。此技术广泛应用在农林废弃物的开发利用和城市垃圾焚烧方面，具有较低的投资和操作成本。一般额定功率小于20MW。流化床燃烧技术具有燃烧效率高、有害气体排放少、热容量大等优点，适合燃烧水分大、热值低的生物质燃料，其优点在于燃烧效率高、有害气体排放少、热容量大等。按照燃烧方式分为鼓泡流化床和循环流化床，后者是在前者的基础上发展而来。

2. 生物质成型燃料燃烧技术

生物质成型燃料具备体积小、密度大、方便储运，无碎屑飞扬，使用方便、卫生等特点，燃烧持续稳定、周期长，燃烧效率高，燃烧后的灰渣及烟气中污染物含量小，是一种清洁能源，其燃烧技术也是很好的利用方式。然而，由于成本较高，成型燃料的压制设备尚不成熟，目前各国生物质成型燃料的利用规模仍然不大，当前还只是作为采暖、炊事及其他特定用途的燃料，使用范围有待拓展。

3. 生物质与煤混烧技术

在燃煤工业锅炉中，采用生物质来替代部分燃煤，无需或只需对设备进行很小的改造，在现阶段是一种低成本、低风险的燃烧利用方式。在许多国家，混合燃烧还是完成CO_2减排任务中最经济的技术选择。根据混合方式的不同分为直接混合燃烧、间接混合燃烧和并联混合燃烧，这都需要对原有的燃料输运系统以及燃烧器进行局部改造，以适应生物质的燃烧特性。

4. 生物质气化燃烧技术

生物质在较低受热温度下使一定的固体燃料转化为气体析出，生成的高品位燃料气既可以供生产和生活使用，也可以通过内燃机或汽轮机发电，进行热电联产联供。目前生物质气化燃烧的主要技术为生物质—煤的混合燃烧和生物质的整体气化联合循环（IGCC）技术，广泛使用的气化装置是常压循环流化床（ACFB）和增压循环流化床（CPCFB）。

3.2.1.6　生物质燃烧利用存在的问题

1. 灰尘排放

生物质燃烧形成灰可归纳为两类：燃料灰中惰性组分和部分不完全燃烧产物组成的粗颗粒。该部分粒度取决于半焦颗粒破碎特性，或者通过灰中非挥发性成分熔融（结聚）形成的；另一类颗粒为小于 1 μm 的小颗粒，是由灰中挥发性成分的成核作用或沉积形成的。这类颗粒由于可以直接进入呼吸系统，并沉积在肺泡中并难以移除而具有更大的危害。

为减少灰尘排放，大规模生物质燃烧工程中必须考虑一定的除尘措施。一般认为生物质灰的比电阻率较高，采用静电除尘的效果难以保证，因而大多选用高效布袋除尘。布袋除尘对于 1 μm 以上粒径的灰捕集效率可达到 99.5%以上，可以实现对生物质燃烧过程粗颗粒的有效捕集，但是无论是袋式除尘还是静电除尘对亚微米颗粒的捕获效率并不高，需要进一步研究。

2. 气相污染物排放

生物质燃料中或多或少含有一定量的氮，燃料中的氮在燃烧过程中可通过一定途径析出生成含氮气相污染物。燃烧过程中所产生的氮氧化物主要可分为热力型、快速型和燃料型三种形式，燃料氮为主要组成。

固体燃料燃烧中另一种主要气相污染物硫氧化物的排放在生物质中并不严重，这主要是由于生物质平均含硫量在 0.1%左右，远远低于煤炭的平均含硫量。

3. 碱金属引起的积灰、结渣和腐蚀

生物质中高的碱金属含量（K、Na）导致生物质的灰熔点较低，给燃烧过程带来了许多问题。在燃烧利用过程中，高的碱金属含量是引起锅炉受热面积灰、结渣和腐蚀的重要因素，会直接造成锅炉寿命和热效率降低等；同时，高的碱金属含量还容易引起床料的聚团、结渣破坏床内的流化，使燃烧工况恶化。主要是由于生物质燃烧所产生的灰沉积表面光滑、孔隙度小，比煤灰沉积更难除去。另外 Si 和 K 在燃烧时形成低熔点的硅酸盐沉积在燃烧设备的金属上面，进而造成燃烧设备的腐蚀。在生物质燃烧利用过程中，通过降低燃料中碱金属含量的比例（与煤混烧或适当预处理手段），设法提高燃料灰分的熔点（加入添加剂），抑制碱金属的挥发性，以及选用新型的床料（非 SiO_2 类床料），是解决生物质流化床积灰、结渣和腐蚀问题的有效途径。同时，在保证正常的流化床运行工况的前提下，适当地降低燃烧温度，合理的调节燃烧工况也是一种有效减轻结渣的方法。

4. 高温氯腐蚀

生物质燃料与煤的一个显著不同在于生物质中氯的含量高，氯在生物质燃烧过程中的挥发及其与锅炉受热面的反应会引起锅炉的腐蚀。生物质燃料锅炉的高温氯腐蚀比燃煤过滤严重得多，应予以足够重视。生物质燃料锅炉发生高温氯腐蚀的原因主要是生物质中的氯在燃烧过程中以 HCl 形式挥发出来，与锅炉的金属壁发生反应，造成腐蚀。

在锅炉受热面设计时选用新的防腐材料，在实际运行过程中合理地调整工况，加入适量的脱氯剂或吸收剂脱除或减少 HCl 的排放，降低炉内 HCl 的浓度，可以减轻锅炉的高温氯腐蚀。同时考虑到生物质燃料中的氯大部分是以游离氯离子的形态存在，收集原料时采用雨水冲刷后太阳晾干的生物质原料，在一定程度上可以缓解锅炉的高温氯腐蚀。

3.2.2 生物质燃烧设备

生物质燃烧设备包括民用燃烧设备和工业燃烧设备。民用燃烧设备包括柴炉、炊事炉、炊事采暖炉和蓄热式炉灶等。工业燃烧设备包括层燃燃烧、流化床燃烧和悬浮燃烧等。

3.2.2.1 民用生物质燃烧设备

1. 柴炉

根据气流通过燃烧室的流向，柴炉通常分为四大类。根据一次空气的流向，决定了柴炉是上吸式、下吸式、侧吸式还是“S”吸式，如图 3.1 所示。

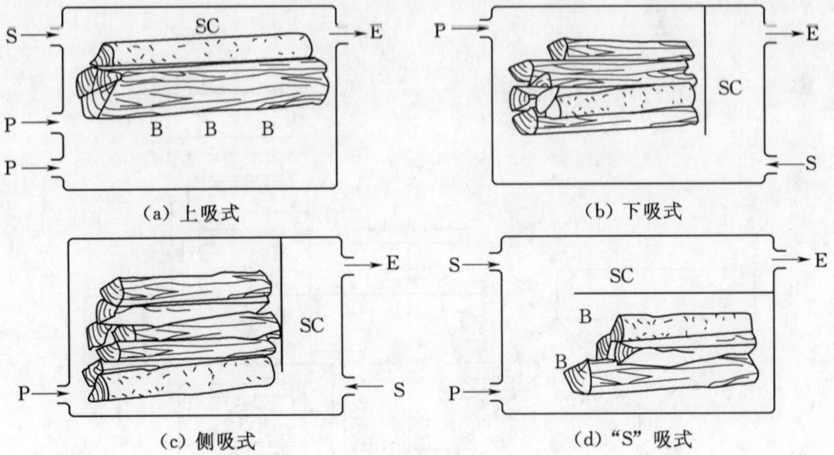

图 3.1 柴炉的分类

P—一次空气；S—二次空气；E—通向烟囱的尾气；B—初级燃烧；SC—二级燃烧

柴炉以辐射和对流的方式向周围环境释放能量。尽管所有炉具都能同时利用辐射和对流这两种方式来传递热量，但根据占主导地位传热方式的不同，一般将它们分为辐射式和对流式炉灶，炉膛的内墙和炉底通常衬以耐火黏土砖或其他隔热材料。接近炉底中部位置一般装有可拆卸的铸铁炉箅，在炉箅下方放置灰箱（或直接从炉底清灰）。

助燃空气通常分为一次风和二次风，采用手动阀门控制进风量。此外，炉膛内一般都在水平（或倾斜）安装蛭石或钢质折流板，以改善燃烧质量，提高燃烧效率。许多炉灶的前门上都装有玻璃窗，以便于观察燃烧状况。

2. 炊事炉

灶与炉并无本质区别，一般习惯上将与炕连通的称为灶，而将独立燃用、不与炕相连的称为炉。目前我国农村采用的炊事炉灶，大都是传统样式。每次投料，初期空气量不足，造成床层内气化产物和大量挥发物质得不到充分燃烧，而变成黑色浓烟排入大气，浪费能源而又污染环境；后期空气量的过剩，使得烟气带走的能量损失增多。此外，还带来了炉内火力不均、燃烧温度周期性变化等不足。

鼓风式生物质炊事炉采用上吸式气化技术（逆流式气化），空气经一次风从灰室的炉栅处吸入，从下向上通过燃烧层，燃料从炉口顶部一次加入炉膛，亦可边燃烧边填料。这种使生物质气化和燃烧一体化的方式，可有效克服传统上吸式炉灶焦油多，能量利用低的问题。不冷却、不除焦油、不过滤、不洗涤、不除尘，叫做简易气化，也叫半气化。这种处理方法既经济又环保。在生物质炊事炉燃气的出口，直接配上二次风，热燃气在炉口燃烧既节能又可使焦油燃烧掉。在生物质炊事炉上加装微型风机后，可实现炉温和进风量的调控，一、二次风可自由调节。在各个燃烧阶段进行不同的配风，可实现固定碳的气化，对燃烧热效率的提高具有重要意义。

3. 炊事采暖炉

炊事取暖炉原理上与炊事炉并无本质区别，只是在炊事炉的基础上加装了换热、蓄热和辐射装置，从而实现了取暖功能。图3.2给出了一种集取暖、炊事、热水于一体的生物质炊事采暖炉的结构简图。

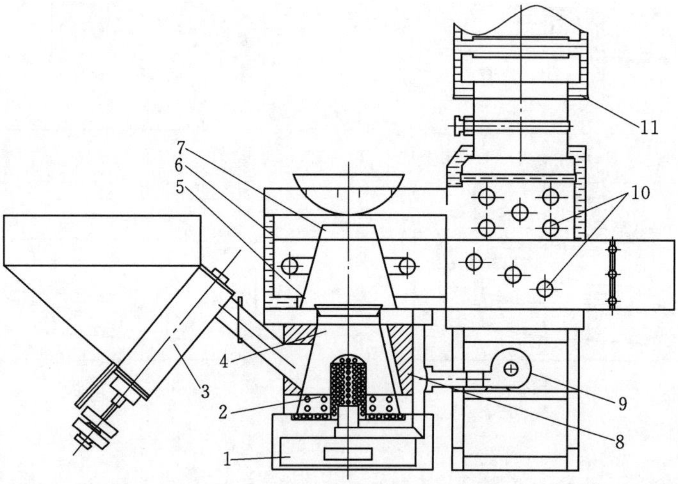

图3.2　生物质炊事采暖炉结构简图

1—灰室；2—炉箅子组件；3—进料机构；4—炉膛；5—二次配风；6—周向水箱；7—拔火筒；8—配风管；9—风机；10—周向水管；11—水套

该炉具的灰室位于炉膛下部，炉箅子组件安装在灰室上面，风机安装在炉膛的右侧，之间通过炉体配风管连接，二次配风位于炉膛的正上方，炉门位于炉膛正前方，并开有自然通风道；进料装置通过进料口与炉膛以一定角度连接；拔火器安装在炉膛上方，可拆卸，炉体上部四周安装有水箱和吸热管；上出烟口位于炉体右上方，与水套相连。烟气通过拔火器，加热周向水箱和水管后，由上出烟口进入水套后排出；烟气也可通过加热水箱吸热管后由进炕烟口进入火炕。两个烟气出口均设有开关，以实现烟气进入炕洞和进入炊事供暖出口之间的切换。炊事时采用加装拔火筒的方式拔高火苗的高度，以适应做饭的需要。炉体内设有周向水箱，水箱与内壁之间设有周向传热管道。在炉体上方出烟口处增设了环形水套，以利用非进炕烟气的余热。

4. 蓄热式炉灶

蓄热式炉灶一般是由预制板或完全由石块构成。皂石能够与火焰直接接触并且具有较好的蓄热能力，炉灶能够在燃烧阶段储存大量热量。当火焰熄灭后，炉灶仍能够长时间地向室内空间释放热量。

生物质在蓄热式炉灶中以较高燃烧速率迅速燃尽。在生物质燃烧过程中，热量主要是通过玻璃门辐射释放出来。而在火熄灭以后的很长时间内，储存于皂石中的大部分热能够持续、均匀和稳定地向周围辐射。

还有一种蓄热式炉灶是陶瓷材料砌筑的砖炉。这种炉灶能够在现场砌筑或由较大的预制块预制而成。砌筑式炉灶在瑞典很普遍。

在皂石炉灶和砌筑炉灶中，逆流系统把热烟气中的热能传递给石块。当生物质在炉膛中燃烧时，快速达到较高的温度，强制燃烧的热烟气流向位于顶盖下方的上部燃烧室，然后热烟气被下方和外部引导，进入侧面通道。在侧面通道中，热量被释放给外部的石块。同时，壁炉的外墙将室内空气加热，热空气沿石块表面以与内部向下流动的相反方向向上流动。这两种相反的流动称为逆流，所产生的大部分热量以辐射热的形式均匀地向室内传递。

5. 节能灶

节能灶（或称省柴灶）形式多种多样，但其基本结构差不多，如图 3.3 所示。与旧式柴灶的主要不同之处在于节能灶：①设有灶蓖与灰室，燃料燃烧时供给空气充分而均匀，使燃料能够燃尽；②设有可开关的灶门，填入燃料后将门关上，减少热量损失；③燃料离锅底近，吊火高度（灶蓖到锅最低点的距离）小，一般为 12～16cm；④有拦火圈与回烟道，拦火圈可以延长火焰与高温烟气在灶膛锅底的时间，回烟道可以增加烟气在锅底四周回旋的路线和时间，通过设置拦火圈与回烟道，锅能充分吸收燃烧的热能；⑤增加灶体保温措施，选用蓄热性好的材料做灶体，适当加大厚度，以减少热损失。

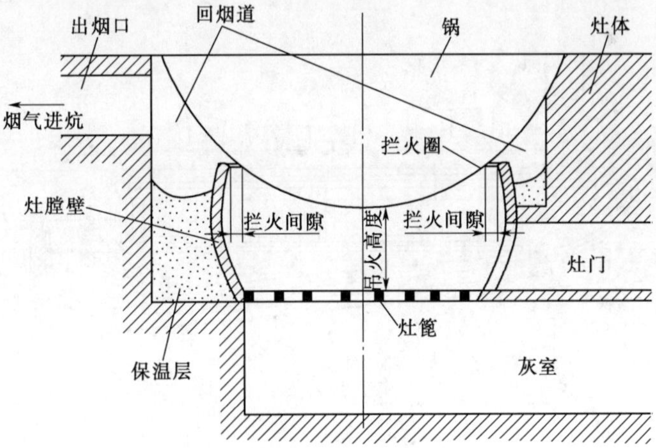

图 3.3 节能灶基本结构示意图

此外，部分节能灶在灶膛与灶体之间设二次进风管，可使得在回烟道中未燃尽的炭粒再次燃烧，释放热量。采取如上措施，节能灶将炊事热效率由旧式柴灶的 12%提高到 20%左右。做得更精细一些的节能灶，其炊事热效率可高于 25%。

3.2.2.2 工业生物质燃烧设备

工业用生物质燃烧设备的燃烧方式可分为层燃燃烧、流化床燃烧和悬浮燃烧等。如图 3.4

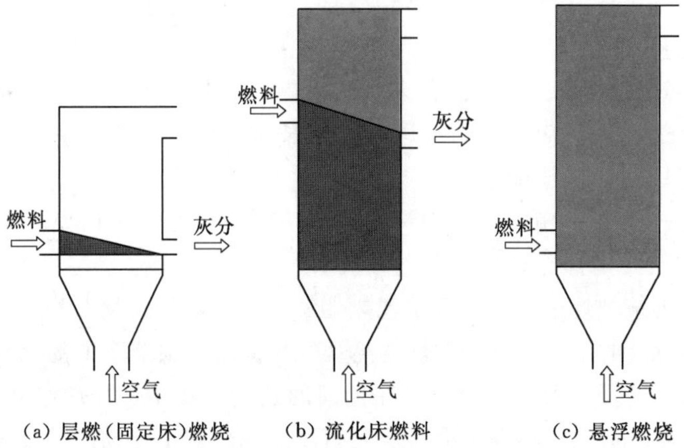

图 3.4　锅炉燃烧方式示意图

所示。其中层燃炉又可以分为链条炉、往复炉排炉以及振动炉排炉。流化床锅炉可以分为鼓泡流化床和循环流化床锅炉。

1. 链条炉

链条炉的结构如图 3.5 所示，链条炉排的外形好像皮带输送机。链条炉的运行过程是原料从料斗内依靠自重落到炉排前端，随炉排自前向后缓慢移动，经闸板进入炉膛。闸板的高度可以自由调节，用以控制料层的厚度。空气从炉排下面分区送风室引入，与料层运动方向相交。原料在炉膛内受到辐射加热，依次完成预热、干燥、着火、燃烧，直到燃尽。灰渣则随炉排移动到后部，经过挡渣板落入后部水冷灰渣斗，由除渣机排出。

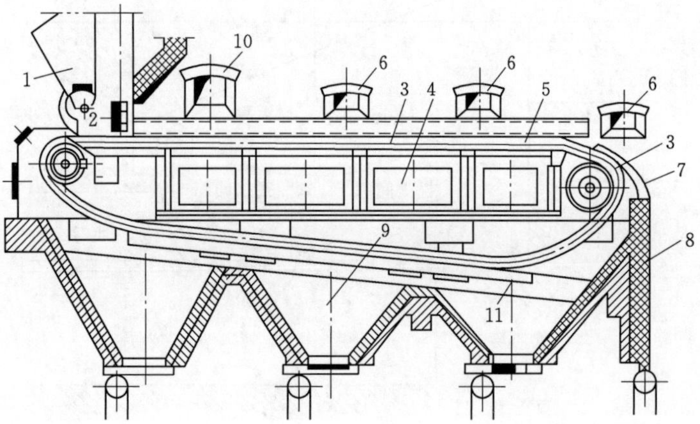

图 3.5　链条炉结构示意图

1—料斗；2—闸门；3—炉排；4—分段送风室；5—防焦箱；6—看火孔及检查孔；7—老鹰铁；8—渣井；9—灰斗；10—人孔；11—下导轨

链条炉排的结构形式一般可分为链带式、横梁式和鳞片式三种。链条炉排的着火条件较差，原料的着火主要依靠炉膛火焰和拱的辐射热，因此上面的原料先着火，然后逐步向下燃烧。这样的燃烧过程，在炉排上就出现了明显的区域分层。生物质原料进入炉膛后，随炉排逐渐由前向后缓慢移动。在炉排的前部，是新原料燃烧准备区，主要进行预热和干燥。紧接着是挥发分析出着火并开始进入燃烧区。在炉排的中部，是焦炭燃烧，该区域温度很高，同时进行着氧化和还原反应过程，放出大量热量。在炉排的后部，是灰渣燃尽区，灰渣中剩余的焦炭继续燃烧。在燃烧准备区和燃尽区都不需要很多空气，而在焦炭燃烧区则必须保证有足够的空气，如果不采取分段送风，会出现空气在炉膛前后两端过剩，在中部不足的问题。

2. 往复炉排炉

往复炉排炉（图 3.6）主要由固定炉排片、活动炉排片、传动机构和往复机构等部分组成。炉排整个燃烧面由固定炉排片和活动炉片组成，两者间隔叠压成阶梯状，倾斜 15°～20°角。固定炉排片装嵌在固定炉排梁上，固定炉排梁再固定在倾斜的槽钢支架上。活动炉排片装嵌在活动炉排梁上，活动炉排梁搁置在由固定炉排梁两端支出的滚轮上。所有活动炉排梁的两侧下端用连杆连成一个整体。当电动机启动后，经传动机构带动偏心轮通过活动杆、连杆推拉轴、连杆，从而使活动炉排片在固定炉排片上往复运行，原料随之向下后方推移。倾斜往复炉排的燃烧采用分段送风。燃烧过程也具有区段性，原料从料斗下来，沿着倾斜炉排面由前上方向后下方缓慢移动，空气由下向上供应。原料着火所需要的热量主要来自炉膛，先后经过干燥、挥发分着火、焦炭燃烧和灰渣燃尽等各个阶段。

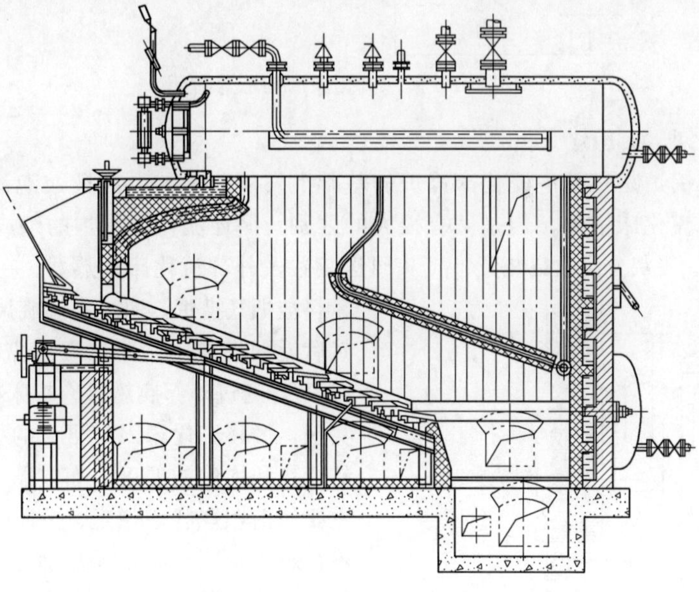

图 3.6 往复炉排炉结构示意图

3. 振动炉排炉

振动炉排蒸汽锅炉是小容量锅炉采用的一种结构简单、钢耗量和投资费用较低的机械化燃烧设备。它的整个炉排面在交变惯性力的作用下产生振动，促使原料在其上跳跃前进，实现了燃烧的机械化。

4. 鼓泡流化床（BFB）

鼓泡流化床系统的额定出力通常大于 20MW。鼓泡流化床的床料位于燃烧炉底部。一次空气从底部布风板进入。床料通常为石英砂，二次空气通过燃烧炉上部（稀相区）开始位置水平分布的喷孔被引入，保证分阶段配风以减少氮氧化物的生成。与燃煤的流化床不同，生物质燃料不是从上面进料，而是直接进入燃烧室内部。燃料数量仅占床料的 1%～2%，在燃料进入之前，床料被加热（在内部或外部）。鼓泡流化床的优点是燃料颗粒的尺寸和含水量具有一定的灵活性。此外也可以使用不同生物质的混合燃料，实现与其他燃料的混合燃烧。鼓泡流化床的结构如图 3.7 所示。

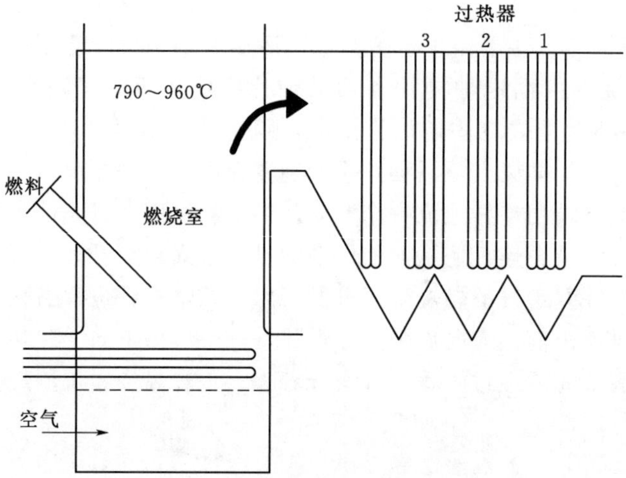

图 3.7　鼓泡流化床结构示意图

5. 循环流化床（CFB）

循环流化床锅炉是在鼓泡流化床锅炉的基础上发展起来的，因此鼓泡流化床的一些理论可以用于循环流化床锅炉，但是又有很大的区别。循环流化床锅炉的组成如图 3.8 所示，主要包括燃烧室、飞灰分离收集装置、飞灰回送装置及外部流化床换热器。在循环流化床中，床料被烟气携带，通过高温旋风分离器被分离，然后返回燃烧室。床层温度需要控制在 800～900℃，通过外部换热器冷却床料或水冷炉墙来实现，循环流化床因其更大的扰动实现了更好的传热和均匀的温度分布。循环流化床的优点主要包括燃烧状态稳定、分阶段控制空气量和可在燃烧室上部布置换热面等。缺点是占地面积大，价格高，与鼓泡流化床相比床料损失更多，而且，由于燃料颗粒尺寸更小，需要燃料预处理系统，投资更高。此外，循环流化床通常用于 30MW 以上系统，这可获得较高的燃烧效率，较低的烟气流量（锅炉和烟气净化系统设计容量可以小一些）。

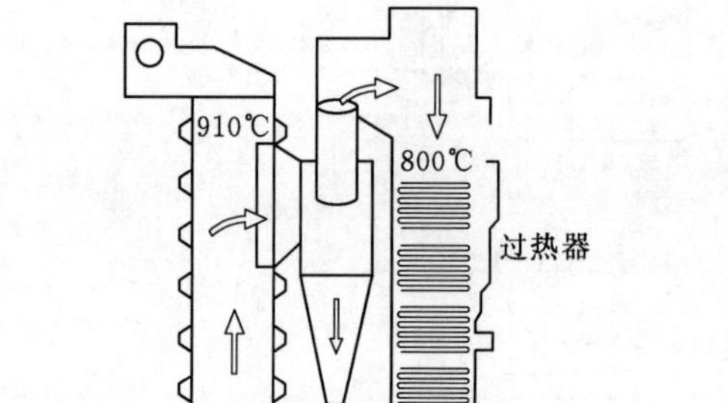

图 3.8　循环流化床锅炉的组成示意图

我国自 20 世纪 80 年代末开始，对生物质流化床燃烧技术也进行了深入的研究，国内各研究单位与锅炉厂合作，联合开发了各种类型燃生物质的流化床锅炉，投入生产后运行效果良好，并进行了推广，还有许多出口到了国外，这对我国生物质能的利用起到了很大的推动作用。例如，华中科技大学的陈汉平等根据稻壳的物理、化学性质和燃烧特性，设计了以流化床燃烧方式为主，辅之以悬浮燃烧和固定床燃烧的组合燃烧式流化床锅炉，试验研究证明，该锅炉具有流化性能良好、燃烧稳定、不易结焦等优点。

6. 悬浮燃烧

生物质悬浮燃烧与煤粉燃烧技术类似，几乎是大型锅炉的唯一燃烧方式。采用悬浮燃烧技术的生物质水管锅炉如图 3.9 所示。在悬浮燃烧系统中生物质需要进行预处理，颗粒尺寸要求小于 2mm，含水率不能超过 15%。首先将生物质粉碎至细粉，然后经过预处理的生物质与空气混合后一起切向喷入燃烧室内，形成涡流呈悬浮燃烧状态，增加了滞留时间。由于细小的生物质颗粒会出现类似爆炸的气化现象，需要严格地控制进料速度，并构成了整个系统的关键技术。通过采用精确的燃烧温度控制技术，悬浮燃烧系统可以在较低的过剩空气下高效运行。采用分阶段配风以及良好的混合可以减少氮氧化物生成。

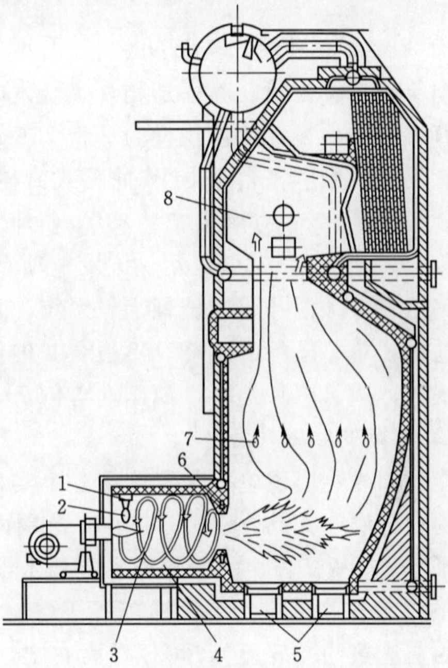

图 3.9　采用悬浮燃烧技术的生物质水管锅炉示意图
1—初级空气；2—燃料输送；3—还原段；4—烟气回流；5—灰室；6—二次空气；7—三次空气；8—锅炉水管

3.3　生物质燃烧技术的应用

生物质燃烧技术大规模的应用主要用于发电或者热电联产。以生物质作为燃料在锅炉内燃烧，通过给水不断吸收热量转化为蒸汽，过热蒸汽进入汽轮机，推动汽轮机带动发电机发电，电经由配电装置输出。锅炉烟气经除尘器除尘后，通过烟囱排入大气，锅炉底部排出的炉渣和捕捉的灰可以运出厂进行综合利用。

目前在欧美绝大多数生物质发电厂采用蒸汽朗肯循环发电，先进的生物质发电系统的发电效率仅为 20%～25%，远低于煤的发电效率，因此只有低的燃料成本才能满足经济需求。由于生物质的低能量密度限制了系统的规模，为降低系统规模对投资的影响，需要尽量降低锅炉设备的制造成本。

3.3.1　国内生物质燃烧技术应用实例

3.3.1.1　国内直燃发电实例

1. 河北晋州秸秆燃烧发电

河北晋州秸秆燃烧发电项目是我国首个生物质燃烧发电项目，规模为 2×12MW 抽汽凝汽式供热机组配 2×75t/h 秸秆直燃炉。年消耗秸秆量 17.6 万 t，年发电量 1.32 亿 kW·h，年收益 7854 万元，年供热量 529920GJ，可满足 100 万 m^2 建筑的采暖供热。与同等规模燃煤电厂相比，一年可节约标准煤 6 万 t，减少 CO_2 排放量 600t、烟尘排放量 400t。

2. 江苏宿迁秸秆燃烧发电

中国节能投资公司江苏宿迁秸秆燃烧发电项目是我国第一个拥有自主知识产权的国有化秸秆直燃发电项目，建设规模为 2 台 75t/h 中温中压燃烧秸秆锅炉，配置 1 台 12MW 冷凝式汽轮发动机组和 1 台 12MW 抽凝式汽轮发电机组以及相应的辅助设施。每年可燃秸秆 17 万～20 万 t，节约标准煤 9.8 万 t，外供电力 1.32 亿 kW，销售收入近亿，还可使本地农民年收入增加 5000 多万元。该发电项目采用的是中国节能投资公司自主研发的、拥有我国完全自主知识产权的秸秆上料系统。目前国外的秸秆发电锅炉主要为水冷振动炉排锅炉，适用于单一秸秆的燃烧，不适合我国秸秆种类众多的情况。这一项目采用循环流化床燃烧锅炉，适合多种秸秆，属国内首创。

3. 江苏射阳生物质发电

国能射阳生物质发电厂是我国第 6 个实现并网发电的生物发电项目。射阳县本身是全国有名的粮棉农业大县，仅电厂 50km 范围内的棉花秸秆年产量就达 80 万 t 以上。一期工程引进了丹麦 BWE 公司的生物质发电技术以及相关设备，同时还应用了我国自制的一台 25MW 的汽轮发电机，年消耗棉花秸秆约 12 万 t，年供电量 1.37 亿 kW·h。每年秸秆燃烧产生的灰渣量约 0.5 万 t，可以作为农肥，可创造 180 万元的经济价值。

3.3.1.2 国内混烧发电实例

位于山东枣庄的华电国际十里泉发电厂引进丹麦 BWE 公司的秸秆发电技术，对其 5 号燃烧发电机组(140MW 机组，锅炉 400t/h)进行秸秆—煤粉混烧技术改造，增加了一套秸秆收购、储存、粉碎、运输设备，以及两台 30MW 的秸秆燃烧器，并对供风系统和控制系统进行了改进。燃料为秸秆/煤粉混燃，混燃比例为 18.5％（热容量比），进料方式为秸秆和煤分别喷入炉内后混合燃烧，秸秆消耗量为 14.4t/h，可以替代原煤 10.4t/h。由于该项目是我国首个秸秆—煤粉混烧发电项目，对于生物质与煤混合燃烧技术的推广起到了示范作用。图 3.10 所示为十里泉发电厂实景图。

图 3.10 十里泉发电厂实景图

3.3.1.3 国内热电联产实例

黑龙江省庆安县生物质热电联产电厂发动机组容量为 2×75t/h 的高温高压炉以及 25MW 抽汽式汽轮机发电机组，以秸秆为燃料，年发电量约为 13.75 万 kW·h，年耗秸秆 17 万 t，年供热量 65000GJ，每年节约标准煤 75 万 t，提供 200 多个工作岗位，其产生的废物是生产水泥、化肥的原材料，发电生产的余热还可以解决冬季供暖问题。

3.3.2 国外生物质燃烧技术应用实例

3.3.2.1 国外直燃发电实例

1. 西班牙 Navarra 麦秸直燃发电

EHN 公司在西班牙 Navarra 区建造了麦秸为主要原料的 27.5MW 发电厂，厂用电率 9.1%。锅炉核心技术是采用炉内悬挂屏式高温过热器，采用特殊材料和结构设计，解决燃用麦秸带来的结渣和腐蚀问题。燃料为麦秸或混合 50%的木粉，年消耗麦秸 16 万 t。与燃煤电厂相比，25MW 生物质发电厂年 CO_2 减排量 21 万 t、SO_2 减排量 4600t。

2. 西班牙 EHN 麦秸燃烧发电

西班牙桑古艾萨的 EHN 麦秸生物发电厂，装机规模为 25MW 汽轮发电机配 130t/h 高温高压锅炉，选用丹麦 BWE 公司生产的燃烧秸秆锅炉。该厂每年燃烧约 16 万 t 麦秸，还可以燃烧玉米秸秆、刨花和木屑等废料；每年发电量为 2 亿 kW·h，约占纳瓦拉每年用电量的 5%，年运行约 8000h。

该厂位于纳瓦拉和阿拉宫的麦秸产地，因此燃料丰富，另外该厂位于工业区，对环境影响较小。整个流程为：麦秸的收集、储存→麦秸的运输→麦秸的仓储→监控麦秸质量→燃烧麦秸发电→乏汽冷凝→废气处理→未燃物和灰再利用（主要用作肥料还田），这种模式值得国内参考和学习。

3. 英国生物质发电

英国拥有规模最大、效率最高的秸秆燃烧电站——伊利发电站，位于英格兰东部，容量为 38MW，每年消耗 40 万包秸秆，可为当地 8 万户家庭供电。此外英国建设了 44MW 的木材混合燃烧发电厂，该厂也是英国规模最大的生物质发电厂，最初采用的燃料为林业废弃物及锯木厂的边角料，每年消耗 47.5 万 t 可再生木材。

4. 英国 Treco 公司 PRO 系列生物质木屑锅炉

该锅炉（图 3.11 所示）可以燃用木柴成型燃料或木屑，输出功率在 175～1000kW 可调。锅炉从最低负荷上升到满负荷，热效率可一直维持在 96%以上。该锅炉采用全自动热空气点火系统，实现燃烧过程自动化配风，以保持最优的燃烧工况，稳定燃烧状况下炉膛烟气温度达到 1300℃。

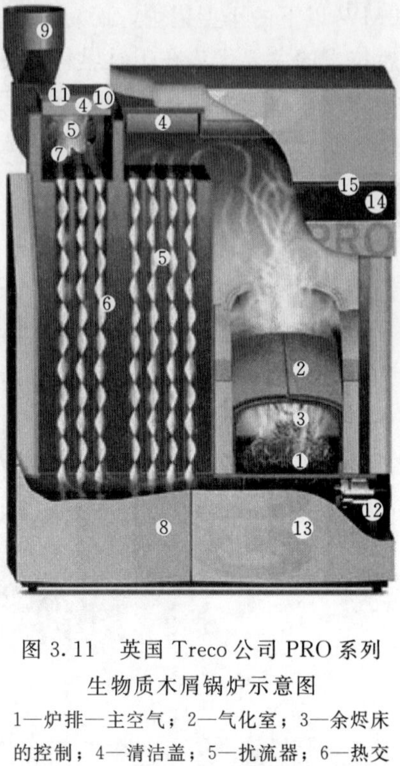

图 3.11 英国 Treco 公司 PRO 系列生物质木屑锅炉示意图

1—炉排—主空气；2—气化室；3—余烬床的控制；4—清洁盖；5—扰流器；6—热交换器；7—助燃风机；8—自动清洗装置；9—风管连接；10—氧传感器；11—烟气探头；12—步炉排驱动；13—灰箱；14—触摸屏控制面板；15—LED 电源指示灯

3.3.2.2 国外混燃发电实例

1. 纽约 Greenidge 发电厂木屑—煤直接混合燃烧发电

该厂发电机组容量为 108MW，锅炉燃烧方式为四角切圆燃烧。燃料为煤粉—木屑混燃，最大混燃比例30%（质量比），进料方式为木屑与煤分别喷入炉内后混合燃烧。该厂的木屑采用的刨花板碎屑以及少量其他木材废弃物，每天运行16h，满负荷每日可处理120t锯木屑。

2. 丹麦哥本哈根AVEDORE电厂

该厂发电机组容量为105MW，采用天然气（油）与50%麦秸混烧的工艺，每小时秸秆消耗25t，农业秸秆主要来源于芬兰和丹麦。生物质的水分含量用超声波测定，控制在25%左右。

3. 英国FiddlersFerry电厂

该厂发电机组容量为4×500MW，燃料为煤粉与压制的废木屑颗粒燃料、橄榄核、炼制橄榄油的废弃物等，生物质混烧比例可达到锅炉总输入热量的20%，进料方式为切向燃烧煤粉炉中混烧生物质。

每台锅炉每天的生物质燃料消耗达到1500t，每年可减少CO_2排放100万t。锅炉利用率达95%，锅炉效率仅降低0.4%。烟气中SO_x含量下降10%，NO_x和飞灰含碳量不变。也没有出现积灰和结渣的问题。

4. 丹麦BWE公司生物质成型燃料混燃锅炉

丹麦BWE公司主要采用水冷振动炉排，炉排层燃技术主要针对燃料供热速率在150MW以下的小型锅炉，而对于较大型锅炉，仍以悬浮燃烧方式或循环流化床为主。该层燃技术的主要优势在于对燃料的要求较宽，预处理和粉碎要求相对简单。

根据燃料的不同，层燃炉分成两种：一种用于秸秆类生物质原料；另一种用于木屑类生物质原料。此外，煤与粉碎后的成型生物质燃料混烧锅炉主要用于电站锅炉，其混燃比例可为0～100%。图3.12所示为丹麦BWE公司生物质成型燃料混烧锅炉示意图。

图3.12　丹麦BWE公司生物质成型燃料混烧锅炉示意图

3.3.2.3　国外热电联产实例

1. 芬兰

芬兰在热电联产方面一直是处于世界领先地位，芬兰政府长期资助此方面的研发工作，已建成10多个生物质热电联产厂，技术发展已有20多年历史。Karstula电厂以树皮、木片和锯末为燃料，锅炉选用炉排炉和蒸汽轮机组合，年发电量为5GW·h，年供热量为45GW·h。在芬兰的皮业塔尔萨里，投产有世界规模最大的生物质热电联产厂——AlholmensKraft发电厂，其燃料以废木柴、泥炭为主，煤炭和油为辅，其总发电容量为240MW，蒸汽产量为100MW。

2. 瑞典

瑞典生物质热电联产在2010年占总发电量的8%，并且比重持续增长。与集中供热热网相连的生物质热电联产厂有十几个，例如FalunEnergi生物质热电厂采用沸腾流化床锅炉，以树皮、木材废弃物和木片为燃料，额定发电量为8MW，额定供热量为22MW；Kristianstad生物质热电厂采用循环流化床锅炉，以木材为燃料，额定发电量为13.5MW，额定供热量为35MW。

3. 丹麦

丹麦热电联产发电量占其年发电量的70%，在供电供热方面占有重要的地位。丹麦政府能源政策自1986年以来一直推广热电联产，鼓励使用本土燃料，对生物质热电联产的示范工程还会给予额外补贴，至今已有几十个生物质热电联产厂和十多个研发工程在运行。其中，Maribo热电联产电厂装机容量为9.7MW，锅炉效率超过89%，可为附近1万户居民提供电力；还能提供20MW区域供热，覆盖附近2座城市超过90%的热能需求。

3.3.3 推进生物质燃烧发电的措施

我国在生物质燃烧发电方面仍有很多不足，例如秸秆直燃技术仍存在着缺乏核心技术和设备、秸秆收储运困难、秸秆价格偏高、发电能耗值高、厂用电偏高、发电成本偏高等问题。在生物质与煤混燃方面，由于存在入炉燃料量难以精准计算等问题，混合燃烧难以享受到补贴电价，这也制约了秸秆和煤混燃发电技术的推广。

(1) 必须把握生物质燃烧发电的发展趋势，在清洁能源利用方面抢占先机。必须重视生物质发电资源的调查，它是规划、建设生物质发电项目的前提和基础。应该对不同地区资源拥有量、分布状况、有效收集储存能力、采集成本等因素进行确切的数据统计，以便编织全国各省市的生物质发电规划。

(2) 规范生物质发电的发展规划。各地区应结合各自的资源分布特点、当地电网发展情况以及居民用电情况，制定发展规划，避免生物质发电项目的恶性竞争，保证产业的健康发展。

(3) 培养成熟的配套产业链。我国生物质发电才刚刚起步，在燃料的收购、加工、储存和运输的产业链衔接上仍存在不足。燃料收购需要了解当地农耕模式、畜牧业养殖状况，研究燃料收购价格体系、收购模式，保证燃料的稳定供应，解决分散收集燃料的矛盾。燃料加工方面，需要发展适合各地区生物质特性的配套加工方式，以适应不同需求。在燃料储存和运输方面，研究燃料的储存量、储存方式、运输方式，解决不同时间段燃料供应不平衡的问题。结合互联网+技术，进行资源的优化配置。

(4) 降低工程造价。我国需要研制拥有自主产权的关键设备和核心技术，当前国内部分机组引进丹麦锅炉的核心技术，不仅技术的购买和相关配套设备的引进增加了工程的投资，而且丹麦技术并不能完美契合我国生物质的燃烧特性，燃烧效率不理想，因此研究和开发具有自主知识产权的关键技术和设备是目前亟待解决的主要问题。

(5) 保证燃料供应，做好经济运营。在实际生活中，收货季可以收购到大量的生物质，但其他时间段生物质供应则相对较少，甚至供不应求，造成机组不能稳定运行，能耗偏高，厂用电偏高，经济效益差，甚至有的发电厂难以维持运营。保障燃料的供应是生物质发电厂长期运营下去的关键。

(6) 必须做好环境保护工作。相对于化石燃料，生物质的一个优势就是污染物排放较少，但是排放少不等于不排放，仍然会有少量污染物随着燃烧过程释放出来，必须深入了解燃料燃烧特性与污染物排放的影响，做好环境监测工作。

我国近期的生物质燃烧发电应用是在现有电厂利用木材或农作物的残余物与煤的混合燃烧。今后几十年，我国的生物质技术领域将进入高新技术开发和大规模推广阶段，必须促进生物质产业与市场的协调，实现生物质燃烧发电高效、清洁利用，解决电力短缺的问题。

3.4 生物质气化技术与装置

气化是指将固体或液体燃料转化为气体燃料的热化学过程。在这个过程中，游离氧或结合氧与燃料中的碳进行热化学反应，生成可燃气体。生物质气化是以生物质为原料，在空气、氧气、水蒸气或它们的混合气等气氛下，在高温（1000℃）环境中，通过热解、氧化、还原、变换等多个热化学反应将固态生物质转化为燃气燃料的过程。

早在1659年，Thomas Shirley对“碳化氢”（现在称甲烷）进行了实验研究。早在18世纪，煤制燃气主要用于家庭以及街道的照明和供暖。1940—1975年，气化作为燃料合成技术进入了内燃机与化学合成汽油及其他化学品的领域。20世纪的石油危机之后，为了减少对进口石油的依赖，如气化等可替代技术发展得到了各国强力的推动。国内生物质气化技术在1980年代以后得到了较快发展。2000年后，全球变暖以及一些石油生产国的政策不稳定性给气化的发展带来了全新的动力，气化成为了将生物质转化为全体燃料的自然选择。

3.4.1 生物质气化原理

3.4.1.1 生物质气化基本原理

生物质气化过程复杂，包括生物质挥发分的析出、焦炭的氧化、还原以及水煤气变换等多个反应。生物燃料受热干燥、挥发分析出、热解、裂解、重整反应以及焦油与焦炭的转化反应，随后发生热解产物和焦炭的燃烧，而燃烧产物 CO_2、H_2O 又可能与焦炭发生还原反应，最终生成以 CO_2、H_2、CH_4 为主要可燃成分的生物燃气。气化反应需要的介质主要包括空气、氧气、亚临界水蒸气或它们的混合物。

3.4.1.2 生物质气化过程

生物质气化是原料热解、热解产物燃烧、燃烧产物还原等多个复杂反应的集合。对于不同的气化装置、工艺流程、反应条件和汽化剂种类，反应过程不尽相同，不过从宏观上都分为干燥、热解、还原和氧化四个反应阶段。下面以上吸式固定床气化炉为例来介绍生物质的气化过程，如图 3.13 所示。

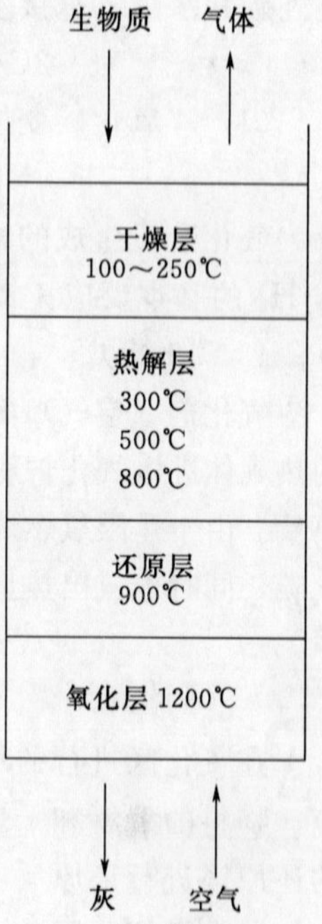

图 3.13 上吸式气化炉气化原理图

1. 干燥

在气化炉的最上层为干燥区，从上面加入的生物质物料直接进入到干燥区，湿物料受热升温，使物料中的水分蒸发析出，生物质脱水干燥。干燥区的温度大约为 100～250℃。干燥区的产物为干物料和水蒸气，水蒸气随着燃气排出气化炉，而干物料则进入热解区。

2. 热解反应

在氧化区和还原区生成的热气体，在上行过程中经过热解层，将生物质加热，生物质受热发生热解反应。在反应过程中，大部分的挥发分从固体生物质中挥发析出。热解需要大量热量，温度集中在 400～600℃。热解反应方程式为

$$CH_{1.4}O_{0.6} \longrightarrow 0.64C + 0.44H_2 + 0.15H_2O + 0.17CO + 0.13CO_2 + 0.005CH_4 \quad (3.1)$$

热解区主要产物有 C、H_2、H_2O、CO、CO_2、CH_4、焦油及其他烃类物质等，这些热的气体继续上升，进入到干燥区，而热解焦炭则向下移动，进入还原区。

3. 还原反应

在还原区已没有氧气存在，炭与气流中的 CO_2、H_2O、H_2 发生还原反应生成可燃气体。由于还原反应是吸热反应，还原区的温度也相应降低，约为 700～900℃，主要反应如下

（1）二氧化碳还原反应

$$C + CO_2 \longrightarrow 2CO \quad \Delta H = 162kJ \quad (3.2)$$

这个反应是强烈的吸热反应，因而高温有利于 CO 的形成。随着温度的升高，CO_2 的含量急剧减少，反应平衡常数迅速增大。一般气化炉内的还原温度在 800℃以上。

（2）水蒸气的还原反应

$$C + H_2O(g) \longrightarrow CO + H_2 \quad \Delta H = 118.628kJ \quad (3.3)$$

$$C + 2H_2O(g) \longrightarrow CO_2 + 2H_2 \quad \Delta H = 90.17kJ \quad (3.4)$$

两个反应都是吸热反应，温度增加有利于反应的进行。但温度对碳与水蒸气生成 CO 和 CO_2 的反应的影响程度不同。在温度较低（低于 700℃）时，式（3.4）的反应常数比式（3.3）的大，这表明温度较低时有利于 CO_2 的生成，而温度较高时有利于 CO 的形成。

（3）甲烷生成反应。

甲烷的一部分来源于生物质挥发分的热分解和二次裂解，另一部分主要是炭或碳氧化物与 H_2 的反应结果

$$C + 2H_2 \longrightarrow CH_4 \quad \Delta H = -75kJ \quad (3.5)$$

$$CO + 3H_2 \longrightarrow CH_4 + H_2O(g) \quad \Delta H = -206kJ \quad (3.6)$$

$$CO_2 + 4H_2 \longrightarrow CH_4 + 2H_2O(g) \quad \Delta H = -165kJ \quad (3.7)$$

而生成甲烷的反应使得反应体系的体积减小，因此，高压有利于甲烷化反应的进行。

此外碳和水蒸气直接生成甲烷也是甲烷的来源之一

$$2C+2H_2O \longrightarrow CH_4+CO_2(g) \quad \Delta H=-15.32kJ/mol \tag{3.8}$$

（4）一氧化碳变换反应

$$CO+H_2O(g) \longrightarrow CO_2+H_2 \quad \Delta H=+41.17kJ \tag{3.9}$$

气化阶段生成的 CO 与水蒸气的反应，是制取 H_2 的重要反应，是提供甲烷化反应所需 H_2 的基本反应。提高温度有利于生成 H_2 的正向反应速度，通常反应温度高于 900℃。

4. 氧化反应

气化剂（空气）由气化炉的底部进入，在经过灰渣层时与高温灰渣进行换交热，被加热的热气体进入气化炉底部的氧化区，在这里与炽热的炭发生燃烧反应，生成 CO_2，同时放出热量。由于是限氧燃烧，O_2 的供给是不充分的，因而不完全燃烧反应同时发生，生成一氧化碳，同时也放出热量。在氧化区，温度较高，可达 1000～1200℃，主要反应方程式为

$$C+O_2 \longrightarrow CO_2 \quad \Delta H=-408.8kJ \tag{3.10}$$

$$2C+O_2 \longrightarrow 2CO \quad \Delta H=-246.44kJ \tag{3.11}$$

在氧化区进行的均为燃烧反应，并放出热量，也正是这部分反应热为还原区的还原反应、物料的裂解和干燥提供了热量。在氧化区中生成的热气体（CO 和 CO_2）进入气化炉的还原区进行还原反应，而灰则落入下部的灰室排出。

通常把氧化区及还原区合起来称作气化区，气化反应主要在这里进行；而裂解区及干燥区则统称为燃料准备区或叫做燃料预处理区。这里的反应是按照干馏的原理进行的，其热载体来自气化区的热气体。

如上所叙，在气化炉内截然分为几个区的情况实际上并不如此。事实上，一个区可以局部地渗入另一个区，由于这个缘故，所述过程有一部分是可以互相交错进行的。而在流化床气化炉中更加无法界定这些过程的分布区域。

气化过程实际上总是兼有燃料的干燥、裂解过程的。气体产物中总是掺杂有燃料的干馏裂解产物，如焦油、醋酸、低温干馏气体。所以在气化炉出口，产出气体成分主要为 CO、CO_2、H_2、CH_4、焦油及少量其他烃类，还有水蒸气及少量灰分。这也是为什么实际气化产生的可燃气的热值总是高于理论上纯气化过程产生的可燃气的热值的原因。

3.4.1.3　焦炭的气化反应过程

焦的气化是气化反应中最重要的反应，在还原区内焦与氧化区产生的 CO_2、空气、水蒸气等发生一系列氧化还原反应，生成大量的小分子可燃气体。

一般来说，生物质焦炭比煤焦有着更多的孔隙和更好的反应性。生物质焦的孔隙率在 40%～50%范围内，而煤焦仅为 2%～18%。生物质焦的孔径（20～30 μm）远大于煤焦的孔径（～5Å）；因此，两者的反应行为也会有所不同。例如，泥煤焦的反应性随转化率的升高或者时间的增长而降低，而生物质焦的反应性却是上升的；相反的趋势可归因于生物质焦内碱金属成分逐渐上升的反应性。

生物质焦的气化涉及几个焦炭与气化介质间的反应，下面详述一下其中几个主要反应，分别是与 C、CO_2、H_2、水蒸气及甲烷之间的反应

$$C+O_2 \longrightarrow CO_2+CO \tag{3.12}$$

$$C+CO_2 \longrightarrow CO \tag{3.13}$$

$$C+H_2O \longrightarrow CH_4+CO \tag{3.14}$$

$$C+H_2 \longrightarrow CH_4 \tag{3.15}$$

式（3.12）～式（3.15）展示了气化介质是如何与固体焦发生反应并将焦炭转化成小分子气体的，表 3.2 给出了 25℃下的典型气化反应。气化反应大多数是吸热的，但其中也有一些是放热的。例如，C 与 O_2、H_2 之间的那些反应就是放热的反应，但 CO_2 与水蒸气的反应是吸热的，各反应的反应热见表 3.2，反应热是基于标准状态的温度 25℃。

表 3.2　　25℃下的典型气化反应

反应类型		反应方程
碳还原反应	R_1（Boudouard 反应）	$C+CO_2 \longleftrightarrow 2CO$，$\Delta H=172kJ/mol$
	R_2（水气或水蒸气反应）	$C+H_2O \longleftrightarrow CO+H_2$，$\Delta H=131kJ/mol$
	R_3（加氢气化）	$C+2H_2 \longleftrightarrow CH_4$，$\Delta H=-74.8kJ/mol$
	R_4	$C+0.5O_2 \longrightarrow CO$，$\Delta H=-111kJ/mol$
氧化反应	R_5	$C+O_2 \longrightarrow CO_2$，$\Delta H=-394kJ/mol$
	R_6	$CO+0.5O_2 \longleftrightarrow CO_2$，$\Delta H=-284kJ/mol$
	R_7	$CH_4+2O_2 \longrightarrow CO_2+2H_2O$，$\Delta H=-803kJ/mol$
	R_8	$H_2+0.5O_2 \longrightarrow H_2O$，$\Delta H=-242kJ/mol$
转化反应	R_9	$CO+H_2O \longleftrightarrow CO_2+H_2$，$\Delta H=-41.2kJ/mol$
甲烷化反应	R_{10}	$2CO+2H_2 \longleftrightarrow CH_4+CO_2$，$\Delta H=-247kJ/mol$
	R_{11}	$CO+3H_2 \longleftrightarrow CH_4+H_2O$，$\Delta H=-206kJ/mol$
	R_{14}	$CO_2+4H_2 \longleftrightarrow CH_4+2H_2O$，$\Delta H=-165kJ/mol$
水蒸气重整反应	R_{12}	$CH_4+H_2O \longrightarrow CO+3H_2$，$\Delta H=206kJ/mol$
	R_{13}	$CH_4+0.5O_2 \longrightarrow CO+2H_2$，$\Delta H=-36kJ/mol$

3.4.2　气化技术的分类

生物质气化有多种形式，如果按气化介质分，可分为使用气化介质和不使用气化介质两种，不使用气化介质有干馏气化；使用气化介质则分为空气气化、氧气气化、水蒸气气化、水蒸气—氧气混合气化和氢气气化等，如图 3.14 所示。

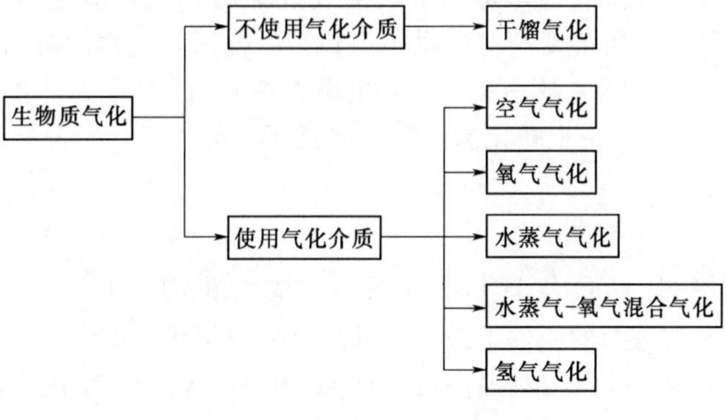

图 3.14　生物质气化按气化介质分类

3.4.2.1　气化技术的分类

1. 干馏气化

干馏气化其实是热解气体的一种特例，它是在完全无氧或只提供有限的氧使气化不至于大量发生的情况下进行的生物质热解，也可描述成生物质的部分气化。它主要是生物质的挥发分在一定温度作用下进行挥发析出，产物主要有固体焦炭、木焦油和木醋液与气化气。

2. 空气气化

以空气为气化介质的气化过程。空气中的 O_2 与生物质中的可燃组分进行氧化反应，产生可燃气，反应过程中放出的热量为气化反应的其他过程即热分解与还原过程提供所需的热量，整个气化过程是一个自供热系统。但由于空气中含有的 79％的 N_2，它不参加气化反应，却稀释了燃气中可燃组分的含量，其中气化气中 N_2 含量高达 50％左右，因而降低了燃气的热值，热值在 5MJ/m^3 左右。由于空气可以任意取得，空气气化过程又不需要外供热源，所以，空气气化是所有气化过程中最简单也最易实现的形式，因此，这种气化技术应用较为普遍。

3. 氧气气化

氧气气化是指向生物质燃料提供一定的氧气，使之进行氧化还原反应，生成可燃气。因为没有惰性气体 N_2，在与空气气化相同的当量比下，反应温度提高，反应速率加快，反应器容积减小，热效率提高，气化气热值提高一倍以上。而在与空气气化相同反应温度下，耗氧量减少，当量比降低，进而提高了气体品质。

4. 水蒸气气化

水蒸气气化是指水蒸气与高温下的生物质发生反应，它不仅包括水蒸气—碳的还原反应，还有 CO 与水蒸气的变换反应等各种甲烷化反应以及生物质在气化炉内的热分解反应等，其主要气化反应是吸热反应过程，因此，水蒸气气化的热源来自外部热源及蒸汽本身热源。生成的气化气中 H_2 和 CH_4 的含量较高，其热值较高，可达 10920～18900kJ/m^3，为中热值气体。

5. 水蒸气—氧气混合气化

水蒸气—氧气混合气化是指空气（O_2）和水蒸气同时作为气化剂的气化过程。从理论上讲，空气（氧气）—水蒸气气化是比单用空气或单用水蒸气都优越的气化方法。一方面，它是自供热系统，不需要复杂的外供热源；另一方面，气化所需的一部分 O_2 可由水蒸气提供，减少了空气（O_2）的消耗量，并生成更多的 H_2 及碳氢化合物，特别是在有催化剂存在的条件下，CO 进一步转化为 CO_2，降低了气体中 CO 的含量，使气体燃料更适合于用作城市燃气。

6. 氢气气化

氢气气化是指使 H_2 同 C 及 H_2O 发生反应生成大量 CH_4 的过程，其反应条件苛刻，需要在高温高压且具有氢源的条件下进行。其气化气热值可达 22260～26040kJ/m^3，属高热值气化气，然而，该气化需要高温高压，且 H_2 作为气化剂比较危险，因此，此类气化反应不常应用。

表 3.3 对比了三种常用气化介质下气体产物的特性。蒸汽介质下，H_2 的相对含量较高（占体积的 38%～56%），但水蒸气在气体产物中的含量也是较高的，焦油产率也较高。蒸汽—氧气介质下，焦油的产量较空气介质下有所降低，且气体产物的热值提高，相对前两者有着更好的产物特性。

表 3.3　　不同气化介质的气体产物特性

项　目		空气	水蒸气	蒸汽—氧气
运行条件	ER	0.18～0.45	0	0.24～0.51
	S/B/(kg·kg 干燥无灰基)	0.08～0.66	0.53～1.10	0.48～1.11
	T/℃	780～830	750～780	785～830
气体组成	H_2（%，干燥基）	5.0～16.3	38～56	13.8～31.7
	CO（%，干燥基）	9.9～22.4	17～32	42.5～52.0
	CO_2（%，干燥基）	9.0～19.4	13～17	14.4～36.3
	CH_4（%，干燥基）	2.2～6.2	7～12	6.0～7.5
	C_2H_n（%，干燥基）	0.2～3.3	2.1～2.3	2.5～3.6
	N_2（%，干燥基）	41.6～61.6	0	0
	水蒸气（%，收到基）	11～34	52～60	38～61
产量	焦油，g/(kg，干燥无灰基)	3.7～61.9	60～95	2.2～46
	焦炭，g/(kg，干燥无灰基)	na	95～110	5～20
	气体/[m^3/（kg，干燥无灰基)]	1.25～2.45	1.3～1.6	0.86～1.14
	低位热值/(MJ·m^{-3})	3.7～8.4	12.2～13.8	10.3～13.5

注： na 表示没有可用数据；气体组成中均为体积百分数。

3.4.2.2　生物质气化设备

最常用的气化设备有固定床气化炉、流化床气化炉以及携带床气化炉。

1. 固定床气化炉

通常固定床气化炉可以是上吸式的［原料从上方进入，气化介质从下方进入，图 3.15 (a)］、下吸式的［原料和气化介质都从上方进入，原料从料斗进入，图 3.15 (b)］。

(1) 上吸式固定床气化炉。上吸式固定床气化炉中，床层底部的焦炭首先与气化介质接触，产生 H_2O 以及 CO_2，并且将介质及气体产物温度提高至 1000℃。热气体向上渗入床层，与未反应的焦炭发生吸热还原反应形成 H_2 和 CO，热气体温度降低至 750℃，热气体继续向上热解下行的干生物质并且干燥上部的生物质原料。它的主要特点是产出气体经过裂解区和干燥区时直接同物料接触，可将其携带的热量直接传递给物料，使物料裂解干燥，同时降低了产出气体的温度，使气化炉的热效率有一定程度的提高，而且裂解区和干燥区有一定的过滤作用，因此排出气化炉的产出气体中灰含量减少；上吸式气化炉可以使用较湿的物料（含水量可达 50%），并对原料尺寸要求不高；由于热气流向上流动，炉排可受到进风的冷却，温度较下吸式的低，工作比较可靠。上吸式气化炉还有一个突出的特点，就是在裂解区生成的焦油没有通过气化区而直接混入可燃气体排出，这样产出的气体中焦油含量较高，且不易净化。这对于燃气的使用是一个很大的问题，因为冷凝后的焦油会沉积在管道、阀门、仪表、燃气灶上，破坏系统的正常运行。

(2) 下吸式固定床气化炉。典型下吸式固定床气化炉的示意图如图 3.15 (b) 所示。与上吸式不同的是，下吸式气化炉中原料从气化炉顶部进入，而物料经辐射和导热等形式受热脱水干燥和热解。热解气、水分和固体物料一起从喉式气化炉中部的收缩处给入，原料与气化剂在喉部接触燃烧放热，使物料温度升至 1200～1400℃。燃烧气体下行与床层底部的热焦炭反应并被还原成 H_2 和 CO。喉部的高温使得热解产生的焦油进一步分解，使得量显著降低。

下吸式固定床气化炉结构简单，有效层高度几乎不变，运行稳定性好且负压操作可随时打开填料盖，操作方便，运行可靠，燃气焦油含量较低。然而，其气流下行方向与热气流升力相反，且可燃气须经过灰层和储灰室引出，使引风机功耗增加；气体经高温层流出，出炉温度较高，系统热效率低。因此不适于水分大、灰分高且易熔结的物料；喉部限制了气化器适用的生物质类型。

其他固定床式气化器有顶部开口式气化炉，横流式气化炉［图 3.15 (c)］，开心式气化炉等。

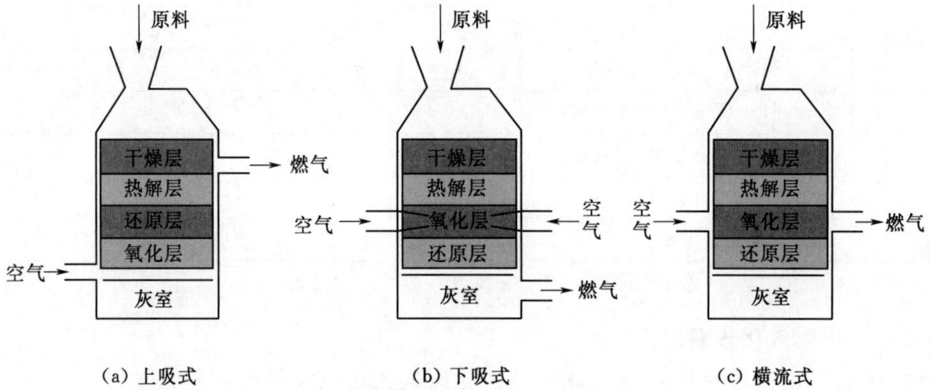

图 3.15　三种典型固定床气化器示意图

2. 流化床气化炉

对于具有一定粒度的固体燃料颗粒堆积层，当通过燃料颗粒之间的气流速度较低时，燃料颗粒层保持静止状态，此时进行的气化为固定化气化；而当气流速度增加到足够大时，燃料颗粒之间会产生分离现象，少量颗粒在很小的范围内运动，而气流速度进一步提高，燃料颗粒大部分被吹起，处于悬浮运动状态，此时为“流化床”。此时的气流速度称之为“临界流化速度”。

流化床气化炉有以下三种基本类型：

(1) 鼓泡流化床（单流化床）。气化炉中，生物质由侧边或者床层底部进料，控制气化介质的速率使其稍大于床料的临界流化速度，固体燃料开始流化，出现大量气泡，并明显地出现两个区，即粒子聚集的浓相区和以气泡为主的稀相区。产物气由气化炉顶部排出，灰则从底部移除或者使用旋风分离器从产物气中脱除。

传统流化床气化炉如图 3.16 所示。

(2) 循环流化床。循环流化床气化炉有两个整合的单元，即气化炉和气固分离。在第一个单元中床料由气化介质带动保持流化状态，气化介质的速率要高于鼓泡流化床中的速率；这使得床料流化的程度相较鼓泡流化床更大并且由于循环使得整体停留时间更长。通过旋风分离器把产物气与携带出的固体颗粒进行分离，分离出来的床料及未气化反应完全的固体颗粒将重新循环至气化炉床层继续进行反应。

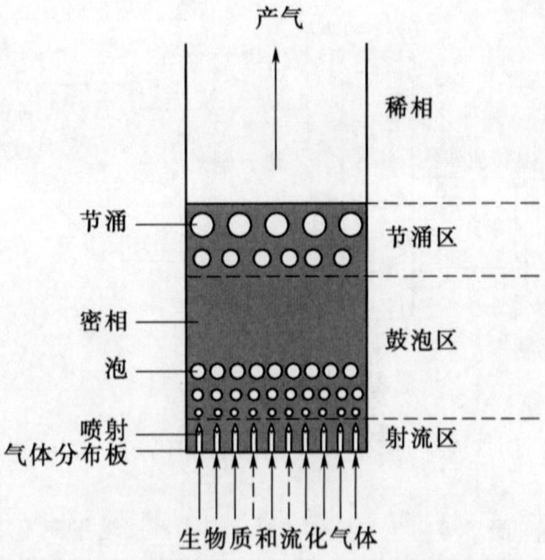

图 3.16　传统流化床气化炉的示意图

循环流化床气化炉在反应物中常掺有精选惰性砂粒等做床料，供入系统。气化剂使床料与燃料充分接触、流化、燃烧、传热传质。其适用于较小生物质颗粒，不需热载体，运行简单。循环流化床气化炉具有动力学条件好、气化速度快、燃气得率高、焦油含量少等优点。

然而循环流化床气化炉灰分高、设备复杂、投资较大。

(3) 双流化床气化炉。双流化床气化炉分为两级反应炉：Ⅰ级中，生物质原料受热发生裂解气化反应，生成的气化气经旋风分离器气固分离后排出，固体炭颗粒经旋风分离器进入Ⅱ级；在Ⅱ级中，炭颗料发生燃烧反应，使床层温度升高。高温的床料作为热载体经旋风分离器返回Ⅰ级，为生物质热解反应提供热源，而Ⅱ级中焦炭燃烧产生的烟气经过处理排空。

双流化床气化炉把燃烧和气化分开，两床之间靠固体床料传热，常用水蒸气作为流化介质，这样不仅可以提高气化产气中的 H_2 含量，也可以避免引入 N_2，降低气化产气热值，而且碳转化率较高，如图 3.17 所示。

3. 携带床气化炉

携带床气化炉是流化床气化炉的一种特例。它不需要惰性床料，气化剂直接携带生物质物料运动，它的效率很高并且易于规模化，常被用于生物质、煤以及精炼余料的气化。

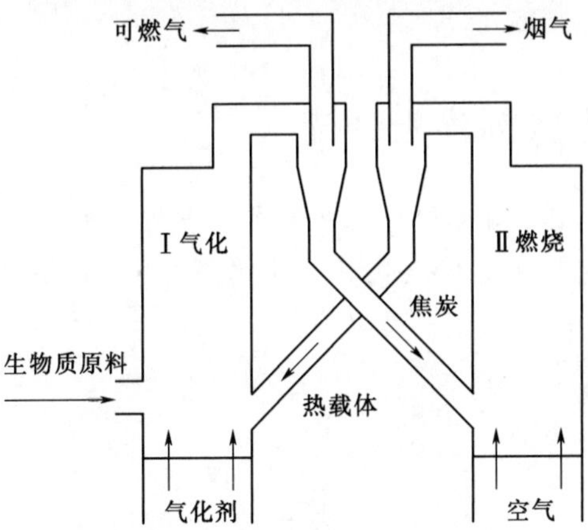

图 3.17　双流化床的示意图

携带床气化炉要求原料破碎成极小的颗粒（微米级），运行温度高达 1100～1300℃，所以有助于焦油的裂解，碳转化率可高达 100%，因此对于焦油问题严重的生物质气化来说有着显著的优势，但也由于运行温度高，易烧结，对生物质原料不具有普适性。典型的携带床气化器原理示意如图 3.18 所示。携带床气化器主要可以分为两类：

(1) 顶部供料。生物质粉末及气化介质以射流的形式从直立的圆柱反应器顶部供入，生物质粉末，快速升温，挥发分迅速析出、燃料，而后焦炭气化，产物气从较低的位置

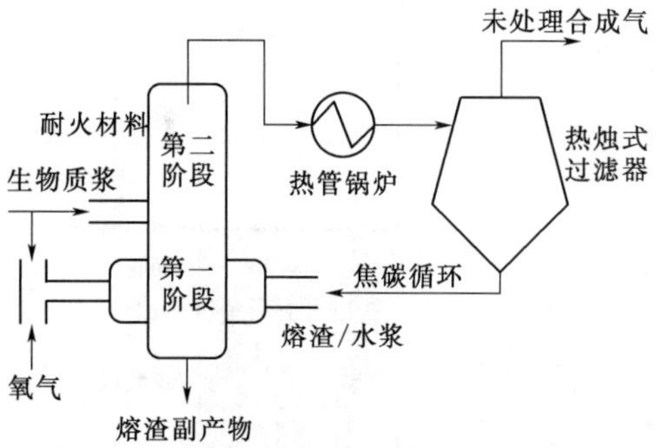

图 3.18　携带床气化器（侧供料）的示意图

的侧面引出；

（2）侧边供料。生物质粉末及气化介质从反应器较低位置的喷口处供入。该设计可以调整到合适的原料介质混合比例；产物气从顶部出来。

典型气化炉生物质气化产物组对比见表3.4，可以发现，下吸式固定床的产物组成污染物含量最小，产物热值较高，循环流化床中焦油含量较之上吸式虽有所降低，但粉尘含量非常高。

表 3.4　　典型气化器生物质气化产物对比

项目		气化器形式		
		下吸式固定床	上吸式固定床	循环流化床
污染物组成	水分/%	6～25	n. d.	13～20
	粉尘/(mg·m⁻³)	100～8000	100～3000	8000～100000
	焦油/(mg·m⁻³)	10～6000	10000～150000	2000～30000
气化气组成	低位热值/(MJ·m⁻³)	4.0～5.6	3.7～5.1	3.6～5.9
	H_2/%	15～21	10～14	15～22
	CO/%	10～22	15～20	13～15
	CO_2/%	11～13	8～10	13～15
	CH_4/%	1～5	2～3	2～4
	C_nH_m/%	0.5～2	n. d.	0.1～1.2
	N_2/%	37～63	53～65	43～57

注： n. d. 表示未检测出；气体的组成均为体积百分数。

除了以上几种气化技术外，近几年来为解决焦油及其他污染物的问题以及提高气化效率、降低气化成本、实现更加清洁且环境友好的能源生产也发展出一大批先进的气化技术，将在本章后面介绍。

3.5　生物质气化工程实例及先进技术

基于以上气化技术，各国的企业及高校发展出了许多气化生产系统。本节将对不同气化技术的应用工程实例进行简要的介绍，主要包括固定床气化炉及流化床气化炉。此外，本节也会对一些新兴的先进气化技术进行简要介绍。

3.5.1　工程实例

3.5.1.1　上吸式气化炉实例

上吸式气化炉结构简单、运行可靠、可以使用高水分燃料，适用于中小规模的能源系统。主要应用方向是区域性热电联供（CHP）和分布型能源系统。

1. BWV公司的热电系统

Babcock & Wilcox Volund (BWV) 公司于1993年在丹麦Harboore建造了一个以木片为燃料的区域热电厂，其系统流程如图3.19所示，至今累计运行时间已超过10万h。该热电站以木片为原料，装有一台1000kg/h容量的上吸式气化炉，采用预热空气气化，产生的燃气低位热值为5.6MJ/m³，温度为75℃。一部分燃气直接送入锅炉作为燃料燃烧，产生热水；另一部分燃气经过初步冷却、净化，温度降低后进入电捕焦油器深度净化，然后送入两台内燃发电机组（容量分别为650kW和740kW）燃烧发电，发出的电力并入电网。该系统将电捕集焦油器分离的焦油回收后送入锅炉炉膛燃烧，另外通过换热器将燃气显热、发动机余热回收后送入供热网，因此能源利用率较高。系统的基本参数见表3.5。

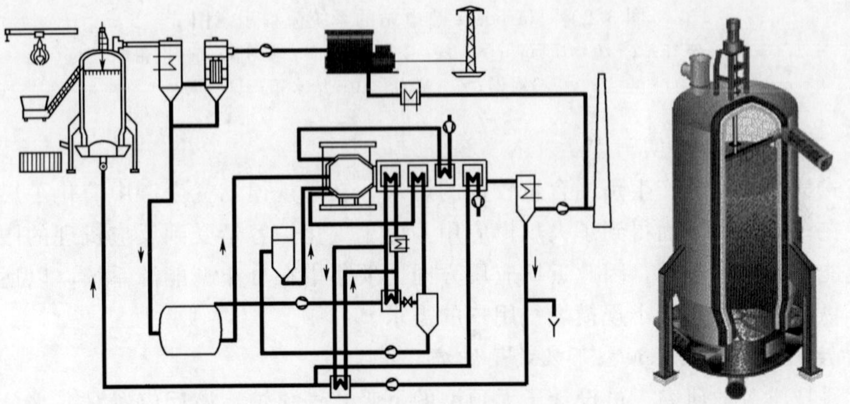

图3.19　Harboore热电站的系统流程图

表3.5　**BWV热电系统的参数**

系统参数		燃气成分和热值	
燃料输入能量	3500kW	H_2	19.0%
木片水分	25%	CO	22.8%
电力输出	1000kW	CH_4	5.3%
热力输出	1900kW	CO_2	11.9%
电效率	28%	N_2	40.9%
热效率	53%	燃气低位热值	5.6MJ/m³

2. Corbona公司的热电系统

芬兰是一个生物质能技术发达的国家，有数家公司生产上吸式气化炉，1986年以来在芬兰和瑞典建造了9座热电工程，电功率分别为1～3 MW，热功率分别为1～15 MW。Harboore热电站的系统流程如图3.20所示。这个系统采用微正压的上吸式气化炉，产生的热燃气全部直接送入锅炉，锅炉产生的蒸汽经驱动汽轮机和发电机发出电力后，在冷凝器中采用蒸汽预热加热热水，对外供热。1 MW发电系统能够对外供热3.66 MW，发电效率为18.6%，总效率为82%。

这个系统简单，相比直接燃用生物燃料，其优势在于燃料适用范围更广，且污染排放小。

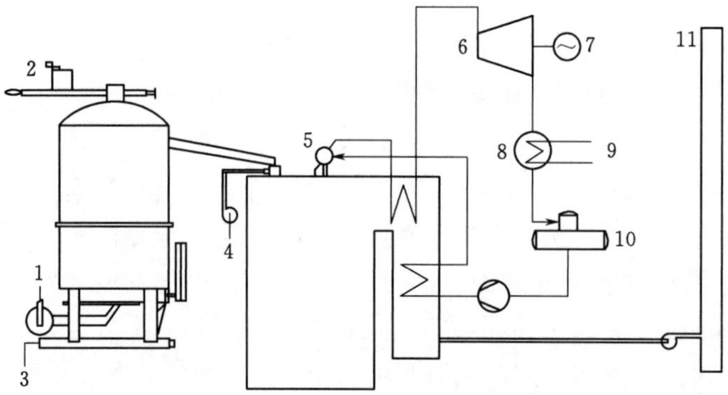

图 3.20 Harboore热电站的系统流程示意图

1—空气；2—生物质原料；3—灰；4—空气；5—燃烧器；6—汽轮机；7—电力；8—冷凝器；9—热力；10—给水箱；11—烟囱

3.5.1.2 下吸式气化炉实例

下吸式气化炉能够产生焦油含量较低的燃气，在小规模燃气生产中简化了燃气净化系统，曾经在车载动力方面得到了大规模应用。由于气化炉容量受到反应机理的限制，难以在大规模能源系统中应用，因此近期应用方向主要集中在分布型能源系统，以适应分散的农林废弃物资源的特点和小规模燃气用户的需求。

1. 印度科技学院的无顶型下吸式气化炉

印度科技学院的研究人员设计了无顶型的下吸式气化炉，该反应器对高水分生物质尤其有效，能够制备低焦油含量的高质气体产品。气化炉由无顶盖的竖直反应管以及下面的水封组成，如图3.21所示。反应器顶部的三部分由不锈钢制成，并且围有环形水套；下部是由水泥制成的耐热耐腐蚀墙体。产生的高温可燃气体通过炉格及绝热管路进入气化炉上部。这些气体会向原料传热以干燥原料，进而提高热效率。从下部连接上部水套的再循环导管由铝硅覆盖层隔热。气体接触到高温的焦炭床层使得合成气质量上升，焦油含量大幅降低。目前在世界各地已有40多个基于该设计的热电联产系统。

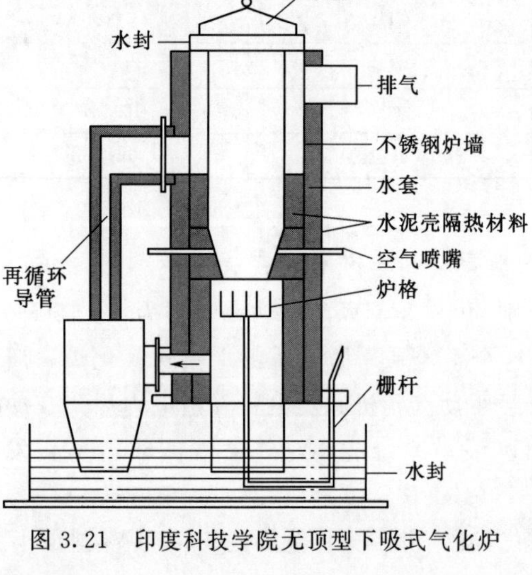

图 3.21 印度科技学院无顶型下吸式气化炉

2. Ghent大学的气化发电系统

欧洲一些国家采用种植柳树来修复受重金属污染的土壤。为此，比利时Ghent大学提出现场安装生物质气化发电系统的方案，利用修复工程产生的生物质生产电力，起到生态和能源双重效益。图3.22是Ghent大学生物质气化发电系统的示意图。系统由下吸式气化炉与内燃机相结合，燃料气化后经旋风除尘器除去灰尘，再经水洗进一步净化，然后送入内燃机发电，如有需要还可以利用内燃机冷却水对外供热。

实验系统的下吸式气化炉热容量为100kW，每千克燃料产生电量1.2kW·h、热量9MJ和灰40g。分析表明炉底灰返回土壤对环境是安全的。

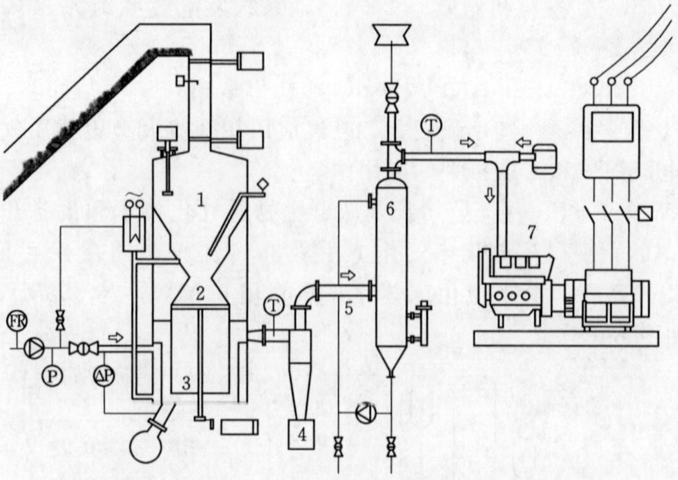

图3.22 Ghent大学的生物质气化发电系统

1—生物质原料；2—气化室；3—灰；4—旋风除尘器；5—燃气；6—水洗塔；7—发电机组

3.5.1.3 流化床气化炉实例

流化床气化器大量应用在中大规模生物质气化工程中，国内外开发了许多炉型，用于不同的目的。目前主要应用方向是气化发电、热电联产和工业热利用，近期正向制备合成原料气和生物天然气的方向发展。

1. 鼓泡床气化炉—中国科学院广州能源研究所的流化床气化发电系统

鼓泡流化床结构相对简单，操作气速较低，对设备的磨损较轻，工作可靠，许多生物质气化工程中采用了鼓泡床气化炉。

中国科学院广州能源研究所从20世纪90年代开始进行流化床生物质气化炉的研制，主要针对稻壳和木材加工业的木屑等，气化后通过内燃发电机组发电。先后建成了数十座生物质电站，容量从数百千瓦到6MW，图3.23是广州能源所气化发电系统的示意图。气

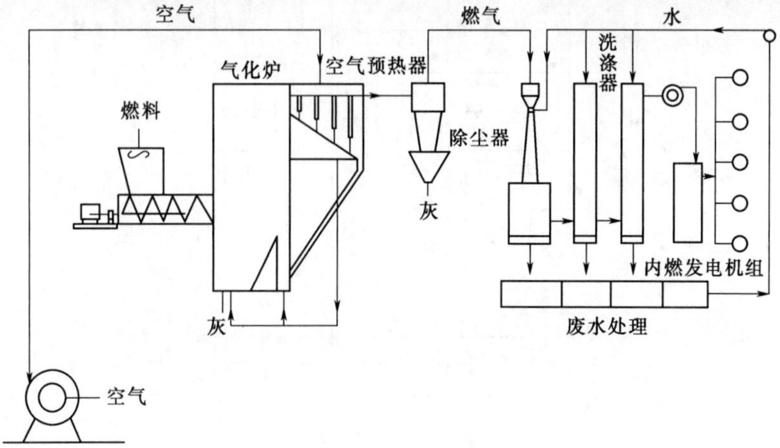

图3.23 中国科学院广州能源研究所的气化发电系统

化器工作在鼓泡床阶段，空气气化得到的燃气中 H_2 含量为5%～8%，CH_4 为4%～6%，CO为16%～21%，CO_2 为15%～16%，C_mH_n 为2%左右；燃气热值为6.0～6.2MJ/m^3 左右。气化效率为78%，发电机组效率26.6%，系统发电效率约为20%，加装蒸汽轮机的系统发电效率可达25%。

2. 循环流化床气化炉——Foster Wheeler的气化系统

循环流化床气化效率高、气化强度大，已经应用在一些大型生物质气化工程中，特别是在一些大型热电厂锅炉和工业窑炉的应用中。

芬兰Foster Wheeler Energia公司长期从事生物质气化技术和设备开发，先后开发了17～70MW热功率的大型循环流化床气化炉。图3.24是该公司在芬兰Lahti市热电厂建造的生物质气化混燃系统。循环流化床气化炉热容量50MW，与350MW容量锅炉连接。

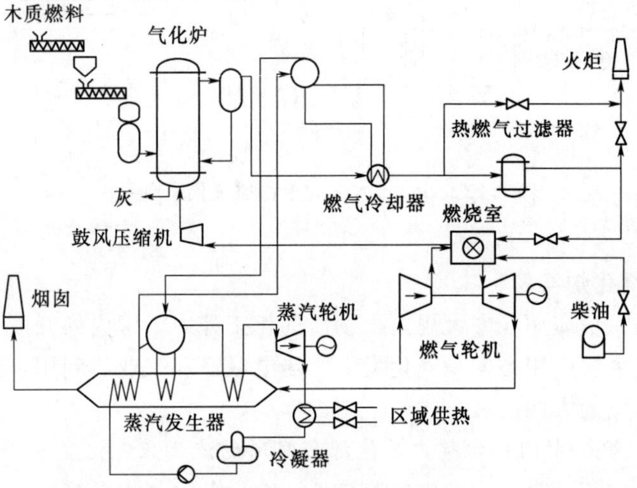

(a) IGCC系统

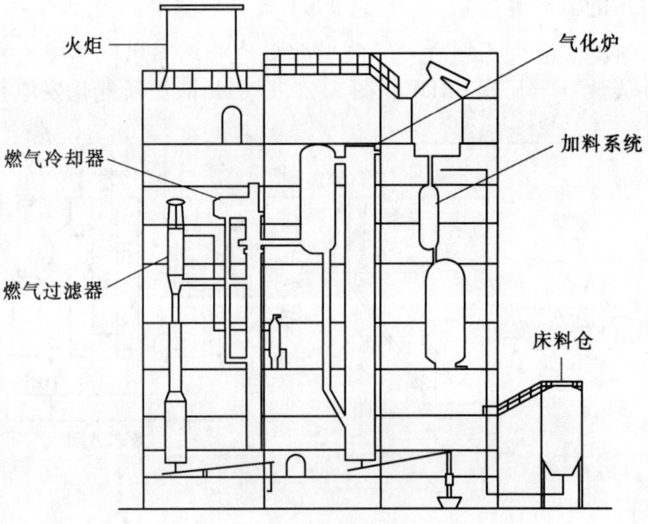

(b) 气化炉

图3.24 Foster Wheeler生物质气化混燃系统

热电厂使用林业废弃物为原料，与煤和天然气混燃，其中气化器提供锅炉能量的15%，气化器工作在常压下，气化温度在850℃左右。本系统最突出的特点是可以使用水分含量高达60%的废木材。燃气组成中，CO含量为4.6%，H_2为5.9%，C_mH_n为3.4%，CO_2为12.9%，N_2为40.2%，H_2O含量高达33.0%。

3. 双流化床气化炉——Gussing生物质气化热电联供系统

双流化床气化炉可以不使用成本较高的氧气就可以获得中高热值燃气，许多研究机构对双流化床生物质气化炉进行了研究，形成了不同的炉型和技术。

总部位于赫尔辛基的Metso公司建设了许多生物质气化大型工程。图3.25是该公司制造的双流化床生物质气化系统。该气化系统采用鼓泡床气化炉和循环流化床燃烧炉的结合。该双流化床气化器首次用于奥地利Gussing市的热电厂，其系统结构如图3.26所示，系统以木片为原料，燃气组成中CO含量为20%～25%；H_2为35%～45%；CH_4为8%～12%；CO_2为20%～25%；N_2仅为1%～3%。输入燃料热功率8MW，输出电功率2MW，输出热量4.5MW，发电效率25%，系统效率80%，至2011年以来已连续运行55000h以上。

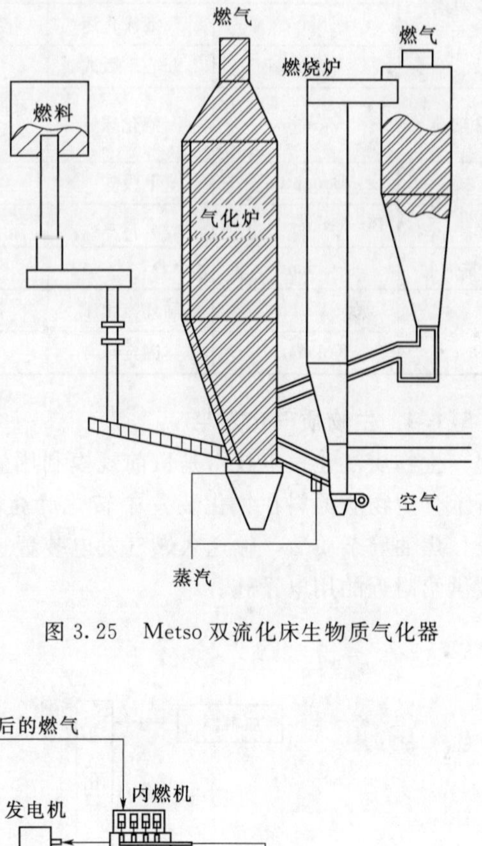

图3.25 Metso双流化床生物质气化器

欧洲生物质气化热电联供工程见表3.6，这些气化项目目前仍在运行中。在欧洲发达国家，生物质气化热电联供主要用于区域供热，而由于建筑物保温材料以及其他节能手段的使用，区域供热量在减小，单纯的集中供热系统

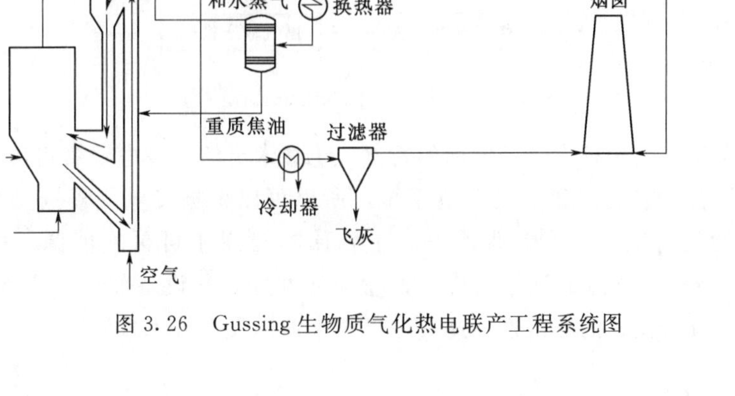

图3.26 Gussing生物质气化热电联产工程系统图

的经济性受到限制，用生物质热电联供进行替代能提高区域供热的经济性。

表 3.6　欧洲生物质气化热电联供工程列表

国家	地　区	气化技术	原料	气化介质	规　模
奥地利	Gussing	FICFB	木屑	水蒸气	2.0MW+4.5MW
	Neustadt	下吸式	木屑	湿空气	0.5MW+0.7MW
丹麦	Harboore	上吸式	木屑	空气	1.4MW+3.4MW
	Weiss	两段式	木屑、秸秆	空气	150kW+400kW
	Skive	鼓泡流化床	木屑	空气	5.4MW+11.5MW
	Graested	开心下吸式	木屑	空气	75kW+175kW
瑞典	Varnamo	流化床	木屑、成型颗粒、RDF	空气、氧气和水蒸气	6MW+9MW
英国	Boughton	下吸式	木屑		0.1MW+0.18MW
	Blackwater Valley	下吸式	木屑		0.2MW+0.4MW
意大利	Chianti		RDF	空气	6.7MW+15MW
芬兰	Lathi	循环流化床	RDF、木屑	空气	20MW+70MW
	Kokemaki	固定床	木质燃料	空气	1.8MW+3.3MW

3.5.1.4 生物质气化发电

生物质气化发电技术是目前规模利用生物质能最有效的方法之一，工艺流程如图 3.27 所示，生物质原料在气化装置中转化为生物燃气，经除尘净化冷却系统除去燃气中的灰分、焦油等杂质后，输送入燃气发电装置进行发电，产生的电力可以并入电网，也可以直接供给附近的用电设施。

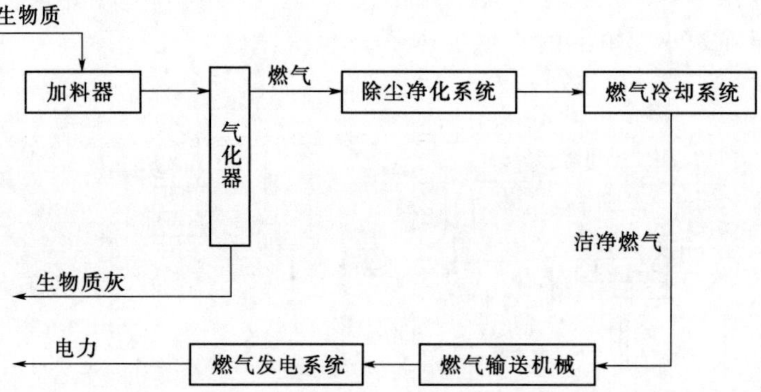

图 3.27　生物质气化发电工艺流程图

生物质气化发电技术具有三个方面的特点：①技术灵活，发电设备可以采用内燃机或燃气轮机，或结合余热锅炉和蒸汽发电系统，所以可以根据发电规模选择合适的发电设备，保证合理的发电效率；②环保性好，生物质本身属于可再生能源，可以有效减少 CO_2、SO_2 等温室气体及污染气体的排放；③经济性好，其设备简单，不涉及高压过程，在小规模应用下具有良好的经济性，比其他可再生能源发电技术投资更小。

目前国外生物质气化发电系统趋于大型化，主要以B/IGCC系统和热电联产系统为主，气化装置多采用循环流化床气化器，燃气发电设备多为燃气轮机，发电效率和综合热效率都较高，已经建成多个兆瓦级示范工程，如美国Battelle（63MW）和夏威夷（6MW）项目，气化原料以木材和生物质成型原料为主。然而，采用B//IGCC技术的生物质发电系统面临的主要问题是系统造价和发电成本偏高，给技术推广带来了困难。国外小型气化发电系统主要集中在东南亚国家，气化装置以固定床为主，发电设备多采用内燃机。

我国生物质气化发电系统大多为中小规模，发电功率从几千瓦到几兆瓦不等，发电设备主要采用内燃机，气化发电系统具有投资少、原料适应性强和规模灵活性好等特点。发电功率1MW以下的发电效率一般在20%左右，发电功率在5MW以上工程的发电效率约在26%～28%。下面介绍一些国内的生物质气化发电项目。

1. 4MW固定床生物质气化发电

江苏省高邮市的4MW生物质固定床气化发电项目，采用了焦油催化裂解、高效电捕焦油、冷凝酚水回收和脱硫脱氯等燃气净化技术，具有气、电、热多联产的工艺特点。该项目可以模块化组合，原料适应性广，可以使用稻、麦、油菜、玉米和豆类等多种秸秆，同时也可以使用树枝、芦苇、稻壳等原料。该项目主要技术参数和经济指标见表3.7。

表3.7　江苏省高邮市生物质气化发电项目主要参数和经济指标

项　目	指　标
原料	生物质成型燃料，密度为0.8～1.0t/m³，消耗量3万～3.5万t/a
单炉产气量	5000m³/h，折合原料1.76m³/kg
燃气热值	7100～7500kJ/m³
气化效率	75%～78%
焦油含量	＜10mg/m³
H_2S含量	＜50mg/m³
发电效率	30%～33%
耗气量	1.7m³/(kW·h)，用原料约1～1.1kg/(kW·h)
发电量	3000万kW·h/a

2. 500kW固定床生物质气化多能联供系统

为了提高生物质能源的利用效率，以生物质分布式供能为代表的冷热电联供系统成为一种生物燃气的重要应用形式。由山东省科学院能源研究所设计的500kW固定床生物质气化多能联供系统如图3.28所示，该系统由燃气发生炉、废热锅炉、燃气净化系统、燃气发电机组及余热利用系统组成。其中燃气发生炉采用上下吸复合式固定床装置，使用高温蓄热室将燃气加热到1000℃左右，使其中的焦油在高温下裂解为小分子的可燃气体。高温燃气排出气化器后进入废热锅炉换热，产生蒸汽。初步冷却的燃气经除尘净化和进一步冷却后进入内燃机燃烧发电，并入电网。由内燃机排出的高温烟气与废热锅炉产生的蒸汽进入双热源溴化锂空调机组，冬季供暖，夏天供热。内燃机外循环冷却水带出的热量可以给附近建筑物提供生活热水；产生的燃气还可以通过管道输送到附近的居民家中作为炊事燃气使用。该系统通过余热梯级利用，实现冷、热、电、气的联产联供，大大提高了系统的整体能源利用率。

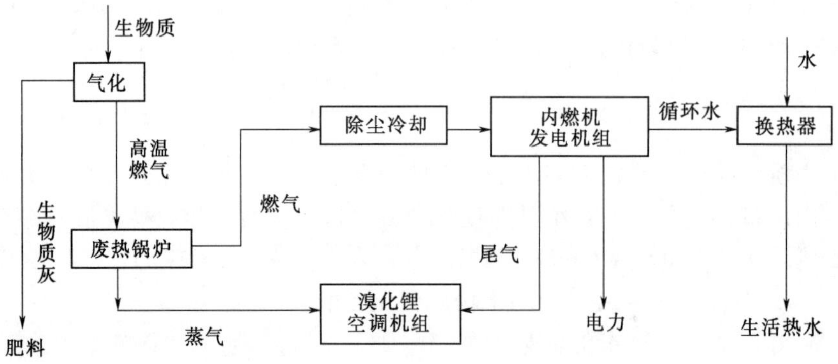

图 3.28　生物质多能联供系统流程

3.5.1.5　生物质气化用于化工合成

气化合成技术，是以生物质为原料，通过气化和组分调变，获得高质量的合成原料气，然后采用催化合成技术生产液体燃料和化学品的一整套集成技术，可制取烃类燃料、醇类化学品以及合成氨等。生物质定向气化制备合成气技术可以分为定向气化和气化重整变换两个阶段。与常规气化不同，定向气化以制备化工合成气为目的，需要提高合成气的产量，以减轻后续重整变换的难度。

气化重整变换工艺主要由净化、重整和变换三部分组成。气体净化是为了防止合成气中的微细粉尘颗粒和微量液滴状焦油进入后续工艺。气体重整是通过加入适量水蒸气将气体中的烃类成分和焦油进行重整，生成 H_2、CO。气体变换是通过水煤气变换反应增加气体中的 H_2 含量，调节气体中的氢碳比，使之达到化工合成工艺的最终要求，例如甲醇合成要求体积比 H_2/CO 约为 2.05。

下面将介绍几种生物质气化用于化工合成的工程案例。

1. 芬兰合成氨工程

芬兰凯米诺奥埃地区某化肥厂以泥炭为原料，用气化合成氨的方法生产化肥。其工艺流程是：将含水量 40%左右的泥炭粉碎，然后干燥至含水量为 15%左右送入气化装置中进行气化；将产生的生物燃气经过气体变换后生成合成气，再用此气体与制备好的 N_2 反应合成氨气，进而生产化肥供农业所需。该厂还用泥炭与木屑的混合物作原料进行过试验，也获得了成功。该项目主要技术参数和工艺指标见表 3.8。

2. 百吨级二甲醚中式项目

山东省科学院能源研究所与中国科学院广州能源研究所合作，于 2006 年在山东济南建成 100t/a 规模的生物质富氧气化合成二甲醚中试系统。系统采用二步法固定床富氧气化工艺，以玉米芯为原料，使用富氧气体作为催化剂，采用高温袋式除尘器和间接水冷对合成气进行净化和冷却，产生的合成气经增压、脱碳、脱氧后采用一步法合成二甲醚，并经吸收精馏系统进行精制。该系统及技术指标和工艺参数见表 3.9。

表 3.8　　芬兰生物燃气合成氨项目技术指标

项　目	指　　标
生物质原料	泥炭，消耗量 23t/h
气化装置	加压流化床
气化剂	每吨原料用 O_2 290m^3，每吨原料用蒸汽 160kg
气化温度	750～950℃
燃气成分	CO 35%，H_2 32%，CH_4 6～8%，CO_2 22%
燃气产量	每吨原料产净化后 CO 和 H_2 混合气为 925m^3
气化系统碳转化率	88%

表 3.9　　济南生物质气化合成二甲醚项目技术指标

项　目	指　　标
气化装置	两步法固定床气化器
合成气主要组分	CO 25%～38%，H_2 25%～38%，CO_2 16%～25%
合成温度	260～270℃
合成压力	4.2～4.4MPa
合成塔空速	6650～1000h^{-1}和 1200～1500h^{-1}
CO 单程转化率	82.00%和 73.55%
二甲醚选择性	73.95%和 69.73%

3. 千吨级生物质气化合成含氧液体燃料示范项目

中国科学院广州能源研究所于 2013 年年底在广东省佛山市建设了千吨级生物质气化合成含氧液体燃料示范系统，利用生物质流化床复合气化炉产生合成气生产含氧液体燃料(低碳混合醇)。其主要工艺流程为：生物质原料经破碎和干燥后，送入生物质流化床复合气化装置，产生低焦油粗燃气。粗燃气通过高温无机膜过滤重整反应器除去灰分。同时通过负载在表面的催化剂转化焦油，调整氢碳比。将产生的合成气经储气柜缓冲后深度脱氧，而后通过压缩机增压、脱碳并深度净化，再送入含氧液体燃料合成塔，产生的含氧液体燃料采用冷凝、软水吸收的方法与合成尾气分离，尾气一部分循环回合成塔，另一部分送入内燃机发电，为压缩机及其他设备提供电力，而后含氧液体燃料经简单精馏提纯后得到低碳混合醇。其主要技术参数和工艺指标见表 3.10。

表 3.10　　佛山生物质燃气化工合成项目技术指标

项　目	指　　标
气化装置	流化床装置
气化系统效率	≥80%
合成气质量	焦油含量不大于 10mg/m^3；体积比 H_2/CO≥11.1
合成系统转化率	低碳混合醇 CO 单程转化率大于 50%，醇产物中 C_{2+} 醇选择性大于 60%
系统总效率	>38%

3.5.2　先进气化技术

目前生物质气化领域面临的最主要的问题就是较低的碳转化率以及较高的焦油产量，一个限制了能量效率，降低了气化过程的经济性，另外还限制了气化气的应用范围。针对这两个问题，研究人员发展出了一系列先进的气化技术，如分级气化、等离子气化、增强式气化以及催化气化等。这些技术的相关特征和优缺点见表 3.11。本节主要对一些新型的先进生物质气化技术及工程实例进行简要的介绍。

表 3.11　　生物质气化中新兴技术的特点、优势以及局限

应用策略	特　点	优　势	局　限
气化及气体净化集成技术	在一个反应器中整合生物质原料的气化及合成气的净化	简单的运行流程； 性价比高	需要更多的有关大规模商业化应用的研究
分级气化	热解及气化分别在气化器的不同区域进行，且独立受控	产生高质量清洁的合成气； 改善的运行效率	复杂性提高
等离子气化	在气化过程中使用等离子作为热源或者在下游作为焦油脱除介质	可分解所有有机物； 可处理有害废物	• 高投资 • 大功率 • 低效率
超临界水气化	以超临界水为气化介质	可以处理液体原料以及高水分的生物质； 不需要预处理	• 高能量需求 • 高投资
吸收增强式重整及 CO_2 捕捉的生物质气化	原料气化在催化剂或吸收剂的作用下进行	在线 CO_2 捕捉； 增强 H_2 生成； 减少焦油含量	需要开发新型的催化剂以及吸收剂

3.5.2.1　气化与气体净化集成技术

针对现有问题，将生物质气化与产物气体进行调制净化整合形成的 Unique 气化工艺已经通过了验证。该技术尤其适用于有高质量高合成气热值需求的生产中。其中颗粒物与焦油的脱除是通过在流化床的稀相段加入催化滤膜模组实现，如图 3.29 所示。将气体调节结合到气化炉内部的整体安排简化了气化炉的设计，使气化系统更加紧凑，从而减少了热损失和工厂占地。但由于没有中间冷却步骤，热效率较高，而且在气体出口不需要颗粒物捕捉设备，同时增强了催化剂及吸收剂的活性。

在 Unique 气化工艺中，生物质与水蒸气在流化床中发生气化反应，通过气体调节系统大幅削减降低了产气中 H_2S、盐酸及其他有害元素如碱金属、重金属元素，将传统的一次和二次热气体处理的优点整合在了一起，防止固体颗粒堵塞催化剂，且减少了热能损失，总体效率较高。

3.5.2.2　分级气化技术

分级气化技术指热解与气化在气化炉中不同的区域进行，这使得生物质转化可以分步骤进行优化。这个方法的出发点既获得高质量的低焦油含量的洁净合成气并提高总体效率。1994 年 Bui 等就发现在热解气化的多级反应器中分开进行，焦油的产量相对一级气化下降了 40 多倍；分级气化还可以降低芳香化合物的含量、提高产品气的低热值。

在图 3.30 所示分级气化炉的两种形式中，生物质在相对较低的温度下发生热解反应

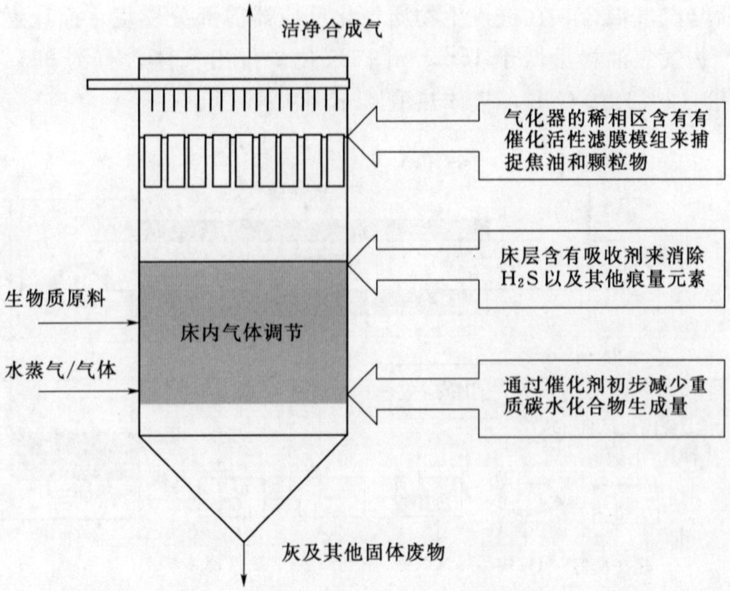

图 3.29 在线气体净化调制气化 Unique 气化工艺示意图

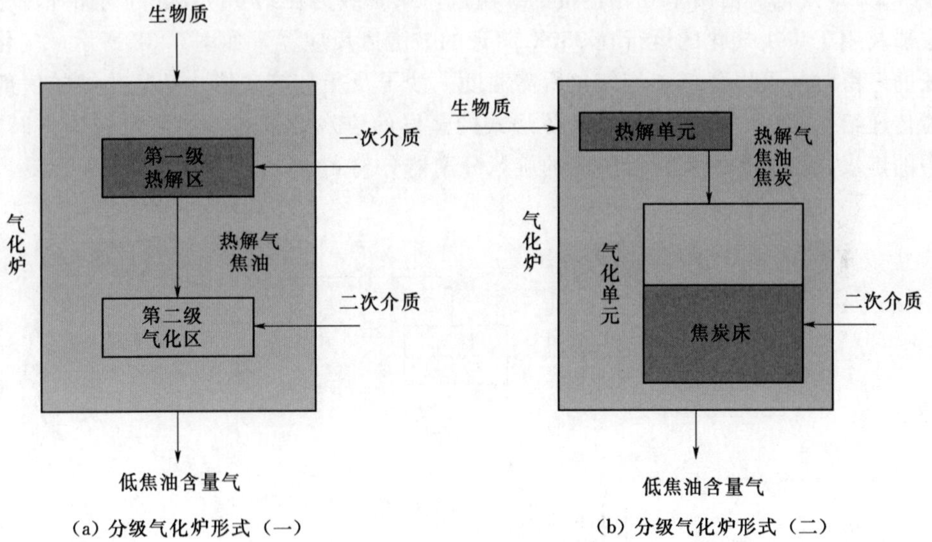

图 3.30 分级气化概念示意图

释放挥发分，在更高的温度以及不同的气化介质下发生气化反应，将焦油、焦炭同时进行转化。不同的是，左侧分级气化的形式是将焦炭作为燃料提供热源建立自供热系统，而右侧的则是取一部分焦炭作为床料和催化剂，催化转化焦油，两者都得到了焦油含量较低的气体产物。

不同反应器的例子有丹麦科技大学的 75kW 的 Viking 气化炉，西班牙 Sevilla 大学开发的 FLETGAS 工艺以及丹麦 DONG 能源公司的低温循环流化床（LT - CFB）。如图 3.31 所示，Viking 气化炉是由有螺旋热解反应器及下吸式固定床气化炉组成。物料从热解反应器离开后与空气混合，在进入生物质气化反应器前部分燃烧，而让燃烧产生的高温降解焦油，使产物气焦油含量低于15mg/m³。气化炉排出气体含有约32%的H_2及16%的CO_2以及微量（2%）的CH_4，气体热值6.6MJ·Nm^{-3}。

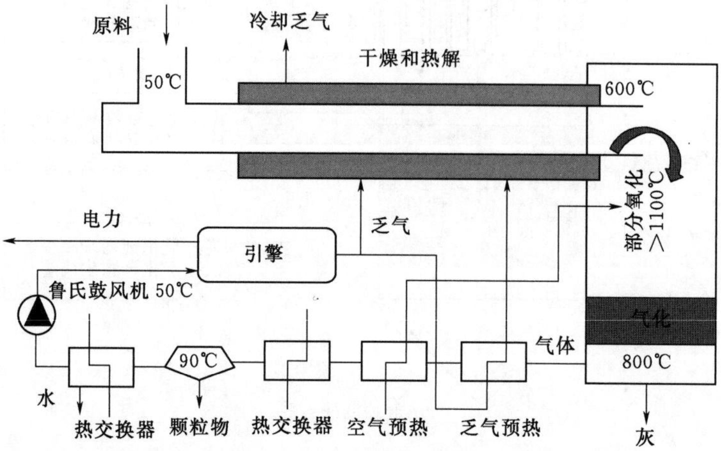

图3.31 Viking气化炉的示意图

LT-CFB气化器由两个互相连接的级组成，第一级为在约650℃运行的循环流化床热解反应器及用于焦炭气化的运行在750℃附近的鼓泡床反应器，如图3.32所示。气化方法中较长的停留时间可以降低焦炭气化所需温度。沙子及灰是热载体，从气化炉的底部排出将热能传递给热解反应器。此外，气体形式的蒸发的焦炭会被送入热解反应器重新热解。气体中的焦炭及灰分在两反应器中间的旋风分离器分离。

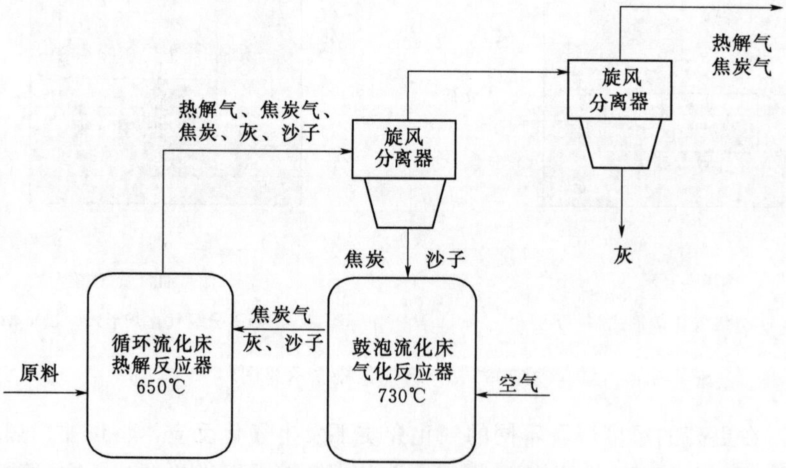

图3.32 LT-CFB的简化流程图

3.5.2.3 等离子气化

等离子体是物质的基本形态之一，可以通过加热气体或将气体置于强电磁场中产生。有两种类型的等离子体，分别为热等离子体和冷等离子体。热等离子体在常压下产生而冷等离子体在真空下产生。热等离子体通常由氩气（Ar）、N_2、H_2、水蒸气或气体混合物在

4700℃或更高的温度下生成。在等离子气化中会用到直流或交流电弧等离子焰产生器。

等离子在气化流程中有两种不同的使用方式：①用于气化的热源；②用于一般气化后焦油的脱除。等离子气化主要用于有毒有机废物以及橡胶、塑料的降解，目前主要的应用还是第一种方式，对有害生物质的处理。然而，由于成本的降低，近几年该技术也引起了合成气生产及电力生产的兴趣。日本在 Utashinai 建设的等离子气化厂于 2002 年开始投产，至 2014 年处理的城市固体废弃物 268t/d，并产生电能 7.9MW·h。

图 3.33 所示等离子气化器的反应室连接有一台非转移的直流电弧等离子焰产生器。由于等离子焰非常高的温度，使它可以用于有毒废物、橡胶及塑料的处理。

3.5.2.4　超临界水气化

高于临界点（$T=374.12$℃，$P=221.2$bar）的水被称为超临界水。在这些条件下，液相及气相将不复存在，且超临界水显示出独特的反应性及溶解特性。原本不溶于水的有机物质及气体的溶解性得到增强，而对无机物质的溶解性则下降。超临界水的性质介于液相和气相之间。

超临界水气化可被用于不经干燥的湿生物质的气化，这是相较于其他传统气化技术的一个主要的优势。针对多种多样的原料如农业废弃物、皮革废弃物、污泥、藻类、粪便及黑液，研究人员对这些原料的超临界水气化处理进行了大量的研究。应用超临界水气化，即使如橄榄磨坊废水等液体生物质也可以被用来生产低焦油含量的 H_2。超临界水气化的简化示意图如图 3.34 所示。

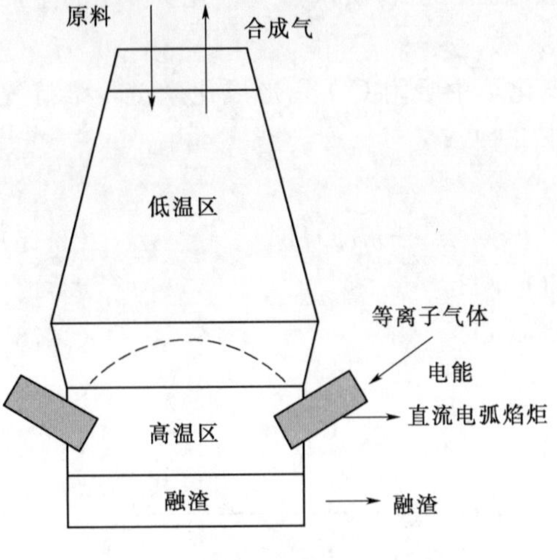

图 3.33　等离子气化反应器示意图

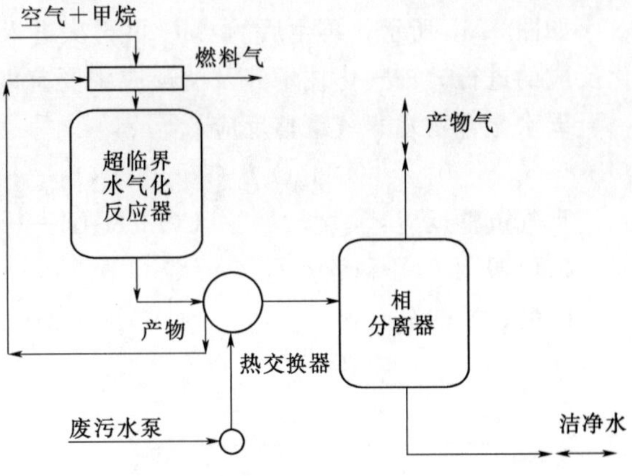

图 3.34　超临界水气化的简化示意图

超临界水气化的产物气体主要由 H_2、CO_2、CH_4 和 CO 组成。CO 的产率相对较低，这是由于水气转换反应将 CO 转换成了 CO_2。焦油和焦炭的形成由于在超临界水中产物气组分的快速溶解而降低。因此，超临界水气化的主要优点是可以处理水分生物质、氢气产率高、气化效率高而焦油含量低；然而，其也有一定的局限性，主要表现在需要耐高温高压并且耐腐蚀的材料，因此，设备成本较高，且对能量的需求很高。超临界水气化从概念提出到现在已经获得了长足的进步，但大规模的应用仍需要更深入的研究。

3.5.2.5　吸收增强式重整及 CO_2 捕捉的生物质气化

在生物质气化蒸汽重整过程中，从含有 CO_2 及焦油的产物气中分离 H_2 会使生产成本大幅增加，而在蒸汽重整过程中将产出的 CO_2 及焦油进行捕集可以使生产工艺更具有经济性。目前主要的方法有两种：第一种是在气化炉内部使用催化剂进行催化转化和捕集分离；另一种是在气化炉下游使用进行催化转化。虽然第二种方法更有效，但第一种由于避免了更为复杂的下游流程而受到更多的关注。

CaO 是目前制备富氢气体较为广泛利用的催化剂。由于它的成本低、来源丰富而受到重视。CaO 不仅可以作为吸收剂，还可以作为焦油脱除剂以及流化床中的热载体。在生物质气化过程中脱除 CO_2 会打破反应平衡从而增强 H_2 的生成；同样地，CaO 促进焦油的裂解脱除，进而提高产出气体的质量，增加了 H_2 的产量。因此，在蒸汽重整中利用 CaO 在线捕捉 CO_2 产生富氢气体产品具有很好的前景。但在水蒸气气化中使用 CaO 作为吸收剂时的主要局限在于 CaO 在蓄热和循环过程中活性下降导致 H_2 产量下降，且 CaO 不能长时间循环再生，使得该技术的经济性将会有问题。为了在一定程度上解决这个问题，研究人员也做了很多工作，如改性 CaO、Ca 基复合催化剂等。英国［eeds 大学 Williams 团队以 Ni - Mg - Al - CaO 为气化催化剂，CaO 在气化过程中吸收产生的 CO_2，从而促进水蒸气重整反应的发生，得到富氢产品气；吸收到的 CO_2 可在焦炭燃烧的高温环境下脱附。提出了钙链气化技术。

化学链燃烧为温和燃烧技术提供了一个无污染稳定燃烧的可能，将化学链这种方法应用到气化技术中同样取得了很好的效果。CO_2 吸收增强的生物质水蒸气气化为 H_2 的生产提供了新的途径。

如图 3.35 所示，再生后的 CaO 可再次进入气化炉中吸附 CO_2，形成化学链，维持气化反应的进行。该气化技术涉及的反应主要有以下几种：

碳水化合物水蒸气重整反应：

$$C_nH_mO_2+(r-z)H_2O \longrightarrow nCO+(n-z+m/2)H_2 \tag{3.16}$$

水气重整反应：

$$CO+H_2O \longleftrightarrow CO_2+H_2 \tag{3.17}$$

CaO 吸附 CO_2 释放热量：

$$CaO+CO_2 \longrightarrow CaCO_3 \tag{3.18}$$

碳酸钙受热分解：

$$CaCO_3 \longrightarrow CaO+CO_2 \tag{3.19}$$

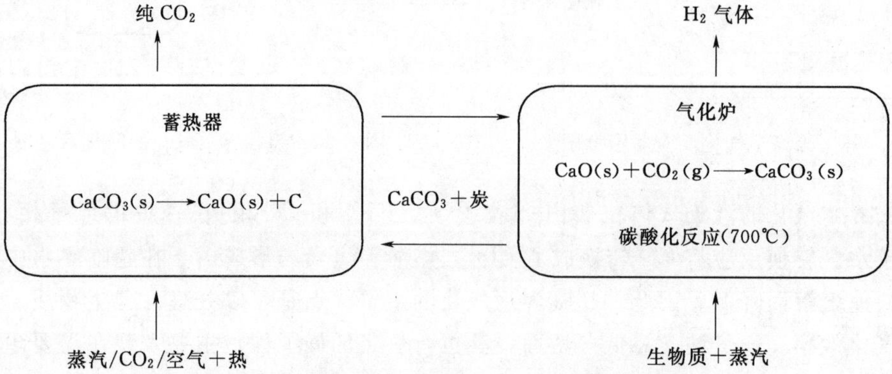

图 3.35　化学链气化反应示意图

除了使用 CaO 作为氧载体，铁的氧化物（Fe_2O_3、Fe_3O_4）也可以用作化学链氧载体。Fe_3O_4 可被气化析出气体 CO、H_2 等还原成 Fe，在氧化区，Fe 被水蒸气氧化，产生 H_2。气化析出的 CH_4 与氧化区产生的 H_2、还原区产生的 CO_2 及水蒸气进入重整区，将 CH_4 重整得到 H_2。以铁为氧载体的化学链气化最终得到的产品气 H_2 的相对体积含量最高可达 90%。

除了以上介绍的先进的气化净化集成技术、分级气化技术以及针对特殊条件下提出的等离子气化、超临界水蒸气气化以及化学链气化，还有许多联产技术以及气化—费托合成耦合技术等在这里不再详述。

3.5.3 气化存在的问题

生物质气化技术仍在发展当中，有一系列的问题需要解决，例如：

(1) 系统大型化问题。现代工业系统都是大型化系统，以充分发挥规模效益，然而由于生物质属于面源资源，密度较低，收集、运输和储存的成本较高，大型化虽在技术上可行，但实际上仍受到很多的限制。

(2) 产品品位偏低。由于生物质燃料特性的限制，固体生物燃料中氧含量在 40% 左右，不但降低了燃料热值，还迁移到产物中降低了产品品位。气化制得的燃气 CO_2 含量在 12%～20%，也降低了燃气热值。

(3) 存在一些技术难点。例如，①利用气流床、加压流化床等制备高热值燃气的现代气化技术；②燃气中焦油的完全脱除和净化技术；③生物质热解油的分离、提纯和精制技术；④定向气化制备高品质合成原料气的技术；⑤生物质热解气化制氢技术。这些技术的突破将推动生物质热解气化技术的升级和推广应用。

目前，许多先进的气化技术正处于发展过程中，新的气化概念在解决以上问题时取得了一定突破，但今后仍需开展更多的深入研究。

3.6 生物质热解技术与装置

3.6.1 概述

生物质热解是指生物质在没有氧化剂存在或只提供有限氧的条件下，通过热化学反应将生物质大分子分解成较小分子的燃料物质的过程。生物质热解过程如图 3.36 所示。这个过程极为复杂，包括热量传递、物质扩散等物理过程，以及生物质大分子化学键断裂、分子内（间）脱水、官能团重排等化学过程，物理过程和化学过程均以热量为主要媒介相互作用。在热量传递、物质扩散等物理过程中，热量首先传递到颗粒表面，再由表面传到颗粒内部。热解过程由外至内逐层进行，生物质颗粒被加热的部分迅速裂解成焦炭和挥发分。其中，挥发分由可冷凝气体和不可冷凝气体组成，可冷凝气体经快速冷凝可以得到液体生物油。一次裂解反应生成焦炭、一次生物油和不可冷凝气体。在多孔隙生物质颗粒内部的挥发分将进一步裂解，形成不可冷凝气体和热稳定的二次生物油。同时，当挥发分气体离开生物质颗粒时，还将穿越周围的气相组分，在这里进一步裂化分解，称为二次裂解反应。生物质热解过程最终形成生物油、不可冷凝气体和焦炭。

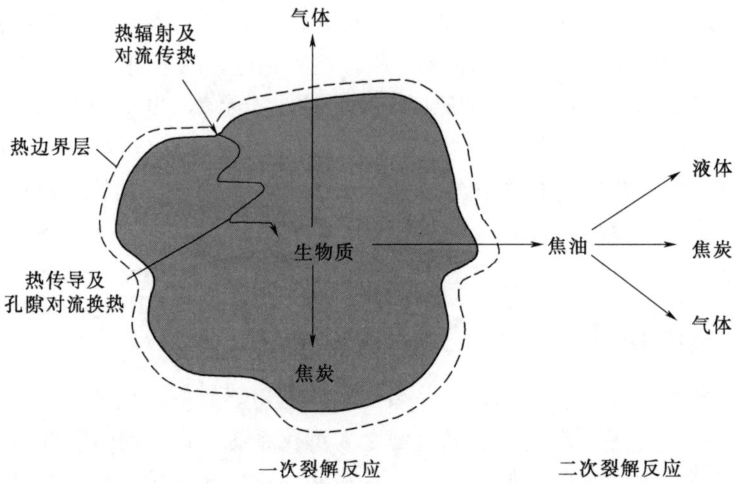

图 3.36 生物质热解过程示意图

3.6.2 热解影响因素

生物质在惰性环境下的热解受各种过程的参数影响，如条件、原料种类和性质等，这些过程参数最终影响热解产物。下面简要地介绍这些过程参数，即热解影响因素。

1. 温度的影响

在生物质热解过程中，热解温度是最重要的影响因素，它对热解产物的分布、组成、和品质有着很大的影响。

随着温度的变化，生物质呈现出不同阶段的变化和不同类型的热解（图 3.37），从而影响最终产物的分布。一般来说，低温（300～500℃）、低加热速率和较长固相滞留时间的慢速热解主要用于最大限度地增加炭的产量，根据原料的不同，炭的产率最高可达 70%；中温（500～700℃）、极高的加热速率和极短的气相滞留时间的快速热解主要增加液体的产量，根据原料的不同，生物油的产率最高可达 80%；同样是极高加热速率的快速热解，若温度高于 700℃，则主要以气体产物为主，根据原料的不同，气体产率最高可达 80%。

图 3.37 生物质热解随温度变化阶段示意图

关于热解温度对于生物质快速热解三态产物产率的影响，不同的研究机构采用不同类型的热解反应、不同的原料进行了大量的研究，但得到了类似的结论：对于给定的物料和气相滞留之间，生物油、炭和不可冷凝气体的产率仅由热解温度决定，随着热解温度的提高，炭的产率将减少，不可冷凝气体产率将增大，而生物油的产率则有一个明显的极值点，通常当热解温度为 500℃左右时，生物油的产率达到最大。除产率外，对于生物油的应用更为重要的是生物油的品质，而这是由生物油的化学组成所决定的。近年来，已有不少学者从生物油的具体化学组成出发，揭示热解温度的影响。总的来说，热解温度对于生物油的物质种类没有太大的影响，但对于各物质的含量有很大的影响，而这也直接决定了生物油的品质。

2. 加热速率的影响

加热速率对生物质热解产物的分布有很大的影响。提高加热速率，热解反应途径和反应速率都会发生改变，从而导致固相、液相和气相产物都有很大的改变，具体来说，气相和液相产物的产率将会增加，而炭的产率则会减少。在高加热速率下，当反应温度高于650℃时，一次热解产物会发生较为严重的二次裂解和重整，从而导致气体产率较高，而液体产率则较低。因此，在以液体生物油为目标的热解液化过程中，反应温度一般需要控制在400～600℃。在该温度范围内，随着加热速率的提高，液体产物会呈现先增加后保持不变的趋势，当升温速率超过一定值后，热解液化过程不再受传热和传质阻力的影响，因此液体产物不会增加。

加热速率对热解动力学参数也有很大的影响，由于热重曲线的形状和热解过程的加热速率有关，而造成同一样品在不同加热速率下得到的动力学参数不同（表3.12）。可以看出，起始温度、峰值和对应温度和热解结束温度随着升温速率的增加，有上升的趋势。许多研究者认为活化能和指前因子之间存在补偿效应，即活化能的减小往往伴随着指前因子的增大。动力学补偿效应把动力学参数 E_a 和 A 相互联系起来，同一样品在不同加热速率下得到的活化能 E_a 和 LnA 图形应为一直线，如图3.38所示纤维素在不同加热速率下的补偿效应，说明不同升温速率下，纤维素的活化能 E_a 和指前因子 A 有良好的补偿效应。

表3.12　不同加热速率下纤维素的热解特性参数

升温速率 /(℃·min^{-1})	T_i /℃	T_{max} /℃	T_f /℃	E_a /(kJ·mol^{-1})	A /s
0.1	230	257	280	203.50	9.0×10^{14}
0.5	250	280	300	216.58	1.4×10^{16}
1	260	290	310	232.75	3.6×10^{17}
5	280	310	330	217.32	9.0×10^{15}
10	315	355	390	207.68	9.8×10^{13}

注： T_i 表示起始温度；T_{max} 表示DTG峰值和对应温度；T_f 表示热解结束温度；E_a 表示活化能；A 表示指前因子。

3. 滞留时间的影响

在生物质热解过程中，会先后发生一系列的反应，如固体颗粒的逐级热解、一次热解挥发分的二次裂解等，滞留时间对热解反应程度有着很大的影响。滞留时间在生物质热解反应中有固相滞留时间和气相滞留时间之分。在给定的温度和升温速率的条件下，固相滞留时间越长，热解产物中的固相产物就越少，气相产物的量就越大。气相滞留时间一般并不影响生物质的一次裂解反应过程，

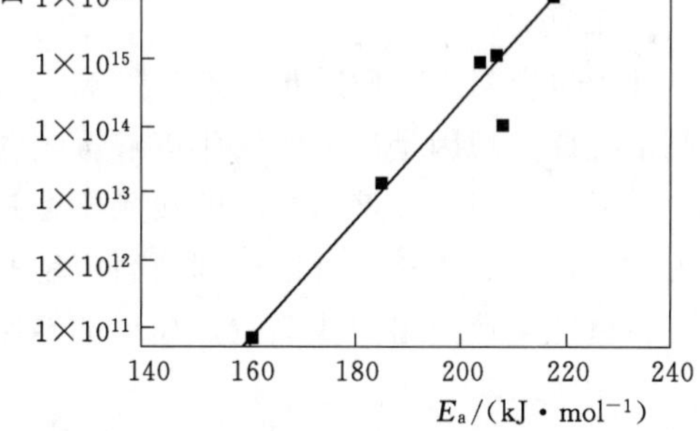

图3.38　在不同升温速率下的动力学补偿

而只影响液体产物中的生物油的二次裂解反应进程。当生物质热解产物中的一次产物进入围绕生物质颗粒的气相中，生物油就会发生进一步的裂化反应。在炽热的反应器中，气相滞留时间越长，生物油的二次裂解发生的就越严重，二次裂解反应增强，释放出 H_2、CH_4、CO 等，导致液态产物迅速减少，气体产物增加。所以，为获得最大生物油产量，应缩短气相滞留时间，使挥发分迅速离开反应器，减少生物油二次裂解的概率。

4. 原料种类和其性质的影响

不同生物质原料的组成和组分含量不同，因此热解反应特性、产物组成和含量也存在差异。常规的木质纤维素类生物质原料，其中的硬木、软木和禾本科生物质，在半纤维素和木质素组成结构方面差别很大，对于热解产物的化学组成具有显著影响。硬木热解形成的生物油中，同时含有大量的愈创木酚与紫丁香酚，而软木热解形成的生物油中，仅以愈创木酚为主；此外，硬木热解形成的生物油中的乙酸含量一般都高于软木热解所形成的生物油。除了常规的木质纤维类生物质原料，近年来，各种非木质纤维素生物质原料也广泛用于热解液化，如藻类原料、污泥原料等，所形成的生物油的化学组成与常规生物油有着显著的差别。由此可知，为了获得高产优质的生物油，选择合适的生物质或对生物质进行一定改性后再热解是一项重要的工作。

原料的性质对热解过程也有着重要影响，主要表现在颗粒结构、颗粒大小和颗粒形状等三个方面。

（1）颗粒结构。一般而言，生物质具有多孔非均匀相结构，沿不同的纹理方向，渗透性有较大区别，从而导致颗粒内部不同方向的压力梯度和传质阻力存在较大的差别。生物质热解时挥发分应该是沿纹理方向释放的，渗透性差会增加一次热解气体的滞留时间，使得二次热解反应的可能性增大，从而增大了炭和不可冷凝气体的产率。

（2）颗粒大小。颗粒大小对热解过程的传热传质有着重要影响，进而影响生物质热解产物的分布。当热解温度高于 500℃时，随着颗粒粒径增大，液体产物产量减少，气体产物产量增加；相反，颗粒粒径越小，越有利于颗粒的快速升温而获得高的液体产率。需要说明的是在实际热解过程中，如果粒径过小，也可能极易被吹走而发生热解不完全的现象。

（3）颗粒形状。颗粒形状会影响颗粒的升温速率进而影响热解过程。Bridgewater 等的研究发现球状颗粒有最小的表面积与体积比，从而导致相对其他非球状颗粒而言有较慢的传热传质速率以及较长的转化时间。Blasi 等研究了颗粒形状对热解三态产物的影响，发现采用粉状颗粒的热解液体产率最高，块状颗粒的热解炭和气体产率最高。

5. 压力

压力也会对生物质的热解产生影响，尤其是对二次热解反应。压力越低越有利于液体产物的生成，原因是压力的大小能够影响气相滞留时间，从而影响可凝气体的裂解。

原料与高温反应壁面之间的接触压力是压力对热解影响的另一种形式。接触加压式热解反应如烧蚀式热解，可以得到很高产率的液体和气体产物。因为接触压力越高，一次热解气体就能越快逸出固体颗粒，如果被迅速地移出并冷凝，就可以获得高产率的液体。

6. 催化剂

热解过程中选用合适的催化剂可以有选择地控制物料的反应进程，如热解过程中合适的催化剂的应用可以促进生成 CO_2 的反应，将生物质中的氧以 CO_2 的形式脱除，使生物油中的含氧量减少，提高生物油的热值和稳定性。

除了上述热解影响因素以外，还有诸如原料水分含量、气相氛围以及灰分等因素，它们对热解过程都有一定的影响，在这里不一一叙述。

3.6.3 热解工艺类型

根据生物质的加热速率和完成反应所用的时间，生物质热解工艺基本上可以分为两种类型：一种是慢速热解，一种快速热解。慢速热解是一种以生成炭为目的的炭化过程，通常是将生物质原料放在热解装置中，在低于 600℃的中等温度及较低加热速率（0.1～1℃/s）条件下，经过几个小时的热解，得到占原料质量的 30%～35%的生物质炭及 20%～30%的生物油。

快速热解是将磨细的生物质原料放在快速热解装置中，严格控制加热速率（一般大致为 10～200℃/s）和反应温度（控制在 500℃左右），生物质原料在缺氧的情况下，被快速加热到较高温度，从而引发大分子的分解，产生小分子气体和可冷凝挥发分以及少量焦炭产物。与慢速热解相比，快速热解的传热过程发生在极短的时间内，强烈的热效应直接产生热解产物，再迅速淬冷，通常在 0.5s 内急冷至 350℃以下，最大限度增加了液态产物。生物质热解的主要类型见表 3.13。

表 3.13　生物质热解的主要类型

工艺类型	反应温度/℃	滞留时间	加热速率/(℃·s^{-1})	最高温度/℃	主要产物	物料尺寸/mm
慢速热解	300～700	>600s	0.1～1			5～50
炭化		数小时～几天	非常低	400	炭	
常规热解	600～1000	5～30min	低	600	气、油、炭	
快速热解	800～1000	0.5～5s	10～200	650	油	<1
闪速		<0.5s	>1000			粉状

3.6.4 热解装置

从 20 世纪 70 年代至今，国内外科研机构在生物质热解领域开展了大量研究。目前，在北美及欧洲已经建成了一系列生物质热解装置，生物质热解液化炭化技术已经进入商业示范应用阶段。在生物质热解的各种工艺中，反应器的类型及其加热方式的选择在很大程度上决定了产物的最终分布，是各种技术路线的关键环节。综合国内外现有的热解反应器，主要可以分为热解液化和热解炭化两类。热解液化反应器包括流化床、循环流化床、旋转锥式、烧蚀、真空移动床以及喷动床；热解炭化反应器包括窑式炭化炉和固定床式热解炭化炉。

1. 流化床反应器

流化床反应器是利用反应器底部的常规沸腾床物料燃烧获得的热量加热砂子，加热的砂子随着高温气体进入反应器与生物质混合并传递热量给生物质，生物质获得热量后发生热裂解反应，如图3.39所示。流化床反应器设备小巧，具有较高的传热速率和一致的床层温度，气相滞留时间短，防止热解蒸气的二次裂解，有利于提高生物油产量。Manuel等研究了在流化床反应器中澳洲小桉树的热解情况，结果表明温度在470～475℃时生物油可以达到最大产率，进料颗粒的大小会影响生物油的含氧量。刘荣厚等以榆木木屑为原料，在自制的流化床反应器上进行了快速热裂解主要工艺参数优化试验，对产生的生物油成分的GC-MS分析表明，最优工艺参数组合为热裂解温度500℃、气相滞留时间0.8s、物料粒径0.180mm，此时生物油最大产率为46.3%。

2. 循环流化床反应器

该反应器可以使用较大粒径的原料，热解气滞留时间可以很短，适合于大量的生产，其示意图如图3.40所示。与流化床一样面临着高效分离焦炭和大型化后床内传热的问题，另外还有设备磨损和物料循环带来的控制复杂问题。

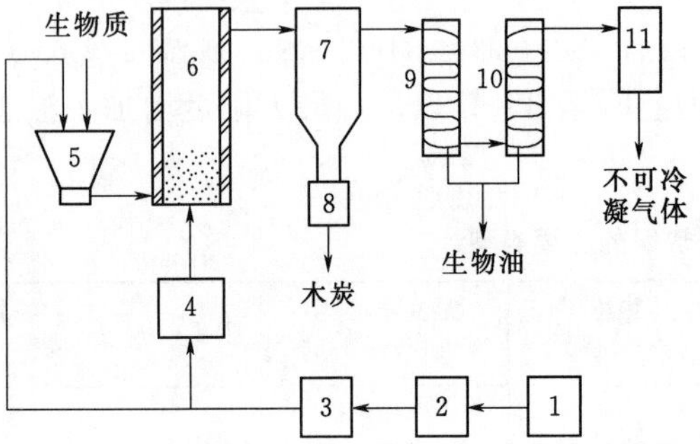

图3.39　流化床反应器

1—空气压缩机；2—贫氧气体发生器；3—气体缓冲罐；4—加热炉；5—料仓；6—流化床反应器；7—旋风分离器；8—集炭箱；9—热水冷凝器；10—冷水冷凝器；11—过滤器

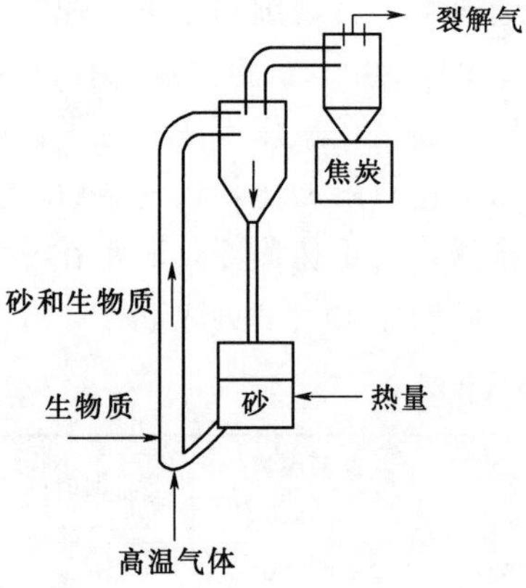

图3.40　循环流化床反应器

加拿大Ensyn公司在欧盟的资助下在意大利Bastardo镇附近建有650kg/h的循环流化床热解装置供研究用，该技术被称为RTP™（Rapid Thermal Pyrolysis）。该公司还在美国威斯康星州建有处理量分别为50t/d和70t/d的生物质热解工厂，专门生产食品添加剂等产品。另外芬兰的Fortum公司建有容量500kg/h的循环流化床热解装置。

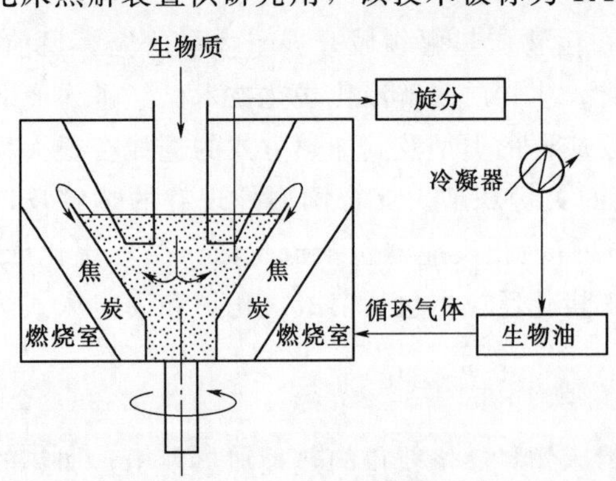

图3.41　旋转锥式反应器

3. 旋转锥式反应器

生物质和热砂子在离心力作用下沿着旋转的高温锥壁螺旋上升，发生热解反应，如图3.41所示。与流化床相比，载气量大大减少，但系统较复杂，旋转设备在高温下运行容易出故障。该技术由荷兰Twente大学进行研究，由BTG公司负责设备制造，最近在马来西亚建造了一套50t/d的装置。

4. 烧蚀反应器

烧蚀反应器很多工作均由美国国家可再生能源实验室（NREL）和法国国家科研中心化学工程实验室（CNRS）完成。通过外界提供高压，生物质颗粒以相对于反应器较高的速率（大于1.2m/s）移动并热解，生物质是由叶片压入到金属表面，此反应器不受物料颗粒大小和传热速率的影响，但受加热速率的制约，其工艺流程如图3.42所示。Lédé对烧蚀反应器的性能进行研究，从烧蚀厚度值、速度、产品等方面比较了接触型和辐射型烧蚀反应器，指出了各自的优缺点，利于进一步提高反应性能。Bridgwater对该技术进行了进一步的优化，使其可以应用在更大规模的生产中。

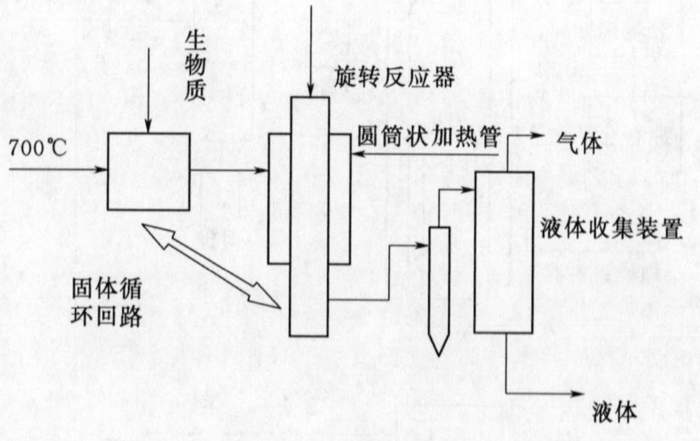

图3.42 烧蚀反应器

5. 真空移动床反应器

真空热解反应器的工艺流程如图3.43所示。物料干燥和粉碎后在真空下导入热解反应系统，反应系统由两个加热的水平夹板构成，采用熔融盐混合物进行加热并使温度维持在一定值，将热解生成的不可冷凝气体通入燃烧室燃烧，燃烧放出的热量用于加热盐，采用电感应加热器对反应器的温度进行控制，试验研究表明：反应在450℃和总压力为15kPa的条件下可以获得大量的生物油。

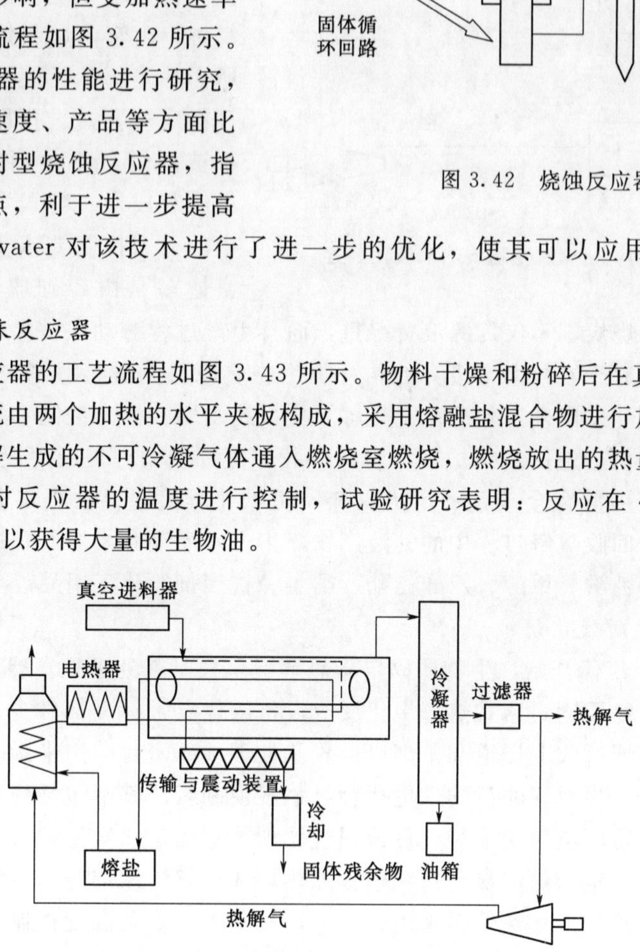

图3.43 真空热解反应器

6. 喷动床反应器

喷动流化床式生物质热解液化装置的工艺流程如图3.44所示。由图可见，这种喷动流化床不同于传统的喷动流化床，其结构特点是在传统喷动床的中央位置放了一根导向管，强制将中央喷动区和环形流化区分开，从而避免喷动区和流化区之间的气固错流，避免在气流减小或床层高度增加时导致“喷泉”不稳定甚至消失现象的出现。与流化床装置

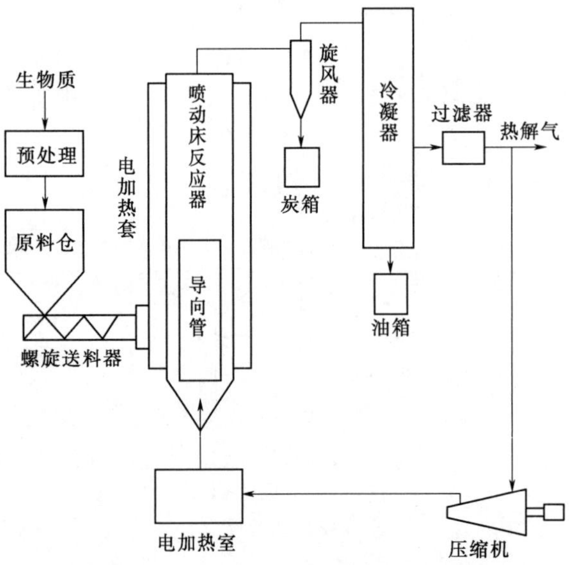

图3.44 喷动流化床式生物质热解液化装置

一样，喷动流化床也可以改造设计成循环喷动流化床，即在喷动流化床的下部设置一个燃烧室，利用焦炭燃烧获得的高温烟气作为流化介质，并为生物质热解提供所需的热量。

7. 窑式炭化炉

烧炭工艺历史悠久，传统的生物质炭化主要采用土窑或砖窑式烧炭工艺。首先将要炭化的生物质原料填入窑中，由窑内燃料燃烧提供炭化过程所需热量，然后将炭化窑封闭，窑顶开有通气孔，炭化原料在缺氧的环境下被闷烧，并在窑内进行缓慢冷却，最终制成炭。窑式炭化炉对燃烧过程中的火力控制要求十分严格，且由于窑体多是由砖砌成，一般容积较大，多用硬质原木进行烧炭，不仅资源浪费严重，而且生产过程劳动条件差、强度大，生产周期长，污染严重，对于农村大量废弃的秸秆类生物质原料无法热解制炭。针对这些缺点，许多新型窑式炉被开发出来。新型窑式热解炭化系统主要在火力控制和排气管道方面做了较大改变，其主要构造包括密封炉盖、窑式炉膛、底部炉栅、气液冷凝分离及回收装置。在炉体材料方面多用低合金碳钢和耐火材料，机械化程度更高、得炭质量好、适应性更强。在产炭同时可回收热解过程中的气液产物，生产木醋液和木煤气，通过化学方法可将其进一步加工制得乙酸、甲醇、乙酸乙酯、酚类、抗聚剂等化工用品。

8. 固定床式热解炭化炉

从20世纪70年代开始，生物质固定床热解炭化技术得到迅猛发展，各种炭化炉炉型结构大量出现。生物质固定床式热解炭化反应设备的优点是运动部件少、制造简单、成本低、操作方便，可通过改变烟道和排烟口位置及处理顶部密封结构来影响气流流动从而达到热解反应稳定、得炭率高的目的，更适合于小规模制炭。其中包括外加热式固定床热解炭化炉、内燃式固定床热解炭化炉、再流通气体加热式固定床炭化炉。

(1) 外加热式固定床热解炭化系统包含加热炉和热解炉两部分，由外加热炉体向热解炉体提供热解所需热量。加热炉多采用管式炉，其最大优点是温度控制方便、精确，可提高生物质能源利用率，改进热解产品质量，但需消耗其他形式的能源。由于外热式固定床热解炭化炉的热量是由外及里传递，使炉膛温度始终低于炉壁温度，对炉壁耐热材料要求较高，且通过炉壁表面上的热传导不能保证不同形状和粒径的原料受热均匀。

(2) 内燃式固定床热解炭化炉的热解方式类似于传统的窑式炭化炉，需在炉内点燃生物质燃料，依靠燃料自身燃烧所提供的热量维持热解。内燃式炭化炉与外热式的最大区别是热量传递方式的不同，外热式为热传导，而内燃式炭化炉是热传导、热对流、热辐射3种传递方式的组合。因此，内燃式固定床热解炭化炉热解过程不消耗任何外加热量，反应本身和原料干燥均利用生物质自身产热，热效率较高，但生物质物料消耗较大，且为了维持热解的缺氧环境，燃烧不充分，升温速率较缓慢，热解终温不易控制。

（3）再流通气体加热式固定床炭化炉是一种新型热解炭化设备，其突出特点是可以高效利用部分生物质物料本身燃烧而产生的燃气来干燥、热解、炭化其余生物质。国内出现的再流通气体加热式固定床炭化炉，其热解多利用固体燃料层燃技术，采用气化、炭化双炉筒纵向布置，炉筒下部为炉膛，炉膛内布置水冷壁，炉膛两侧为对流烟道。为保障烟气的流通，防止窑内熄火，避免炭化过程中断，这种炉型要在烟道上安装引风机和鼓风机。由于气化炉本身产生的高温燃气温度可达600～1000℃，能充分满足炭化反应需要，因此利用这种炉型进行生物质热解炭化燃料利用率更高，更适于挥发分高的生物质炭化。该炭化炉型按照气化室部分产出的加热气体流向分为上吸式和下吸式两种。

3.7 热解技术的应用

根据热解速率的不同，可将热解技术分为热解液化和热解炭化两类。

3.7.1 热解液化技术

生物质热解液化指的是生物质在隔绝氧气或有限氧供给的情况下受热后裂解为生物油、焦炭及不可凝气体的过程。热解液化过程中，生物质中的有机高聚物分子会迅速断裂为短链分子。为了得到更多的液体产物，热解过程需要采用适中的裂解温度（500℃），高的加热速率（10^4～10^5℃/s）以及较短的气相滞留时间（一般小于2s）。气体产率会随着温度和气相滞留时间的增加而增大，而较低的温度和较低的加热速率又会导致生物质的炭化，使固体生物质炭的产率增加，所以热解过程的工艺参数对生物油的制备有很大影响。

3.7.1.1 生物油

生物油通常为棕黑色黏性液体，热值（LHV）14～18MJ/kg，约为石油燃料的一半，低热值主要是由于生物油一般含有15%～30%的水。生物油的pH值在2～3之间，具有一定的腐蚀性，密度为1.2×10^3kg/m^{3}左右，比石油燃料高（0.8×10^3kg/m^{3}左右）。生物油性质不稳定，存放温度较高或时间过长会发生“老化”现象，即生物油成分变化导致水含量和黏度增加。

生物油在元素组成上和生物质原料较为接近，主要包括C、O、H以及少量的N和一些微量元素如S和金属元素，其中C、H、O元素随水分含量的不同而变化很大；生物油中的金属元素主要来自于生物质原料中的灰分，且随固体颗粒含量的增加而增加，另外也可能来自从热解反应器、冷凝器以及生物油存储容器等析出的金属（主要是Fe）。生物油和化石燃油的最大区别在于生物油中的高氧含量（45%～60%，湿基），这也导致了两者在理化特性方面的巨大差异。源自于不同生物质原料的生物油在化学组成上表现出一定的共性，但具体的化学组分及其含量则受到多种因素的影响。到目前为止，国内外各科研机构针对源于不同农林生物质原料制备的生物油进行了大量的化学组成分析，被检测出的物质已超过400种，有很多物质在大多数的生物油中都存在的，也有部分物质仅在某个特定的生物油中存在。然而，即使综合利用现有的各种分析方法，还是很难对生物油的所有组分进行精确测定。

3.7.1.2　生物油的精制

原始生物油作为液体燃料使用时，其燃料特性较差，主要表现为：水分含量高、氧含量高、热值低、具有酸性和腐蚀性、热稳定性和化学稳定性差、不能和化石燃油互溶等。因此，生物油直接替代化石燃油应用于现有的热力设备（特别是内燃机）有一定困难，需要进行精制提炼以提高其燃料品位。生物油品质改良的程度和要求要根据热力设备对燃料的要求而定。在各种热力设备中，窑炉对燃料的品质要求最低，初级生物油可以直接燃烧使用；锅炉对燃料的品质要求也较低，初级生物油经过简单的调制后也可以直接使用。从燃烧性能以及环境角度而言，如果能够对生物油经过一定的改良，主要是降低其水分含量、固体颗粒和酸性，生物油作为窑炉和锅炉燃料的适用性就更好。然而内燃机对燃料的要求较高，初级生物油很难直接使用，需要进行全面的品质改良。

不同学者提出了多种物理和化学方法对生物油进行品质改良，物理方法包括高温热解气过滤、选择性热解气冷凝以及柴油乳化、添加助剂等；化学方法包括催化裂解、催化加氢、催化酯化等。

3.7.1.3　生物油的应用

1. 生物油燃烧

生物油可以作为锅炉、柴油发动机和燃气轮机的燃料，这比直接燃烧生物质要高效、清洁得多。

锅炉和窑炉等热力设备对燃料的要求比较低，开发生物油作为锅炉和窑炉燃料的燃烧技术难度相对较小，能在短时间内实现。通过对生物油燃烧供热、发电和热电联供三种应用方式在欧洲应用前景的研究发现，燃烧供热是最具竞争力的。很多研究机构都开展了生物油的雾化燃烧试验，如加拿大 Colorado 大学、美国 Red Arrow 公司、Sandia 实验室和 NREL 实验室和芬兰 VTT 等。研究内容包括生物油燃烧特性、燃烧技术的改进以及污染物的控制等。随着生物质热解液化技术以及生物油雾化燃烧技术的逐渐成熟，污染物的排放将会是一个重要的问题。由于生物油基本不含 S，所以需要考虑的燃烧污染物主要是 CO、NO 和固体颗粒物。就目前而言，由于各个研究单位使用的生物油性质各不相同，污染物的排放也不尽相同。然而大量的实验结果都表明，采用性质较好的生物油，在合适的燃烧条件下，各种污染物的排放都完全能够达到各个国家的排放标准。

柴油发动机具有热效率高、经济性能好、燃料适用性广等优点，特别是中型、低速柴油发动机甚至可以使用质量较差的燃料。虽然在柴油机中生物油一旦被点燃可以实现稳定燃烧，但生物油的腐蚀性、含较多固体杂质和碳化沉积对柴油机的喷嘴、排气阀等部件有较大的损坏作用，柴油机很难长期稳定运转。近年来，一些研究机构和柴油机企业已经开始联手开发以生物油为燃料的柴油机系统，并进行大规模生物油燃烧试验，以解决生物油燃烧的一些关键技术问题。在今后的研究中，通过对现有中速至低速柴油机的结构和材质进行必要的改动，并配合生物油的精制改性，可望能够实现生物油的柴油机应用。

燃气轮机一般以石油馏分或天然气为燃料，如果对燃气轮机的结构进行一定的改进，完全可以应用各种低品位的燃料包括生物油。加拿大 Orenda Aerospace 公司将生物油应用于燃气轮机的研究，选用了一种能够燃用低品位燃料的 OGT2500 型燃气轮机（2.5MW），对供油系统和雾化喷嘴等部件的结构进行了改进以适应生物油的性质，并在所有的高温部件上都涂上了防护层以防止高温下碱金属引起的腐蚀作用。燃烧试验结果表明，经柴油点火之后，生物油可以单独稳定地燃烧，其燃烧特性和柴油燃烧时基本相同，CO 和固体颗粒的排放高于柴油，但 NO 的排放仅为柴油的一半，SO_2 基本检测不到。

2. 提炼化学品

生物油中虽然含有很多种高附加值的化学品，但绝大多数物质的含量都很低，而且目前生物油的分析和分离技术还远远没有达到成熟的地步。因此，现阶段大部分针对生物油的提取研究，都是为了分离提取含特定官能团的某一大类组分，这也是生物油最有可能实现商业化的化工应用。根据生物油中各种化学类别组分的含量以及提取的难易程度，目前最成功的提取研究主要有：分离生物油水相部分作为熏液使用；提取酚类物质用于制备酚醛树脂。

将木材传统慢速热解得到的液体产物（如炭化产物木醋液等）作为熏液以及从中提取食品添加剂是一项早有研究的技术，熏液所包含的化学组分可以分为三类：有机酸类物质、羰基类物质和酚类物质。其中酚类物质是主要的食品调味料；羰基类物质起到染色作用；酸类物质则起到防腐剂作用。同时，酸类和羰基类物质也具有一定的调味作用。生物油水相部分具备作为熏液所需的化学组分，因而也可以作为熏液。

生物油中的酚类物质主要由木质素热解形成，包括少量的挥发性酚类物质和大量的不挥发性低聚物所组成。从生物油中提取酚类物质的研究得到了广泛的关注，因为酚类物质可以直接用于制备酚醛树脂，酚醛树脂主要应用于生产定向结构刨花板（OSB）和胶合板等。

3. 催化裂解制备化学品

生物油在催化剂的作用下可进一步裂解成较小的分子，在此过程中实现不同的目的(如低聚物的裂解、醛和酸类组分的转化、脱氧等)，包括催化裂解在内的所有生物油化学精制技术，其核心都是催化剂的选择与生物油或生物质热解气的深度催化脱氧。自 20 世纪 90 年代开始，传统沸石类分子筛（如 HZSM－5，HY 等）广泛采用这类催化剂进行催化裂解，显示出了高效的脱氧特性，可以得到以芳香烃为主的液态烃类产物；但同时也存在较多的问题，包括烃类产物的产率较低、反应器内积碳严重、催化剂极易积碳失活、失活的催化剂再生较为困难等。

4. 制备合成气

合成气是一种以 CO 和 H_2 为主的混合气体，可以合成甲醇、二甲醚、汽油等高品位的液体燃料。与生物质直接气化制取合成气相比，生物油气化制备合成气具有多方面的优势：①直接气化气体中 H_2 含量较低，并且含有较多的焦油和甲烷，需要进行复杂的催化重整，另外如果气化过程中引入了氮气，产物气体就会被稀释；②生物油容易存储和运输，便于分散式热解液化再将生物油集中气化合成制取高品位的液体燃料，而直接将生物质气化再合成液体燃料，规模不易扩大；③生物油气化反应器可以建立起统一的规范，而生物质气化反应器随原料不同需要有不同的设计；④生物油加压气化较为容易实现，而生物质加压气化则非常困难。

5. 制备 H_2

该工艺的主要过程是：首先将生物质快速热解生产生物油，随后将生物油或其中含水组分用蒸汽催化重整/水煤气转化的方法制氢，而生物油中的木质素组分可以用来生产酚醛树脂，燃料添加剂和黏合剂等产品。由于生物质快速热解液化技术已发展到接近商业化的水平，用生物油制氢与气化制氢相比具有以下优势：①生物油较固体生物质便于运输，这样热解制油和催化重整制氢过程不一定在同一个地方实现，可以根据原料产地和处理规模灵活搭配；②可以同时从生物油中获取高附加值的副产品，这显著提高了整个工艺过程的经济性。

3.7.2　热解炭化技术

生物质热解炭化是最为古老的生物质热解技术，在我国已有两千多年的悠久应用历史。根据在热解过程中是否引入 O_2，生物质热解炭化可以分为烧炭（有限供氧）和干馏（无氧）两类技术。生物质在不同的热解条件下，或多或少都会生成一定量的炭产物，而要想获得高产率的生物质炭，一般需要较低的反应温度（300～400℃），缓慢的加热速率（0.012℃/s）以及较长的固相滞留时间（气相的远大于 5s，固相的长达几分钟甚至几天）。在常规的生物质热解炭化过程中，除了生物质炭这一主产物之外，还有三种副产物，分别是可燃气、醋液和焦油。

生物质在缓慢加热过程中的热解炭化，一般可以分为三个阶段，具体如下：

(1) 干燥阶段（小于 150℃）。生物质原料在炭化反应器内吸收热量，水分蒸发逸出，生物质内部化学组成几乎没有变化。

(2) 挥发热解阶段（150～300℃）。出现明显的热分解反应，生物质大分子化学键发生断裂与重排，形成并释放出有机挥发分，包括 H_2O、CO_2、CO、乙酸等；在有 O_2 存在的情况下，还会发生少量的静态渗透式扩散燃烧，燃烧释放的热量可提供生物质大分子分解所需热量。

(3) 全面炭化阶段（大于 300℃）。物料在该阶段发生剧烈的分解反应，产生较多的焦油、乙酸等液体产物以及甲烷、乙烯等可燃气体，随着大部分挥发分的分离析出，最终剩下的固体产物就是由碳和灰分所组成的生物质炭。

3.7.2.1　生物质炭

生物质炭具有高度芳香化的化学结构，主要包含 C=C，C=H 等芳香化官能团，以及一定量的脂肪族和氧化态碳结构物质。生物质炭的元素组成与其原料以及热解反应条件密切相关。表 3.14 和表 3.15 为 7 种不同的生物质原料及其热解炭的性质。由表可知，木

表 3.14　　7 种生物质炭的组成与热值

生物质炭	挥发分/%	灰分/%	固定碳/%	热值/$(MJ \cdot kg^{-1})$
油茶外果皮炭	15.02	9.73	75.25	28.50
山核桃外果皮炭	20.13	21.48	58.39	20.41
杉木屑	16.38	3.63	80.00	30.31
松木屑炭	12.46	3.27	84.27	30.76
稻秆炭	14.17	34.16	51.67	17.68
板栗外果皮炭	14.85	9.66	75.49	16.13
竹炭	11.92	5.22	82.86	29.14

表 3.15 不同热解温度下所得棕榈炭的元素分析

元素组成(d)	热解终温							
	300℃	400℃	500℃	600℃	700℃	800℃	900℃	1000℃
[C]/%	67.38	75.63	75.09	76.81	76.91	77.34	78.39	79.08
[H]/%	3.63	2.96	2.01	1.46	0.88	0.67	0.44	0.30
[N]/%	1.97	2.43	2.63	2.32	2.25	2.14	2.05	1.99
[S]/%	0.48	0.43	0.34	0.22	0.13	0.10	0.05	0.03
[O]/%	25.56	18.55	19.94	19.21	19.84	19.76	19.08	18.60

注：[O] 由差减法计算；d 表示干燥基。

材类以及竹材类原料由于灰分含量比较低，所制备的木炭或竹炭的灰分含量也较低，而且热值较高。由表可知，随着热解终温不断升高，炭中的碳含量呈上升趋势，而氧、氢、硫含量呈下降趋势，氮含量则变化较小，当热解温度达到1000℃时，炭中的氢与硫含量几乎为零。

3.7.2.2 生物质炭性质

生物质炭一般呈碱性，其表面丰富的含氧基团，使其表面呈现出疏水性和对酸碱的缓冲能力。生物质炭含有大量复杂的孔隙结构，不同生物质原料所制备的炭，其形貌有着较大的差别。生物质炭具有很好的稳定性，在土壤和沉积物中可以存在数千年之久。这是由于生物质炭具有高度芳香化的化学结构，可以有效对抗化学分解，而且生物质炭在土壤中常以团聚体形式存在，受到矿物的物理保护。

3.7.2.3 生物质炭应用

1. 在农业领域中的应用

生物质炭可作为一种土壤改良剂施加入土壤中，改善土壤的性质，提高土壤的肥力，增加营养物质的植物可利用性，进而提高农作物的产量。生物质炭一般呈碱性，世界约30%的土地为酸性，不利于植物生长，因此向土壤中施加生物质炭，可以提高土壤的 pH 值。生物质炭含有大量大小不一的孔隙，其中的大孔隙可以增加土壤的透气性和持水率，同时也为微生物提供生存和繁殖的场所；小孔隙则可以起到对一些分子的吸附和转移作用。当将生物质炭施加入土壤后，其丰富的孔隙结构会改变土壤中水分渗滤路径和速度，显著提高土壤的田间持水率，从而改善土壤对养分的固定能力。生物质炭还可以吸附土壤中的农药，其对杀虫剂的吸附能力约是土壤本身 2000 倍，而且生物质炭还可增强土壤中微生物的活性，进一步增加对污染物的降解能力。

2. 在环境领域中的应用

(1) 对有毒有害物质的吸附作用。生物质炭具有非常复杂的微孔结构，比表面积较大，稳定性较高，且表面含有很多活性基团，非常适合作为一种低成本的高效吸附剂，用于吸收多种污染物质。

(2) 对温室气体的减排作用。生物质经热解炭化转变为生物质炭后，其中的碳以苯环等较复杂的形式存在，非常稳定，这就使得环境中的碳循环被分离出来一部分，称为“碳负”过程。生物质炭的这种固碳方式，比其他固碳方式（如植树造林），能更长时间地对碳进行固定。

3. 在冶金工业中的应用

自古生物质炭（主要是木炭）就用于冶炼铁矿石，木炭与焦炭熔炼的生铁，即使化学组成相同，其结构与机械性质仍不相同。在多数采用焦炭作为还原剂的高炉中，温度与鼓风压力都较高，而木炭对氧化铁的还原过程可在较低的温度下进行。因此，木炭冶炼的生铁一般具有细粒结构、铸件紧密、没有裂纹、杂质少等优点，适合于生产优质钢。生物质炭也可作为表面助溶剂用于有色金属的生产。当有色金属熔融时，表面助溶剂在熔融金属表面形成保护层，使金属与气体介质分开，即可减少熔融金属的飞溅损失，又可降低熔融物中气体的饱和度。此外，生物质炭还广泛用于结晶硅、硅钙合金等的生产。

4. 在复合材料方面的应用

生物质炭可以作为载体制备多种催化剂，例如利用生物质炭制备的固体酸催化剂，具有价格低廉、稳定性好、活性高，易回收、重复性好等优点，可用于催化废油脂中高级脂肪酸与甲醇的反应。竹炭可作为电磁波屏蔽材料、食品除臭剂、保鲜材料、建筑物和家居的保温、调湿和空气清新剂等的原材料。

3.8 生物质热解多联产技术与应用

目前对于生物质热解的相关研究更多的是关注其中单一产品的最优利用，而对其他产物缺乏足够的重视。与之相比，基于热解产物综合利用的生物质热解多联产工艺无论是在技术的先进性还是过程的经济性方面都具有显著的优势，是现阶段我国生物炼制规模化、产业化发展的重要方向。

生物质热解多联产，即采用热解方法，通过各种调控手段，使得生物油中的各种高附加值成分或相关平台化合物得到最大化富集，为进一步精炼提供原料，同时生产高品位的焦炭，满足进一步加工为高附加值产品的需求。进一步深入地研究生物质热解多联产过程机理，实现多种产物的综合最优利用，将有助于建立比较完整的基于热解的生物质转化和产物控制理论和方法体系，从而为形成有竞争力的生物质利用技术和产品提供科学依据，对于推动我国生物炼制产业的发展、实现生物质资源的规模化和高值化利用、减少对化石资源的依赖以及建设资源节约型与环境友好型社会等均具有重要的现实意义和理论研究价值。

3.8.1 生物质热解多联产原理

生物质热解多联产过程可以分为三个主要阶段：①主要发生脱水解聚、糖苷键断裂等反应，形成 H_2O、CO_2、脂肪链酸、酯、醚、呋喃等产物，焦炭中由于木质素苯环的残留和脂肪链的缩合成环而从三组分聚合物网络转变为三维苯环网络；②主要发生脱支链、脱羰基、脱醚键、气固交互等反应，形成 CH_4、CO、酚类、含氮化合物等产物，焦炭中的三维苯环网络则通过苯环支链的缩合成环和苯环间醚键脱除聚合等过程转变为二维稠环结构；③主要发生脱氢缩聚和气固交互反应，形成氢气、稠环化合物，焦炭中的二维稠环结构通过稠环间缩聚、层片间脱醚键过程转为石墨微晶结构。

热解多联产原理示意图如图 3.45 所示。在 250～350℃间，三组分聚合物结构依次通过多种羟基的脱除、糖链解构而致使苯环富集度大幅提升，转变为木质素中间体；在 350～

450℃间，木质素中间体内不饱和脂肪支链与已有苯环缩合成1～4个单层苯环或稠环结构，这些苯环排列方向非常紊乱而构成三维苯环网络结构；然后在450～650℃间，再经由甲基/亚甲基、羰基、芳香醚键的脱除反应，稠环结构碳环数量不断增加而形成单一平面尺寸较大的二维稠环平面结构；温度高于650℃后，二维稠环平面结构则通过内部脱氢缩聚、不同平面间的脱醚键反应在平面法线方向上增加堆栈层数目而逐步向石墨微晶发展。

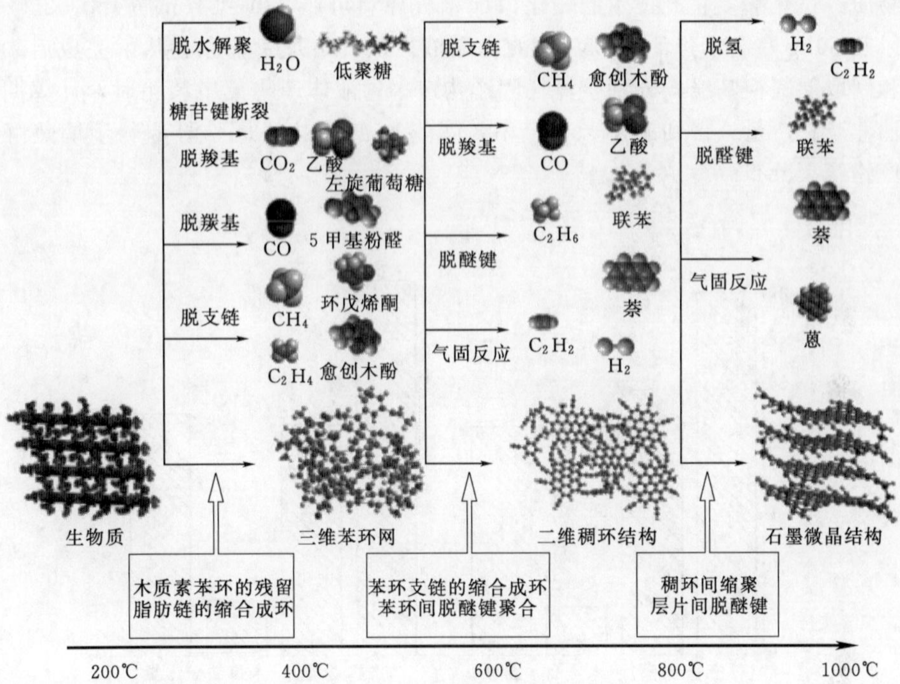

图3.45 热解多联产原理图

3.8.2 热解产物特性

生物质经过预处理后，得到较低含水率的成型棒，直径一般为60～80mm，长度为500～800mm。然后，将成型棒依次堆码在特制铁框中，成型棒间距5～10mm，保证挥发分稳定释放，减少系统阻力。用起重装置等相关设备将铁筐放入干馏釜，封装釜盖，保证密封性能。启动点火装置，干馏釜受热升温。前2～3h主要为生物质脱水阶段，温度低于250℃，大分子连接键开始断裂，部分CO_2和CO释出，类似烘焙，此阶段产生的气体不收集，引入加热炉中燃烧，有利于提高燃气及液体产物品质。而后3～4h为主要的产气阶段，温度介于300～600℃，生物质内部大分子中糖苷键大幅断裂，官能团迅速减少，出现脱羟基、脱羰基、脱羧基、脱甲氧基等，产生CO_2、CO、CH_4、H_2和小分子碳氢化合物气体产物，以及大量的液体产物。最后2～3h为碳化阶段，生物质内部出现脱氢缩聚，生成3～5环的芳香化合物，无定形碳逐渐有序化，产生少量燃气及液体油。生物质热解完成后，焦炭在密封干馏釜内冷却至60～80℃后取出。

干馏釜内部生物质热解释放的挥发分依次进入热交换塔、冷凝塔、洗涤塔、脱酸洗涤塔、气液分离器、过滤塔，实现液体产物与燃气的分离。热交换塔和洗涤塔是以木醋液为介质的直接混合换热器，冷凝塔是介质为水的间接换热器。经热交换塔和冷凝塔及洗涤塔冷却的液体产物进入油水分离器，根据二者密度差，分离得到焦油和木醋液。脱酸洗涤塔主要喷洒碱性液体，消除气体产物中的 H_2S 等酸性气体。而后，燃气进入气液分离器后，在离心力及惯性力的作用下，进一步脱除燃气中的液体成分。最终气体在过滤塔中进一步去除杂质，经排气输送机送入储气柜。

生物质经过热解多联产技术的转化，1t 秸秆原料可产 230～310m^3 燃气，250～300kg 焦炭，以及 50kg 左右木焦油和 250kg 的木醋液。供气站每一釜原料热解完成后，通过称量焦炭和划取储气柜基线，分别核算气固产物产率；液体产物集中装箱时，计算期间原料耗量和液体产物产量，得到液体产物产率。图 3.46 所示为不同秸秆原料干馏热解状况下的三态产物产率分布。

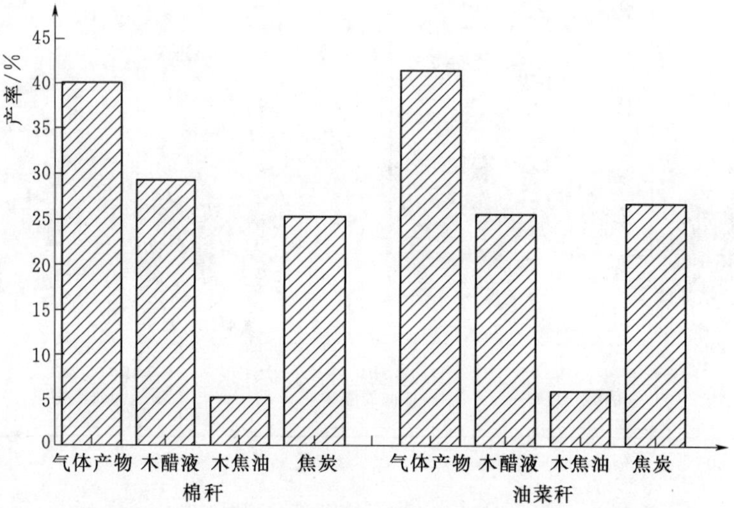

图 3.46　生物质热解多联产三态产物产率分布

与单一气化技术相比，由于多联产技术转化过程中没有空气进入，减少了大量惰性的 N_2，并且主要以高热值的 H_2、CH_4 为主（H_2 体积分数可达 25%，CH_4 体积分数可达 18%），因此燃气低位热值一般为 8～12MJ/m^3。表 3.16 给出了燃气检测数据，表明燃气基本达到了国家人工煤气的标准，可作为优质民用燃气。

表 3.16　　生物质燃气特性

项　目	国家人工煤气标准	供气站
低热值/(kJ·m^{-3})	>4600	11706
CO 体积分数/%	<20	17.6
O_2 体积分数/%	<1	0.8
酸性气体含量/(mg·m^{-3})	<20	16
焦油及灰尘含量/(mg·m^{-3})	<50	14.6

生物质炭的产率一般为 25%～30%，热解过程中易于挥发的氢、氧等元素将大部分进入热解气中，而大部分碳元素则留在生物质炭中。由于物料在高温条件下停留时间比较长，挥发分有充足的时间析出，因此生物质炭的性质接近无烟煤。表 3.17 为生物质炭检测结果。

表 3.17 焦炭基本特性

项 目	符号	检测结果	项 目	符号	检测结果
水分*/%	Mad	3.00	氢*/%	Had	2.894
灰分*/%	Aad	9.16	固定炭/%	FCad	75.9
挥发分*/%	Vad	11.94	低热值/($kJ \cdot kg^{-1}$)	LHV	28227
全硫*/%	Sad	0.06			

* 空气干燥基。

生物质炭孔隙结构发达，比表面积大，拥有超强的吸附能力，可以制备成高效吸附剂、土壤改良剂，是一种优质的工业原料。一些学者研究了生物质炭对有机污染物的吸附作用及其吸附机理，发现生物质炭的吸附能力与其比表面积大小和有机污染物极性匹配有关。生物质炭加入土壤中，可以增加土壤保湿性，稳定土壤 pH 值，改变土壤微生物群落结构，减少温室气体排放，增加作物产量。

表 3.18 为热解多联产技术液体产物的 GC－MS 测试结果。木焦油为沥青状液体，产

表 3.18 木醋液和木焦油主要成分（面积百分比） %

类别	化 合 物	液体产物	
		木焦油	木醋液
酸酮	乙酸	1.47	75.58
	4-羟基-3-甲氧基苯甲酸	6.45	
	3，5-二甲氧基-4-羟基苯乙酸	2.65	
	4-羟基-3，5-二甲氧基苯基乙酮	1.08	
醇酚	4-羟基-3-甲氧基苯乙醇	1	
	3-羟基苯乙醇		2.89
	苯酚	3.61	10.91
	2-甲基苯酚	2.27	
	4-甲基苯酚	2.73	
	2-甲氧基苯酚	4.93	2.33
	2，4-二甲基苯酚	2.19	
	4-乙基苯酚	8.99	
	2，6-二甲氧基苯酚	11.39	5.76
	2-甲氧基-4-甲基苯酚	2.16	
	3-乙基苯酚	2.56	
	2-乙基-6-甲基苯酚	1.44	
	4-乙基-2-甲氧基苯酚	5.1	
	2-甲氧基-4-乙烯基苯酚	1.6	
	2-甲氧基-4-丙基苯酚	1.37	
	2，6-二甲氧基-4-丙烯基苯酚	1.25	
含氮化合物	2，6-二甲氧基-2-丙烯基苯酚	5.31	
	3，4-二甲基苯胺	2.89	
	4-甲氧基苯基-2-羟基亚氨基-乙酰胺	1.26	
	4-丙基联苯	3	

率一般为4.5%~7%，是供气站液态产物中的重质组分，含有大量大分子物质，比如2个碳环以上的多环芳烃（如蒽、萘）等，此外还有一些10个碳原子的脂肪链烃。目前已有加工厂利用化学方法将木焦油转化为生物柴油，具有较好的应用前景。同时，木焦油中含有大量酚类物质，可以部分替代苯酚合成酚醛树脂胶黏剂，降低生产成本。但是目前木焦油的产量还较少，离产业规模化应用还有较大差距。木醋液为液体产物的轻质组分，含水率超过85%，有机组分中以乙酸为主，含有少量苯酚。木醋液广泛应用于农林业生产，可以促进植物生长、消菌除臭、堆肥、防止病虫害等。此外，木醋液可与白云石制作低成本环保型融雪剂，有利于解决道路雨雪冰冻问题。

3.8.3 热解多联产技术应用

生物质气、固、液热解多联产技术工艺流程如图3.47所示，其系统流程如图3.48所示。首先应将生物质进行粉碎、干燥和热挤压成型的预处理，然后将成型原料装入干馏釜中，在隔绝空气的还原性气氛中，成型原料吸收从干馏釜外部传入的热量，进而实现干馏热解并生成生物质炭。热解过程中释放的挥发分经过净化装置的冷却、除尘、脱焦、过滤和除酸后，产出清洁优质燃气、木焦油和木醋液；优质燃气进入储气柜，经燃气输配系统送达用户；木焦油和木醋液则装桶入库待后续的集中销售或深加工。干馏釜内的生物质炭则通过自然冷却后取出，包装后进入销售，可以用作燃料、土壤改良剂、肥料缓释载体及CO_2封存剂。

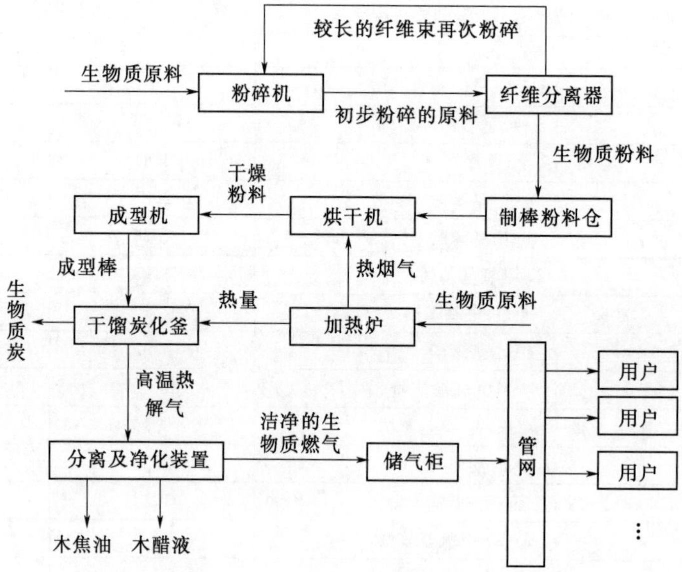

图3.47 生物质气、固、液热解多联产技术工艺流程图

集中供气示范站的设计规模为1000~1500户，农户日均用气为1.5m³，因此供气站每日产气量为1500~2250m³。基于农村的需求，气、固、液联产当前为间断式生产，升温时间为8~10h，焦炭冷却时间一般为48h；因此要保证每日的供气规模，固定床干馏釜一般为可装载5t物料的大钢罐，并且每个气站需配置3~4个干馏釜以保证供气连续性。

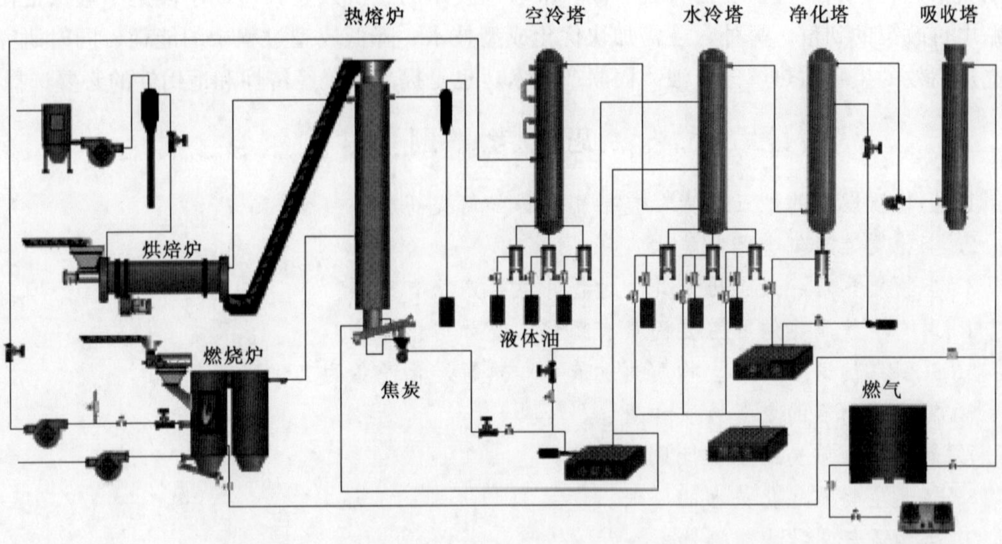

图 3.48 生物质气、固、液热解多联产技术系统流程图

3.8.4 热解多联产技术经济性分析

采用热解多联产技术的湖北省天门市杨林办集中供气站年销售收入如下：年生产生物质燃气 54.75 万 m^3，燃气销售单价为 1.2 元/m^3，年收入 65.7 万元；年生产生物质炭 547.5t，售价 3200 元/t，年收入 175.2 万元；年生产木焦油 91.25t，售价 2000 元/t，年销售收入 18.25 万元；全年收入总计 259.15 万元。供气站年运行成本如下：年需生物质 2555t，田间收购价平均为 200 元/t（包括人力和运输费用，平均运输距离约为 35km，平均运输费用为 50 元/t），年原料费计 51.1 万元；供气站工人为 13 名，每人每年工资福利平均为 2.4 万元，全年人工成本为 31.2 万元；供气站全年耗电 52.56 万 kW・h，作为民生工程原本可享受 0.7 元/（kW・h）的补贴电价，但是由于天门市电力供应紧张，补贴措施难以到位，一直支付 1.2～1.6 元的浮动商业电价，全年电费翻倍而达到 73.58 万元；其他运行成本包括 31.82 万元的折旧费，4.76 万元的销售费，7.14 万元的管理费和 1.8 万元的修理费，其中折旧费按 20 年使用期折算，销售费、管理费和修理费按供气站现有运营情况计算；因此项目全年运行成本为 201.40 万元。综上所述，天门市杨林办集中供气示范工程全年净收入为 57.75 万元。可见虽然运行期间该热解多联产系统可以保持不亏损，但是盈利额度相对较少，对进一步吸引投资业主会有不利影响。其中耗电过高是固定床干馏釜热解联产技术的主要缺陷之一，其中 70％的耗电量用在固体成型棒的制备过程，有效降低成型棒的制备耗电量，是进一步提升经济效益的主要途径之一。另外，在耗电量难以迅速降低的现实技术条件下，0.7 元/度电的政策性补贴电价实施到位，即国家电网让出一部分利润是快速提升生物质热解多联产供气站经济效益的有效途径，这对保护业主的投资积极性至关重要。

通过分析可见，该示范工程在现有规模和生物质运输距离条件下，有微利。但是由于人工成本和用电成本的大幅上升，使项目运行成本提高，致使年净收入下降，项目投资回收期大幅延长，利润降低。提升气、固、液联产技术的经济效益，短期手段是尽量保证民生补贴电价政策的到位。另外，还需加快优化成型技术，降低成型过程中的能耗，同时研究发展先进高效的生物质热解气、液、固联产技术，也是提高系统经济性和适用性的必要选择。

思 考 题

1. 生物质燃烧的“三要素”包括哪些？如何提高燃烧效率？
2. 生物质燃烧包含哪些技术？
3. 生物质热解一般经历哪几个过程？主要产物有哪些？
4. 影响生物质热解的主要因素有哪些？是如何影响的？
5. 分别举例说明一种生物质热解液化和热解炭化设备的工作原理。
6. 简述生物油的主要性质和用途。
7. 简述生物质炭的主要性质和用途。
8. 简述生物质气化技术的原理。
9. 生物质气化技术有哪些类型？
10. 生物质气化与热解的主要区别与联系？

参 考 文 献

[1] 李海滨，袁振宏，马晓茜，等. 现代生物质能利用技术 [M]. 北京：化学工业出版社，2012.

[2] 陈汉平，李斌，杨海平，等. 生物质燃烧技术现状与展望 [J]. 工业锅炉，2009 (5)：1-7.

[3] 何张陈，袁竹林，凡凤仙，等. 江苏省农作物废弃物——煤混燃与生物质气化发电模式的综合比较与分析 [J]. 锅炉技术，2009，40 (2)：68-75.

[4] 张俊佼，杨勇平，董长青. 生物质发电技术 [M]. 北京：中国水利水电出版社，2007.

[5] 袁振宏，吴创之，马隆龙，等. 生物质能利用原理与技术 [M]. 2版. 北京：化学工业出版社. 2016.

[6] 马文超，陈冠益，颜蓓蓓，等. 生物质燃烧技术综述 [J]. 生物质化学工程，2007 (41)：43-48.

[7] 肖波，马隆龙，李建芬，朱跃钊，等. 生物质热化学转化技术 [M]. 北京：冶金工业出版社，2016.

[8] 田宜水，姚向君. 生物质能资源清洁转化利用技术 [M]. 2版. 北京：化学工业出版社，2014.

[9] Prabir Basu. Biomass Gasification and Pyrolysis Practical Design and Theory [M], Elsevier, 2016: 2-147.

[10] Vineet Singh Sikarwar, Ming Zhao, Peter Clough, et al. An Overview of Advances in Biomass Gasification [J], Energy and Environmental Science, 2016 (9): 2939-2977.

[11] 袁振宏，等. 生物质能高效利用技术 [M]. 北京：化学工业出版社，2014.

[12] Heidenreich Steffen, Foscolo Pier Ugo. New Concepts in Biomass Gasification [J]. Progress in Energy and Combustion Science, 2015 (46): 72-95.

[13] 李季，孙佳伟，郭利，等. 生物质气化新技术研究进展 [J]. 热力发电，2016 (45)，4.

[14] Encinar J M, Gonzalez J F., Rodriguez J J. Catalysed and Uncatalysed Steam Gasification of Eucalyptus Char: Influence of Variables and Kinetic study [J]. Fuel 2001 (14): 2025-2036.

[15] Risnes H, Sorensen L H, Hustad J E. CO_2 Reactivity of Chars from Wheat, Spruce, and Coal [C]. Bridgewater A V, Progress in Thermochemical Biomass Conversion, vol. 1: 61-72.

[16] Van Heek K H, Muhlen H J. Chemical Kinetics of Carbon and Char Gasification [M]. Kluger Academic Publisher, 1990: 1-34.

[17] Zolin A, Jensen A, Jensen P A, et al. The Influence of Inorganic Materials on the Thermal Deactivation of Fuel Chars [J]. Energy and Fuels, 2001 (5): 1110-1122.

[18] Klose W, Wolki M. On the Intrinsic Reaction Rate of Biomass Char Gasification with Carbon Dioxide and Steam [J]. Fuel, 2005 (7-8): 885-892.

[19] Milne T A, Evans R J, Abatazoglou N. Biomass Gasifer Tars: Their Nature, Formation, and Conversion [R]. NREL/TP-570-25357, 1998.

[20] Razcigorova M, Goranova M, Minkova V, et al. On the Composition of Volatiles Evolved during the Production of Carbon Adsorbents from Vegetable Wastes [J]. Fuel, 1994 (11): 1718-1722.

[21] Aznar M P, Delgado J, Corella J, et al. Steam Gasification in Fluidized Bed of A Synthetic Refuse Containing Chlorine with A Catalytic Gas Cleaning at High Temperature [C] //Development in Thermochemical Biomass Conversion. Blackie Academic and Professional: 1194-1208.

[22] Sutton D, Kelleher N, Ross J R H. Review of Literature on Catalysts for Biomass Gasification [J]. Fuel Processing Technology, 2007 (3): 155-173.

[23] Chembukulam S K, Dandge A S, Kovilur N l, et al. Smokeless Fuel from Carbonized Sawdust [J]. Industrial and Engineering Chemistry, 1981 (4): 714-719.

[24] Nahil Mohamad A, Wang Xianhua, Wu Chunfei. Novel Bi-functional Ni-Mg-Al-CaO Catalyst for Catalytic Gasification of Biomass for Hydrogen Production with in Situ CO_2 Adsorption [J]. RSC Advances, 2013 (3): 5583-5590.

[25] Bridgwater A V. Review of Fast Pyrolysis of Biomass and Product Upgrading [J]. Biomass and Bioenergy, 2012 (38): 68-94.

[26] Bridgwater A V, Peacocke G V C. Fast Pyrolysis for Biomass [J]. Renewable & Sustainable Energy Reviews, 2000, 4 (1): 1-73.

[27] 刘康，贾青竹，王昶. 生物质热解技术研究进展 [J]. 化学工业与工程，2008 (5): 459-464.

[28] Abhishek Sharma, Vishnu Pareek, Dongke Zhang. ChemInform Abstract: Biomass Pyrolysis - A Review of Modelling, Process Parameters and Catalytic Studies [J]. ChemInform, 2016, 47 (9): 1081-1096.

[29] Bridgwater A V. Principles and Practice of Biomass Fast Pyrolysis Processes for Liquids [J]. Journal of Analytical & Applied Pyrolysis, 1999, 51 (1 - 2): 3-22.

[30] Colomba Di Blasi, Gabriella Signorelli, Carlo Di Russo . Product Distribution from Pyrolysis of Wood and Agricultural Residues [J]. Industrial & Engineering Chemistry Research, 1999, 38 (38): 2216-2224.

[31] P Gallezot. Conversion of Biomass to Selected Chemical Products [J]. ChemInform, 2012, 43 (19): 1538-1558.

[32] 朱锡锋. 生物质热解原理与技术 [M]. 合肥：中国科学技术大学出版社，2006.

[33] 陆强. 生物质选择性热解液化的研究 [D]. 合肥：中国科学技术大学，2010.

[34] 郑志锋，蒋剑春，戴伟娣，等. 生物质能源转化技术与应用（Ⅲ）——生物质热解液体燃料油制备和精制技术 [J]. 生物质化学工程，2007，41 (5): 67-77.

[35] Christopher J Atkinson, Jean D Fitzgerald, Neil A Hipps. Potential Mechanisms for Achieving Agricultural Benefits from Biochar Application to Temperate Soils: A Review [J]. Plant and Soil, 2010, 337 (1): 1-18.

[36] 刘标，陈应泉，何涛，等. 农作物秸秆热解多联产技术的应用 [J]. 农业工程学报，2013 (16): 213-219.

第4章 生物质生化转化

生物质生化转化是依靠微生物或酶的作用，对生物质进行生物转化，生产出如乙醇、氢气（H_2）、CH_4 等液体或者气体燃料的技术，主要针对农业生产和加工过程的生物质，如农作物秸秆、畜禽粪便、生活污水、工业有机废水和其他有机废弃物等。生物质生化转化技术主要包括生物质厌氧发酵技术、生物质水解发酵技术和生物质酶解技术。

4.1 生物质生化转化原理

4.1.1 生物质沼气发酵原理

生物质沼气发酵过程，实质上是微生物的物质代谢和能量转换过程，在分解代谢过程中沼气微生物获得能量和物质，以满足自身生长繁殖，同时大部分物质转化为 CH_4 和 CO_2。科学测定分析表明：有机物约有 90%被转化为沼气，10%被沼气微生物用于自身的消耗。

4.1.1.1 沼气发酵原理

20 世纪初，V. L. Omdansky（1906）提出了 CH_4 形成的一个阶段理论，即由纤维素等复杂有机物经甲烷细菌分解而直接产生 CH_4 和 CO_2。从 20 世纪 30 年代起，巴克尔（H. A. Barker）等人按其中的生物化学过程而把 CH_4 的形成分成产酸和产气两个阶段，如图 4.1 所示。至 1979 年，布赖恩特（M. P. Bryant）根据大量科学事实，提出把 CH_4 的形成过程分成三个阶段，如图 4.2 所示。

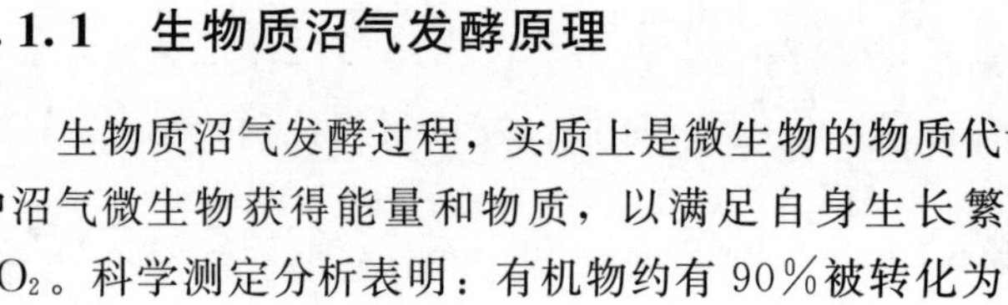

图 4.1 两阶段厌氧发酵理论示意图

1. 两阶段厌氧发酵理论

在 20 世纪 30—60 年代，人们普遍认为厌氧发酵过程可以简单地分为酸性发酵和碱性发酵两个阶段。

（1）第一阶段。复杂的有机物，如糖类、脂类和蛋白质等在产酸菌（厌氧和兼性厌氧菌）的作用下被分解为低分子的中间产物，主要是一些低分子有机酸（如乙酸、丙酸、丁

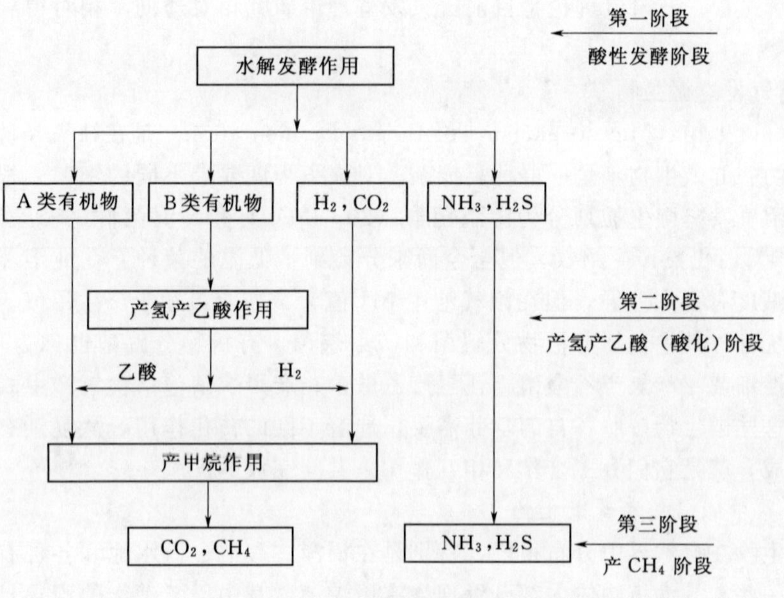

图 4.2　三阶段厌氧发酵理论示意图

酸等）和醇类，并有 H_2、CO_2、NH_4^+ 和 H_2S 等产生。因为该阶段中，有大量的脂肪酸产生，使发酵液的 pH 值降低，所以，此阶段被称为酸性发酵阶段，或称产酸阶段。

（2）第二阶段。产甲烷菌（专性厌氧菌）将第一阶段产生的中间产物继续分解成 CH_4 和 CO_2 等。由于有机酸在此阶段的不断被转化为 CH_4 和 CO_2，同时系统中有 NH_4^+ 存在，使发酵液的 pH 值不断升高。所以此阶段被称为碱性发酵阶段，或称产 CH_4 阶段。

2. 三阶段厌氧发酵理论

（1）第一阶段，水解和发酵。在这一阶段中复杂有机物在微生物（发酵菌）作用下进行水解和发酵。多糖先水解为单糖，再通过酵解途径进一步发酵成乙醇和脂肪酸等。蛋白质则先水解为氨基酸，再经脱氨基作用产生脂肪酸和氨。脂类转化为脂肪酸和甘油，再转化为脂肪酸和醇类。

（2）第二阶段，产氢、产乙酸（即酸化阶段）。在产氢产乙酸菌的作用下，把除甲酸、乙酸、甲胺、甲醇以外的第一阶段产生的中间产物，如脂肪酸（丙酸、丁酸）和醇类（乙醇）等水溶性小分子转化为乙酸、H_2 和 CO_2。

（3）第三阶段，产 CH_4 阶段。CH_4 菌把甲酸、乙酸、甲胺、甲醇和（H_2+CO_2）等基质通过不同的路径转化为 CH_4，其中最主要的基质为乙酸和（H_2+CO_2）。沼气发酵过程约有 70% CH_4 来自乙酸的分解，少量来源于 H_2 和 CO_2 的合成。

从发酵原料的物性变化来看，水解的结果使悬浮的固态有机物溶解，称为液化。发酵菌和产氢产乙酸菌依次将水解产物转化为有机酸，使溶液显酸性，称为酸化。甲烷菌将乙酸等转化为 CH_4 和 CO_2 等气体，称为气化。

在实际的沼气发酵过程中，上述三个阶段是相互衔接、相互制约的，它们之间保持着动态平衡，从而使基质不断分解，沼气不断形成。目前绝大多数沼气发酵都是液化、产酸和产 CH_4 在一个发酵池中完成，因而在同一时间里实际上由各种不同的微生物进行着各种不同的发酵过程。三阶段理论是目前厌氧发酵理论研究相对透彻，相对得到公认的一种理论。

4.1.1.2　沼气发酵微生物

沼气发酵微生物（Microorganisms of Biogas Fermentation）是在缺氧条件下降解有机质产生沼气的一群微生物，是一群种类庞杂、对缺氧程度要求不同的细菌。根据最适生长温度，可将沼气发酵微生物划分为中温菌群（30～40℃）和高温菌群（55～60℃）。虽然有人认为在4℃时仍然产生沼气，但至今尚未分离到嗜低温的菌种。在纯培养条件下，最适生长的酸碱度有很大差异，但在沼气池中pH值为7左右最适于产生沼气。沼气发酵微生物是一个统称，其中包括有机物分解菌和产甲烷菌。有机物分解菌也称为不产甲烷菌，它包括发酵性细菌、产氢产乙酸菌、耗氢产乙酸菌；产甲烷菌包括食氢产甲烷菌和食乙酸产甲烷菌。这些微生物按照各自的营养需要，起着不同的转化作用。从复杂有机物的降解到甲烷的形成，就是它们分工合作和相互作用来共同完成的。

1. 自然界中的沼气发酵微生物

沼气微生物在自然界中分布很广，特别是在沼泽、粪池、污水池和各种有机污泥中都极为丰富。一些高等动植物体内都已发现含有甲烷菌，其中反刍动物的瘤胃是一个典型的沼气发生器。在牛的瘤胃里有大量的沼气发酵细菌，能进行厌氧发酵形成CH_4和CO_2。一头大乳牛的瘤胃能容纳100L纤维发酵物，每天可产超过200L CH_4，这些气体在嗝气中被放出，这也是人类可利用的沼气发酵菌种的源泉。

2. 不产甲烷菌

不产甲烷菌是将复杂有机物质转化为简单的小分子化合物的一系列微生物。参与这一步骤的微生物包括厌氧菌和兼性厌氧菌，从分类上可以分为细菌、真菌和原生动物三大类，其中以细菌为主。不产甲烷阶段的细菌种类很多，数量巨大，但具有水解活性的细菌只占很小部分。其中专性厌氧菌数量最大，比兼性厌氧菌和好氧菌多100～200倍。专性厌氧菌是不产甲烷阶段起主要作用的菌类，其中包括乳酸杆菌、革兰氏阳性小球菌、丁酸梭菌和其他梭菌等。

沼气发酵原料中所含的碳水化合物、蛋白质和脂肪等有机物，通过不产甲烷菌的液化作用形成可溶性的简单化合物，进入细胞内进行各种分解作用，形成有机酸、醇、酮以及CO_2、H_2、NH_3和H_2S等产物。产甲烷菌不能直接利用原料中的有机物，只有通过不产甲烷菌的作用，将有机物降解为简单的小分子化合物后才能被产甲烷菌利用。因此，不产甲烷菌在沼气发酵中的地位是十分重要的。

在碳水化合物，蛋白质和脂肪等复杂有机物厌氧分解的产物中，除乙酸、CO_2和H_2等可以直接被产甲烷菌利用外，其他的醇、挥发性饱和有机酸（包括丙酸、丁酸等）还不能被直接利用，须由产氢产乙酸细菌进一步转化为乙酸、H_2和CO_2后才能作为产甲烷菌的能源和碳源。

3. 产甲烷菌

沼气中的主要成分CH_4是由产甲烷菌产生的，它们是一群非常特殊的微生物，大量生长在木本沼泽和草本沼泽、温泉、厌氧污泥消化罐、动物的瘤胃和肠道系统、淡水和海水沉积物，甚至在厌氧原生动物体内。这些环境都具有共同特点——有机物丰富并且厌氧。

产甲烷菌严格厌氧，属于水生古细菌门，不能利用糖类等有机物作为能源和碳源，大多数产甲烷菌只能利用硫化物，许多产甲烷菌的生长还需要生物素。对氧和氧化剂非常敏感，只能利用比较简单的有机化合物和无机化合物，而且生长缓慢。产甲烷菌中存在对氧极为敏感的 F_{420} 因子，即使存在微量的氧都会对产甲烷菌造成不利影响。

所有产甲烷菌都能利用 H_2 和 CO_2 产生 CH_4，其中绝大多数还能利用甲酸、甲醇和乙酸。在自然界沼气发酵中，乙酸是产甲烷的关键性物质，大约 72%的 CH_4 来自于乙酸。

迄今为止，已经分离鉴定的产甲烷细菌有 70 种左右，有人根据它们的形态和代谢特征划分为 3 目、7 科、19 属，在整个形态、16SrRNA 序列、细胞壁化学和结构、膜脂及其他特性上与细菌有较大的差别。产甲烷菌的生长繁殖相当缓慢，即使在人工培养条件下，也要超过 10d，甲烷菌的繁殖倍增时间一般都比较长，达 4～6d。甲烷菌有八叠球状、杆状、球状和螺旋状四种形态，图 4.3 所示为部分典型产甲烷菌的形态。

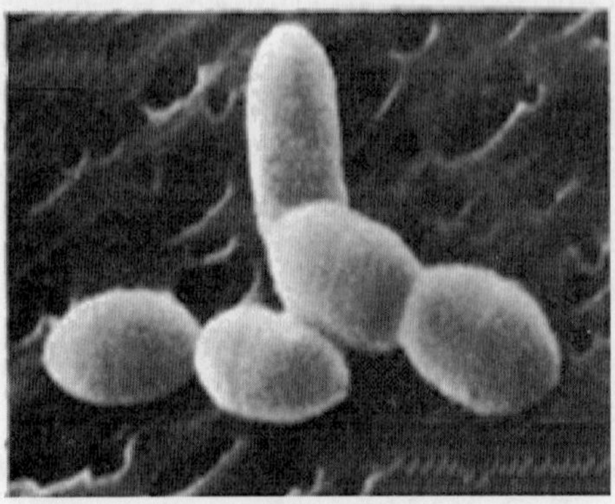

(a) 史氏甲烷短杆菌

(b) 亨氏甲烷螺菌

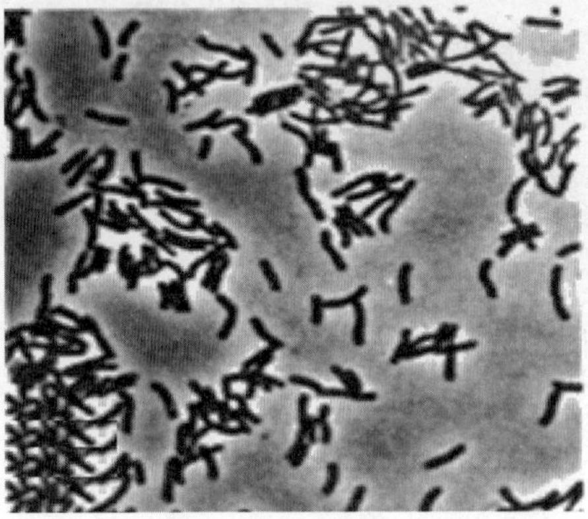

(c) 布氏甲烷杆菌

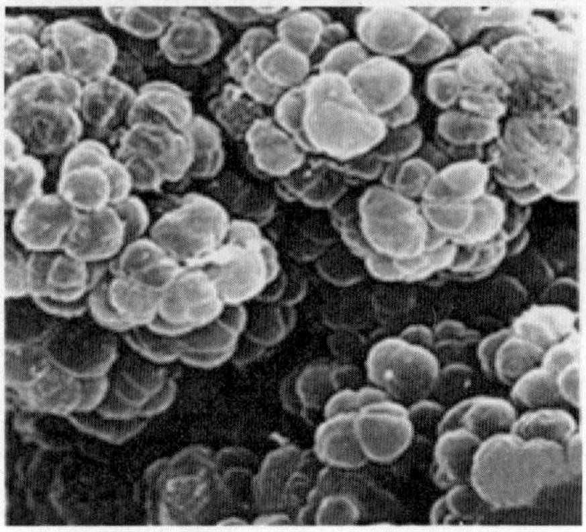

(d) 马泽氏甲烷八叠球菌

图 4.3 部分典型产甲烷菌的形态

4. *沼气发酵微生物之间的相互关系*

在沼气发酵中，存在着一个种群众多、关系复杂的微生物类群。CH_4 的产生就是这个复杂的微生物类群中各类微生物相互协同、相互制约的结果。

沼气发酵微生物的相互作用，包括不产甲烷菌和产甲烷菌之间、不产甲烷菌之间和产

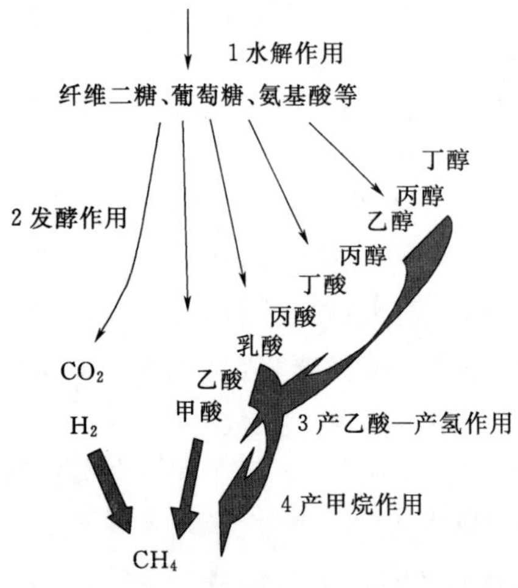

图4.4 沼气生成中微生物菌群降解有机物过程

甲烷菌之间的相互关系（图4.4）。其中尤以不产甲烷菌和产甲烷菌之间的相互关系最为重要，主要表现在以下方面：

(1) 不产甲烷菌为产甲烷菌提供生长和产 CH_4 所需的物质，产甲烷菌又为不产甲烷菌生长解除反馈抑制。不产甲烷菌把各种复杂的有机物如碳水化合物、蛋白质和脂肪等进行厌氧降解，生成 H_2、CO_2、NH_3、乙酸、甲酸、丙酸、丁酸、甲醇和乙醇等产物。其中丙酸、丁酸和乙醇又可被产氢产乙酸菌转化为 H_2、CO_2 和乙酸。这样，一方面，不产甲烷菌通过其生命活动为产甲烷菌源源不断地提供合成细胞物质和产甲烷所需的前体物质和能源物质。而另一方面，不产甲烷菌的发酵产物又可以抑制本身的发酵过程。酸的积累可以抑制产酸细菌的继续产酸，氢的积累也同样可以抑制产氢细菌的继续产氢。由于在正常的沼气发酵中，产甲烷菌连续不断地利用不产甲烷菌所产生的酸、H_2 和 CO_2 等，使厌氧发酵中不致有酸和氢的积累，不产甲烷菌也就可以继续正常的生长和代谢。由于不产甲烷菌与产甲烷菌的协同作用，致使沼气发酵过程达到产酸和产 CH_4 的平衡，于是沼气发酵就能正常进行。

(2) 不产甲烷菌为产甲烷菌创造适宜的氧化还原条件（即厌氧环境）。在沼气发酵初期，由于原料和水分的加入，在沼气池中随之进入了大量空气，这显然对产甲烷菌是有害的。但由于不产甲烷菌类群中的需氧和兼性厌氧微生物的活动，使发酵液的氧化还原电位不断下降，逐步为产甲烷菌的生长和产 H_4 创造厌氧环境。

(3) 不产甲烷菌为产甲烷菌清除有毒物质。不产甲烷菌中，有许多菌能分解和利用对产甲烷菌有毒害作用的物质，如酚类、苯甲酸、氰化物、长链脂肪酸和重金属等物质。此外，不产甲烷菌的产物 H_2S 可以与重金属离子作用，生成不溶性的金属硫化物而沉淀下来，从而解除了某些重金属物质的毒害作用。

(4) 不产甲烷菌与产甲烷菌共同维持环境中适宜的pH值。在沼气发酵初期，不产甲烷菌，如蛋白质氨化菌、纤维素分解细菌、梭状芽孢杆菌、硫酸盐还原细菌，硝酸盐还原细菌和脂肪分解细菌等首先降解原料中的淀粉和糖类等，产生大量的有机酸。同时，产生的 CO_2 也部分溶于水，使发酵液的pH值下降。但是，由于不产甲烷菌类群中的氨化细菌迅速进行氨化作用而产生的 NH_3 可中和部分酸；此外，由于产甲烷菌不断利用乙酸、H_2 和 CO_2 形成 CH_4，而使发酵液中的酸和 CO_2 的浓度逐步下降。通过两类菌的共同作用，就可以使pH值稳定在一个适宜的范围内。因此，在正常发酵的沼气池中，发酵液的pH值始终能维持适宜的状态而不用人为的控制。

除了协同作用外，沼气发酵微生物之间也存在着相互抑制和制约的一面。其中包括代谢产物自身的抑制和菌种间的抑制。产酸菌要求的最适温度、pH值和ORP（氧化还原电位）等方面都与产甲烷菌有明显的差异。在同一发酵系统中，不可能同时适应这两类菌各自的生活要求，因此彼此又相互矛盾。但由于在发酵初期的环境条件对产酸菌较适应，因此这类菌生长较旺盛，产酸菌成为这一阶段的优势微生物。随着产氨细菌大量产生氨，使pH值逐渐上升，ORP下降，这样又逐步地有利于甲烷菌的生命活动，甲烷菌的数量大大增加。此外，由于产氨细菌的活动，pH值上升，对产酸菌有制约作用，而对产甲烷菌有协同作用，从而使产酸到产CH_4这一过程中微生物的生长和衰亡变化达到平衡。

正常的产气旺盛的沼气发酵过程，必须有不产甲烷菌和产甲烷菌协调的联合作用。任何一个类群的细菌数量上过多或者过少，功能活性上不活跃或过于活跃，都会引起动态平衡的破坏，从而导致沼气发酵不正常，甚至失败。

4.1.2 生物质生物法制氢原理

生物法制氢是把自然界储存于有机化合物中的能量通过产氢细菌等生物的作用转化为H_2。生物产氢的现象100多年前已被发现，最先是由Lewis于1966年提出的，20世纪70年代世界性的能源危机爆发，生物法制氢的实用性及可行性才得到高度重视。到了90年代，人们对以石化燃料为基础的能源生产所带来的环境问题有了更为深入的认识，清醒地认识到石化燃料造成的大气污染和对全球气候的变化产生的不利影响。此时，世界再次密切关注生物法制氢技术。

由于生物法制氢是微生物自身新陈代谢的结果，生成氢气的反应在常温、常压和接近中性的温和条件下进行，此外，生物法制氢由于所用原料可以是生物质，城市垃圾或者有机废水，这些原料来源丰富，价格低廉，且其生产过程清洁、节能，不消耗矿物资源，在生产氢气的同时净化了环境，具有废弃物资源化利用和减少环境污染的双重功效，成为国内外制氢技术的一个主要发展方向。

能够产氢的微生物主要有：厌氧产氢细菌和光合产氢细菌两个类群。在这些微生物体内存在着特殊的氢代谢系统，固氮酶和氢酶在产氢过程中发挥重要作用。生物法制氢主要包括厌氧微生物法制氢、光合微生物法制氢和厌氧细菌和光合细菌联合制氢等工艺技术。

(1) 厌氧微生物法制氢。厌氧微生物法制氢是通过厌氧细菌将有机物降解制取H_2。许多厌氧细菌在氮化酶或氢化酶的作用下能将多种底物分解而得到H_2，这些底物主要包括甲酸、丙酮酸、CO和各种短链脂肪酸等有机物、硫化物、淀粉纤维素等糖类，广泛存在于工农业生产的高浓度有机废水和人畜粪便中，利用这些废弃物制取H_2，在得到能源的同时还可保护环境。厌氧微生物发酵制氢工艺示意图如图4.5所示。

在厌氧条件下进行发酵的厌氧微生物中，存在着产氢的细菌菌种，能够发酵有机物产氢的细菌包括专性厌氧菌和兼性厌氧菌，如丁酸梭状芽孢杆菌、大肠埃希式杆菌、褐球固氮菌、根瘤菌等。制氢反应过程一种是利用氢化酶进行，另一种是利用氮化酶进行。在厌氧发酵中，主要使用氢化酶进行氢气生产的研究。总的说来，产氢过程就是发酵型细菌利用多种底物在固氮酶或氢酶的作用下分解底物制取H_2。典型的厌氧微生物产氢发酵途径如图4.6所示。

可见，中间代谢物质经过还原型辅酶NADH以及（铁氧化还原蛋白）Fd的共同作用或直接经Fd作用，或经蚁酸在氢化酶的作用下，最终生成H_2。葡萄糖到丙酮酸的途径是所有发酵的通用途径。厌氧微生物发酵产氢主要有甲酸分解产氢、通过NADH的再氧化

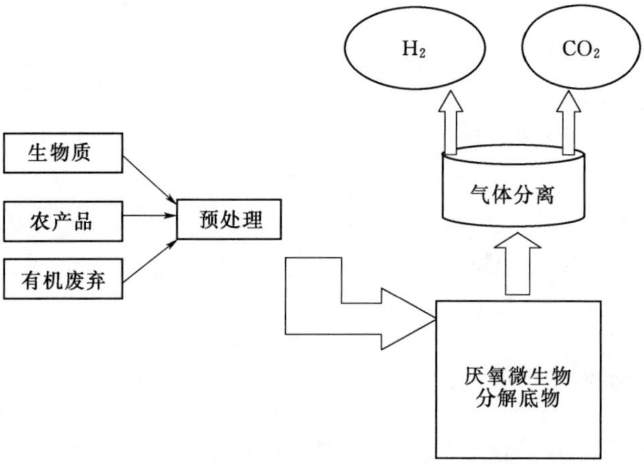

图 4.5　厌氧微生物发酵产氢示意图

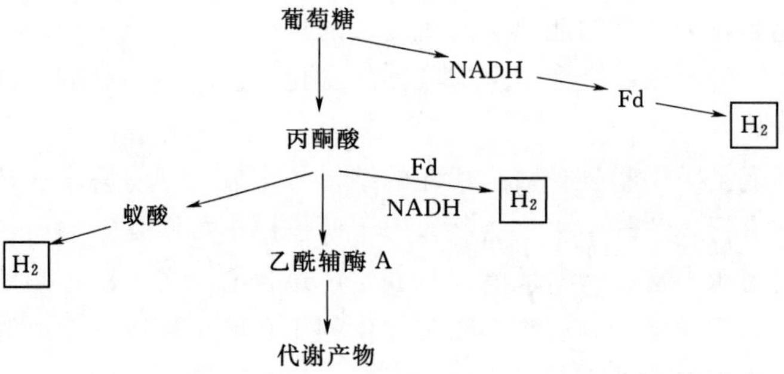

图 4.6　典型的厌氧微生物产氢发酵途径

产氢等两条途径。

(2) 光合微生物法制氢。光合微生物法制氢是指微生物（细菌或藻类）通过光合作用将底物分解产生氢气的方法。

藻类（如绿藻等）在光照条件下，通过光合作用分解水产生 H_2 和 O_2，所以通常也称为光分解水产氢途径，其作用机理和绿色植物光合作用机理相似，光合作用路线如图 4.7 所示。这一光合系统中，具有两个独立但协调起作用的光合作用中心：接收太阳能分解水产生 H^+、电子和 O_2 的光合系统Ⅱ（PSⅡ）以及产生还原剂用来固定 CO_2 的光合系统Ⅰ（PSⅠ）。PSⅡ产生的电子，由铁氧化还原蛋白携带经由 PSⅡ和 PSⅠ到达产氢酶，H^+ 在产氢酶的催化作用下在一定的条件下形成 H_2。产氢酶是所有生物产氢的关键因素，绿色植物由于没有产氢酶，所以不能产生 H_2，这是藻类和绿色植物光合作用过程的重要区别所在，因此除 H_2 的形成外，绿色植物的光合作用规律和研究结论可以用于藻类新陈代谢过程分析。

光合细菌简称 PSB (photo synthetic bacteria)，是一群能在光照条件下利用有机物作供氢体兼碳源进行光合作用的细菌，而且具有随环境条件变化而改变代谢类型的特性。它是地球上最早（约 20 亿年以前）出现的，具有原始光能合成体系的原核生物，广泛分布于水田、湖沼、江河、海洋、活性污泥和土壤中。1937 年，Nakamura 观察到 PSB 在黑暗

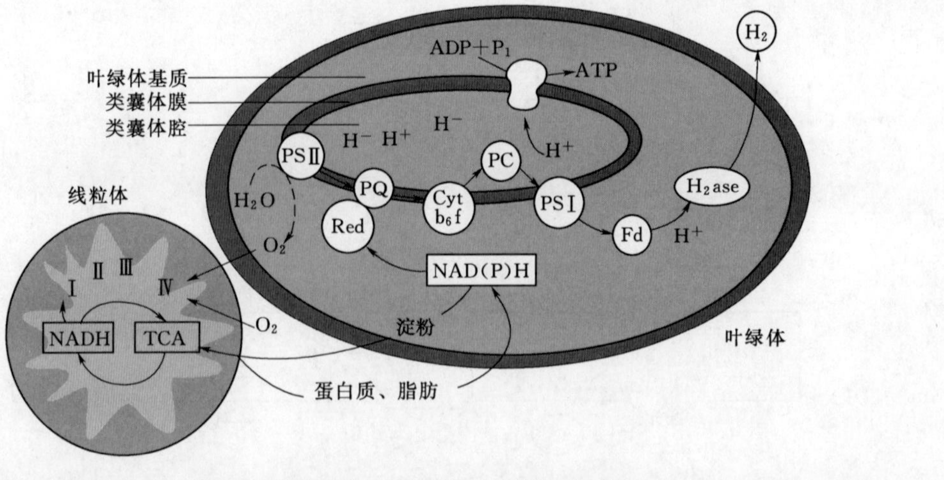

图 4.7 藻类光合产氢过程电子传递示意图

Q—PSⅡ阶段的主要电子接受体；PC—质体蓝素；PQ—质体醌；Cyt—细胞色素；PC—质体蓝素；Fd—铁氧还蛋白；Red—NAD（P）H 氧化还原酶，H_2ase—氢酶

中释放 H_2 的现象。1949 年，Gest 和 Kamen 报道了深红螺菌光照条件下的产氢现象，同时还发现深红螺菌的光合固氮作用。这以后的许多研究表明，光照条件下产氢和固氮在 PSB 中是普遍存在的。光合细菌与绿藻相比，其光合放氢过程中不产氧，只产氢，且产氢纯度和产氢效率较高。光合细菌产氢原理如图 4.8 所示 。

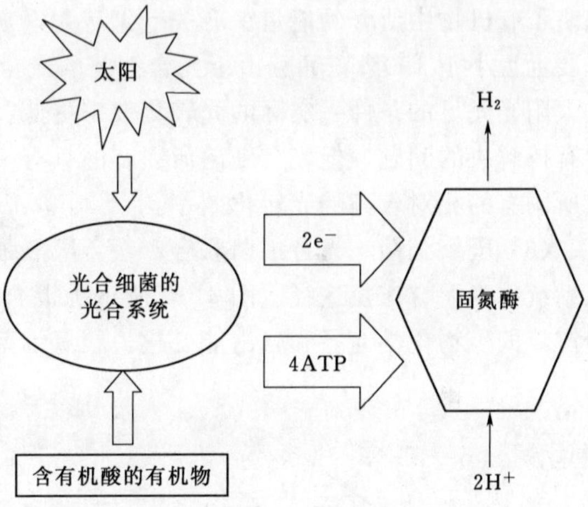

图 4.8 光合细菌产氢原理示意图

光合细菌产氢和藻类一样都是太阳能驱动下光合作用的结果，但是光合细菌只有一个光合作用中心（相当于蓝、绿藻的光合系统Ⅰ），由于缺少藻类中起光解水作用的光合系统Ⅱ，所以只进行以有机物作为电子供体的不产氧光合作用，光合细菌光合作用及电子传递的主要过程如图 4.9 所示。

光合细菌光分解有机物产生氢气的生化途径为：$(CH_2O)_n$→Fd→氢酶→H_2，以乳酸为例，光合细菌产氢的化学方程式可以表示为

$$C_3H_6O_3+3H_2O \xrightarrow{\text{光照}} 6H_2+3CO_2$$

该反应的自由能为＋8.5kJ/molH_2，此外，研究发现光合细菌还能够利用 CO 产生 H_2，反应式为

$$CO+H_2O \xrightarrow{\text{光照}} CO_2+H_2$$

目前认为光合细菌产氢由固氮酶催化，已经证明光合细菌可利用多种有机酸、食品加

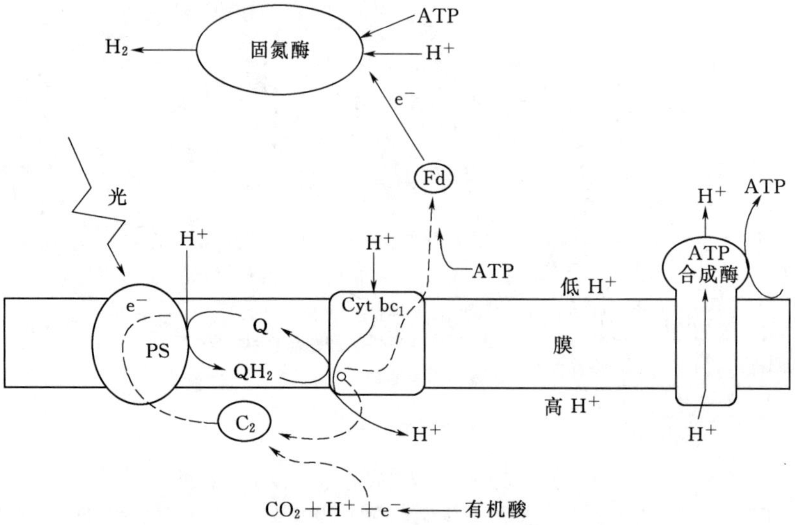

图 4.9　光合细菌光合产氢过程电子传递示意图

工和农产品加工的下脚料产氢，计算所得光合细菌的光转化效率接近 100%，但这一计算忽略了有机物中所含的能量。有关专家认为，在理想光照度下（低光照度）实际光转化效率要远远小于 100%，而且由于光合细菌的光合系统和藻类一样存在着光饱和效应，所以在太阳光充足的条件下实际的光转化效率更低。提高光转化效率是所有光合生物制氢技术中有待解决的问题，但光合细菌所固有的只有一个光合作用中心的特殊简单结构，决定了它所固有的相对较高的光转化效率。

(3) 厌氧细菌和光合细菌联合产氢。厌氧细菌产氢和光合细菌产氢联合起来组成的产氢系统称为混合产氢途径。图 4.10 所示为混合产氢系统中厌氧细菌和光合细菌利用葡萄糖产氢的生物化学途径和自由能变化。厌氧细菌可以将各种有机物分解成有机酸获得它们维持自身生长所需的能量和还原力，为消除电子积累产生出部分 H_2。

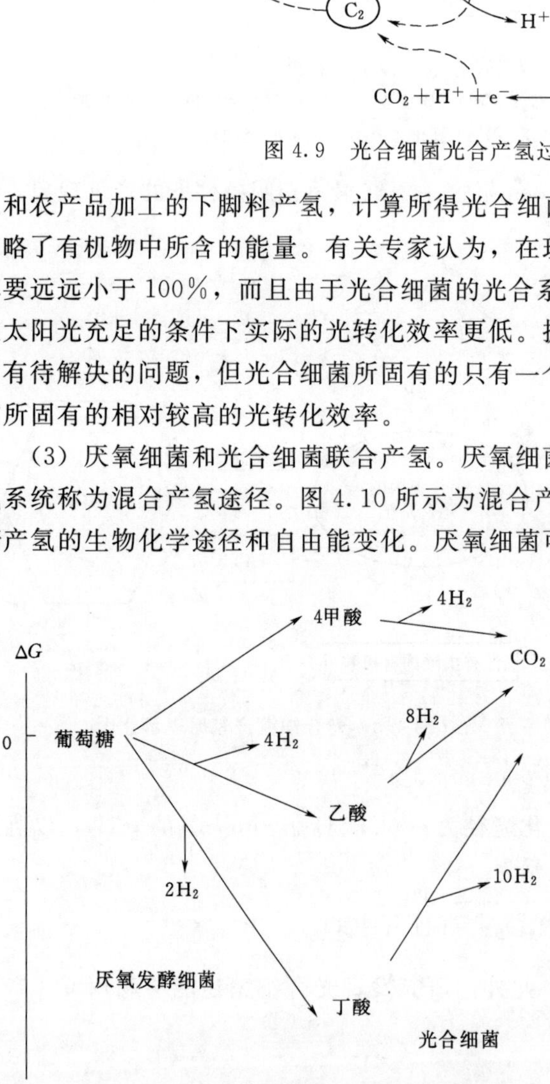

图 4.10　厌氧细菌和光合细菌联合产氢途径

ΔG—吉布斯自由能

从图 4.10 中所示自由能可以看出，由于反应只能向自由能降低的方向进行，在分解所得有机酸中，除甲酸可进一步分解出 H_2 和 CO_2 外，其他有机酸不能继续分解，这是厌氧细菌产氢效率很低的原因所在，产氢效率低是厌氧细菌产氢实际应用面临的主要障碍。然而光合细菌可以利用太阳能来克服有机酸进一步分解所面临的正自由能堡垒，使有机酸得以彻底分解，释放出有机酸中所含的全部氢。另一方面由于光合细菌不能直接利用淀粉和纤维素等复杂的有机物，只能利用葡萄糖和小分子有机酸，所以光合细菌直接利用废弃的有机资源产氢效率同样很低，甚至得不到 H_2。利用厌氧细菌可以分解几乎所有的有机物为小分子有机酸的特点，将原料利用厌氧细菌进行预处理，接着用光合细菌进行 H_2 的生产，正好做到两者优势互补。表 4.1 为主要生物制氢方法及其特点。

表 4.1　主要生物制氢方法及其特点

类型	优　点	缺　点
绿藻	只需要水为原料；太阳能转化效率比树和作物高 10 倍左右；有两个光合系统	光转化效率低，最大理论转化效率为 10%；复杂的光合系统产氢需要克服的自由能较高（+242kJ/molH_2）；不能利用有机物，所以不能减少有机废弃物的污染；需要光照；需要克服氧气的抑制效应
光合细菌	能利用多种小分子有机物；利用太阳光的波谱范围较宽；只有一个光合系统，光转化效率高，理论转化效率为 100%；不产氧，需要克服氧气的抑制效应；相对简单的光合系统使得产氢需要克服的自由能较小	需要光照
厌氧细菌	厌氧细菌的种类非常多；产氢不受光照限制；利用有机物种类广泛；不产氧，不需要克服氧气的抑制效应	对底物的分解不彻底，治污能力低，需要进一步处理；原料转化效率低

4.1.3 生物质乙醇发酵原理

乙醇生产方法可概括为：微生物发酵法和化学合成法两大类。我国乙醇生产以发酵法为主。微生物发酵法就是利用微生物（主要是酵母菌）在无氧条件下将糖类、淀粉类或纤维素类物质转化为乙醇的过程。用糖质原料生产乙醇要比用淀粉质原料简单而直接；用淀粉和纤维素制取乙醇需要水解糖化过程；而纤维素的水解要比淀粉难得多。

4.1.3.1 乙醇发酵原理

由淀粉和纤维素类原料生产乙醇的生化反应可概括为：大分子物质（包括淀粉和纤维素和半纤维素）水解为葡萄糖、木糖等单糖分子、单糖分子经糖酵解形成 2 分子丙酮酸和在无氧条件下丙酮酸被还原为 2 分子乙醇并释放出 CO_2 三个阶段。糖类原料则不经第一阶段，大多数乙醇发酵菌都有直接分解蔗糖等双糖为单糖的能力，而直接进入糖酵解和乙醇还原过程。

1. 水解反应

大多数乙醇发酵菌都没有水解多糖物质的能力，或能力低下；没有合成水解酶系的能力，或酶活性很低，不能满足工业生产需求。在乙醇生产工艺中，常采用人工水解的方式将淀粉或纤维素降解为单糖分子。淀粉一般采用霉菌生产的淀粉酶为催化剂，而纤维素则可采用酸、碱或纤维素酶为催化剂。主要的反应式如下：

（1）淀粉原料的水解反应。

$$\begin{cases}(C_6H_{10}O_5)_n \xrightarrow{\text{酸或 }\alpha\text{-淀粉酶},H_2O} \alpha-1,4\text{ 寡聚葡萄糖} \\ \alpha-1,4\text{ 寡聚葡萄糖} \xrightarrow{\text{酸或 }\alpha\text{-淀粉酶},H_2O} nC_6H_{12}O_6\text{(葡萄糖)}\end{cases} \tag{4.1}$$

（2）纤维素原料的水解反应。纤维素原料的水解比较复杂，首先，一般生物质是由纤维素、半纤维素和木质素组成的聚合体，比较难以解聚；其次，纤维素是葡萄糖以 β-1,4 糖苷键结合起来的多聚糖，水解反应性低，速率较慢；最后，半纤维素的木聚糖较易水解，在弱酸性条件下即可水解。纤维素水解反应的反应式为

$$\begin{cases} (C_6H_{10}O_5)_n \xrightarrow{\text{酸或纤维素酶},H_2O} \beta-1,4\text{ 寡聚葡萄糖} \\ \beta-1,4\text{ 寡聚葡萄糖} \xrightarrow{\text{酸或纤维素酶},H_2O} nC_6H_{12}O_6\text{（葡萄糖）} \end{cases} \tag{4.2}$$

半纤维素中木聚糖的水解过程的反应式为

$$(C_5H_8O_4)_m \xrightarrow{\text{弱酸},H_2O} mC_6H_{12}O_6\text{（木糖）} \tag{4.3}$$

2. 糖酵解

乙醇发酵过程实质上是酵母等乙醇发酵微生物在无氧条件下利用其特定酶系统所催化的一系列有机质分解代谢的生化反应过程。发酵底物可以是糖类、有机酸或氨基酸，其中最重要的是糖类，包括五碳糖和六碳糖。由葡萄糖降解为丙酮酸的过程称为糖酵解，包括：已糖二磷酸（EMP）途径、已糖磷酸（HMP）途径、2-酮-3-脱氧-6-磷酸葡萄糖酸（ED）途径和磷酸解酮酶途径四种，其中 EMP 途径最重要，一般乙醇生产所用的酵母菌都是以此途径发酵葡萄糖生产乙醇。

（1）EMP 途径。整个 EMP 途径可分为两个阶段（图 4.11）：第一阶段是准备阶段，不发生氧化还原反应，生成 2 分子中间代谢产物，即甘油醛-3-磷酸；第二阶段发生氧化还原反应，伴随着含能化合物 ATP 和还原型辅酶 NADH 的形成，产物为 2 分子丙酮酸。

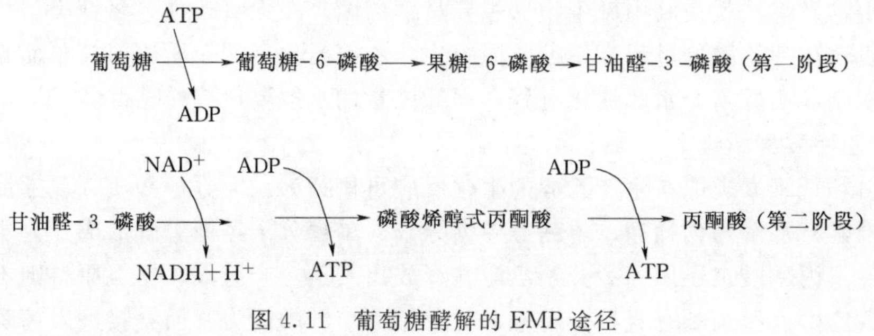

图 4.11　葡萄糖酵解的 EMP 途径

（2）HMP 途径：HMP 途径是由葡萄糖-6-磷酸开始的，不经过 EMP 途径的果糖-6-磷酸步骤。葡萄糖酵解的 HMP 途径如图 4.12 所示。

HMP 途径与 EMP 途径有着密切的关系，因为 HMP 途径的中间产物甘油醛-3-磷酸、果糖-6-磷酸可进入 EMP 途径，因此也称为磷酸戊糖支路。大多数好氧和兼性厌氧微生物中都有 HMP 途径，而且同一种微生物往往同时存在 HMP 途径与 EMP 途径，很少有微生物仅有 HMP 途径或 EMP 途径。利用戊糖发酵乙醇的微生物可能与该途径活力较强有关系。

（3）ED 途径。ED 途径是在研究嗜糖假单胞菌时发现的。在 ED 途径中，葡萄糖-6-磷酸首先脱氢产生葡萄糖酸-6-磷酸，然后在脱水酶和醛缩酶的作用下，裂解为 1 分子甘油醛-3-磷酸和 1 分子丙酮酸，甘油醛-3-磷酸可进入 EMP 途径生成丙酮酸。葡萄糖酵解的 ED 途径如图 4.13 所示。

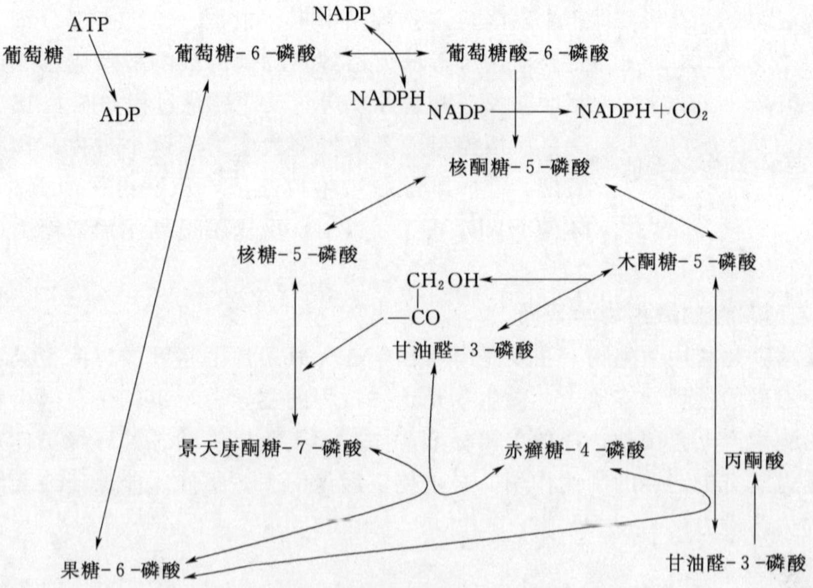

图 4.12 葡萄糖酵解的 HMP 途径

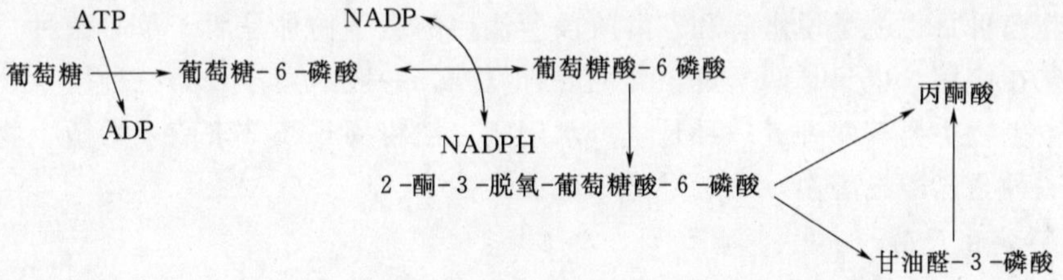

图 4.13 葡萄糖酵解的 ED 途径

(4) 磷酸解酮酶途径。磷酸解酮酶途径是特征糖酵解过程中经历了木酮糖-5-磷酸的酮解阶段，形成二碳和三碳酸。根据解酮酶系的差异，可分为 PK 途径（图 4.14，具有磷酸戊糖解酮酶系）和 HK 途径（具有磷酸己糖解酮酶系）。对于五碳糖乙醇发酵来说，磷酸戊糖解酮酶途径可能更加重要。

当细菌进行五碳糖发酵时，可以利用磷酸戊糖解酮酶系催化木糖等五碳糖裂解为乙酰磷酸和甘油醛-3-磷酸，并进一步裂解、还原为乙醇。将来，利用基因工程技术可以将这些特殊的酶系转移到乙醇发酵微生物体内，即可培育出既能正常发酵葡萄糖生产乙醇，又能发酵木糖生产乙醇的超级菌株。

(5) 丙酮酸还原反应。在糖酵解过程中产生的丙酮酸可被进一步代谢，在无氧条件下，不同的微生物分解丙酮酸后会积累不同的代谢产物。许多微生物可以发酵葡萄糖

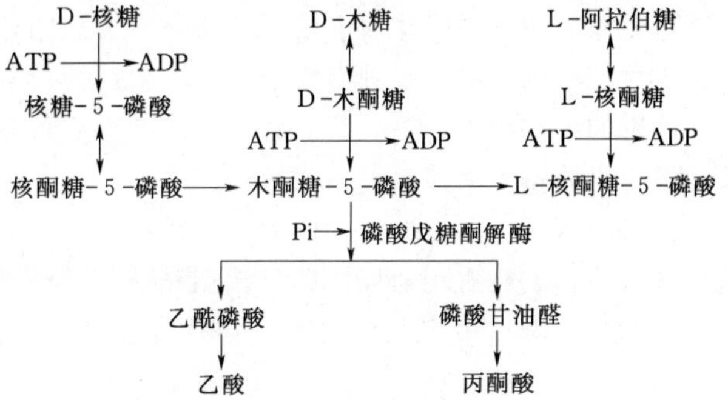

图 4.14 磷酸戊糖解酮酶（PK）途径

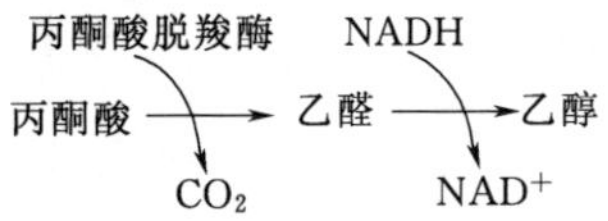

图 4.15　丙酮酸形成乙醇的反应转化过程

产生乙醇，主要包括酵母、根霉、曲霉和部分细菌，工业上主要应用酵母菌为乙醇发酵菌。丙酮酸形成乙醇的过程中包括脱羧反应和还原反应，反应转化过程如图 4.15 所示。

一般酵母的乙醇发酵大多采用这个过程，称为酵母一型发酵，即丙酮酸脱羧生成乙醛，乙醛再作为 NADH 的氢受体使 NAD^+ 再生，NAD^+ 反复用于氧化葡萄糖为丙酮酸，终产物为乙醇。

4.1.3.2　乙醇发酵的微生物学基础

乙醇发酵就是利用微生物，主要是酵母菌，在无氧条件下将糖类、淀粉类或纤维素类物质转化为乙醇的过程。实质上，微生物是这一过程的主导者，也就是说微生物的乙醇转化能力是乙醇生产工艺菌种选择的主要标准。同时，工艺提供的各种环境条件对微生物乙醇发酵的能力具有决定性的制约作用，必须提供最佳的工艺条件才能保证最大限度地发挥工艺菌种的生产潜力。

1. 菌种的概念

在发酵工业中，菌种的概念就是能够在控制条件下，按工艺设计的速率和产量，转化或生产设计产品的某种微生物。与沼气发酵不同，乙醇生产工艺过程中所采用的微生物菌种是纯培养菌种，也就是说水解和发酵阶段所使用的微生物都是属于单一菌种，即便有混合发酵工艺在应用，也只是两个纯培养的混合发酵，一般不会涉及第三种微生物。乙醇工业常用的微生物主要有两种：一种是生产水解酶（淀粉酶或纤维素酶）的微生物，一般是霉菌；另一种是乙醇发酵菌，一般是酵母菌或细菌。

2. 水解酶生产菌

一般来说，乙醇发酵工业上使用的酵母菌或细菌都不能直接利用淀粉或纤维素生产乙醇，需要水解为单糖或二糖。淀粉或纤维素均可以通过化学或生物化学的方法来水解：化学法主要为酸法；生物化学法则采用酶法，主要是淀粉酶和纤维素酶。在以淀粉为原料的情况下，化学法对生产设备耐酸性要求高，制造成本高，且得糖率较酶法低 10%左右，在乙醇生产中很少使用，而主要采用酶法；在以纤维素为原料的情况下，由于纤维素原料结构组成的复杂性和特殊性，采用酶水解困难，水解时间长，得糖率较低，在工业上比较难以实现，目前国际上达到示范规模的系统大多采用酸法。但是，纤维素原料的酶水解技术仍是热门课题。

（1）淀粉酶生产。淀粉原料乙醇生产采用的糖化剂主要是淀粉酶，是由微生物发酵而生产，俗称为曲。用固体表面培养的曲，称为麸曲；采用液体深层通风培养的，称为液体曲。麦芽淀粉酶主要用于啤酒酿造行业。生产淀粉酶的微生物称为糖化菌，一般采用曲霉菌。曲霉的种类很多，主要有曲霉属的米曲霉、黄曲霉、乌沙米曲霉、甘薯曲霉、黑曲霉等，其中黑曲霉及乌沙米曲霉用得最广。

曲霉的碳源主要是淀粉，固体曲一般采用麸皮为培养基，麸皮约含 20%的淀粉，麸皮疏松，表面积大，有利通风，菌丝体能充分生长；液体曲淀粉含量一般为 6%～8%。在一定的范围内培养基中氮的含量高，菌丝生长茂盛，酶活力高。无机氮包括硝酸钠和硝酸铵，常用有机氮包括麸皮、米糠、豆饼等原料。

微生物细胞需要各种无机元素，如磷、钾、镁、钙、硫、钠等，无机盐主要来自米糠。曲霉适于在温湿环境生长，一般曲料水分含量为48%～50%，曲房空气的相对湿度为90%～100%。

曲霉是好氧菌，生长时需要有足够的空气。固体曲通风是供给曲霉呼吸用氧，驱除呼吸产生的CO_2和热，以保持一定的温度和湿度。液体曲通风则是补充培养液中的溶解氮，供给曲霉呼吸用。

酸碱度可改变质膜和营养物质的渗透性，从而影响微生物的生命活动。曲霉一般在pH值为4.5～5.4的环境中生存比较为宜。

曲霉形成淀粉酶所需要的温度较其生长菌丝温度稍低。曲霉生长适宜温度为37℃左右，前期20h，温度控制在30～31℃，后期保持33～34℃，糖化力最高。

掌握正确的制曲时间，是提高曲质量的重要措施。固体制曲一般培养到24～28h，酶的产量达到最高峰。液体曲培养以菌丝大量繁殖、糖化力不再增加、培养液中还原糖所剩无几为止，一般为45～56h。

(2) 纤维素酶生产。大部分细菌不能分解晶体结构的纤维素，但有些霉菌（如木霉），能分泌水解纤维素所需的全部酶。研究和应用最多的是里氏绿色木霉，通过传统的突变和菌株选择，已从早期的野生菌株进化出很多如QM9414、L－27、RutC30这样的优良变种。也有对根霉、青霉等霉菌生产纤维素酶研究的报道。各种微生物所分泌的纤维素酶不完全相同。如不少里氏木霉菌株可产生有高活性的内切酶和外切葡萄糖酶，但它们所产生的β-葡萄糖苷酶的活性较差。而青霉属的霉菌虽水解纤维素的能力差，但分解纤维二糖的能力却很强。在生产纤维素酶时就可把这两类菌株放在一起培养。纤维素酶的生产分为固态发酵和液态发酵两种方法。

1）固态发酵。所谓固态发酵是指微生物在没有游离水的固体基质上生长，这种过程类似麸曲生产。它的优点是能耗低、对原料要求低、产品中酶浓度高、可直接用于水解。缺点是所需人工多、不易进行污染控制、各批产品性质重复性差。

2）液态发酵。液态发酵是大规模生产纤维素酶的主要工艺。液态发酵的优点是所需人工少、易进行污染控制、各批产品性质重现性好。缺点为能耗大、对原料要求高、产品中酶浓度低。

纤维素酶生产是高度需氧的过程，溶氧浓度通常保持在空气饱和溶解度的20%以上。氧气通过喷嘴加入，每分钟供给速度约为发酵罐体积的0.3～1.2倍。发酵器应适应于气体输送和混合的需要，常带搅拌装置。近罐壁处设有挡板，以增加混合效率，防止旋涡的产生。搅拌和微生物的代谢作用都会产生热量，这可通过冷却夹套或冷却盘管散出。

为防止微生物污染，接种前对发酵罐和辅助设备都要消毒，典型消毒条件为用121℃的蒸汽处理20min。通入发酵罐的空气都经过滤。对里氏木霉菌，合适的发酵条件为28～30℃，pH值为4～5。

3. 乙醇发酵菌

乙醇发酵过程中最关键的因素是产乙醇的微生物，生产中能够发酵生产乙醇的微生物主要有酵母、霉菌和细菌。目前工业上生产乙醇应用的菌株主要是酿酒酵母。这是因为它发酵条件要求粗放，发酵过程pH值低，对无菌要求低，以及其乙醇产物浓度高（实验室可达23%，V/V）。这些特点是细菌所不具备的。细菌由于其生长条件温和，pH值高于

5.0，易感染，而且一旦感染了噬菌体将带来重大经济损失。所以迄今为止，生产中大规模使用的仍是酵母。

酵母是一类单细胞微生物，繁殖方式以出芽繁殖为主。细胞形态以圆形、卵圆形或椭圆形较多。在自然界中，酵母种类很多。有些酵母能把糖分发酵生成乙醇，有些则不能；有的酵母生成乙醇的能力很强，有的则弱；有的在不良环境中仍能旺盛发酵，有的则差。因此，乙醇发酵的一个重要问题就是选育具有优良性能的酵母。

酵母不能直接利用多糖（如淀粉、纤维素等），而其利用单糖和双糖的能力因菌种和菌株而异，但一般都能利用葡萄糖、蔗糖和麦芽糖等。

酵母的氮素营养条件很宽，能利用铵盐、尿素、蛋白胨、二肽和各种氨基酸。铵盐是酵母最合适的无机氮源，但大多数酵母不能利用硝酸盐。

酵母生长的适宜温度在28～34℃，35℃以上酵母的活力减退（高温酵母适宜温度可达40℃），在50～60℃时，经过5min即死亡，5～10℃时酵母可缓慢生长。

酵母适应于微酸性的环境，最适pH值为5.0～5.5，pH值<3.5生长受到抑制。

酵母是兼性厌氧性微生物，体内有两种呼吸酶系统：一种是好氧性的；另一种是厌氧性的。在畅通空气条件下，酵母进行好氧性呼吸，繁殖旺盛，但产生乙醇少；在隔绝空气条件下，进行厌氧性呼吸，繁殖较弱，但产生乙醇较多。因此，在乙醇发酵初期应适当通气，使酵母细胞大量繁殖，累积大量的活跃细胞，然后再停止通气，使大量活跃细胞进行旺盛的发酵作用，多生成乙醇。

4.2 生物质厌氧发酵工艺技术及设备

沼气发酵是比较成熟的生物质厌氧发酵技术。沼气生产是一个比较复杂的过程，在这个过程中不但要为沼气发酵微生物提供较优的厌氧发酵条件，而且还要保证整套沼气发酵系统的稳定高效运行，因此沼气的生产技术不仅包括沼气工程选址和总体布置设计、工艺流程设计、沼气发酵反应器结构形式的设计、储气罐设计、沼气输气管网等的设计，而且还包括沼气及发酵后残留物利用方式的合理选择，所以沼气生产技术的合理应用与否直接决定着沼气发酵系统能否正常稳定运行及收益的好坏。根据沼气生产规模和相关配套设施的不同，可将沼气生产技术分为户用沼气技术和大中型沼气工程技术。

4.2.1 户用沼气技术

户用沼气技术主要体现在沼气池的池型上，经过半个多世纪的发展，形成了各种各样的沼气池池型，其中最具代表性的典型池型有底层出料水压式沼气池、分离浮罩式沼气池和强旋流液搅拌沼气池等。

1. *底层出料水压式沼气池*

水压式沼气池是我国农村普遍采用的一种人工制取沼气的厌氧发酵密闭装置，推广数量占农村沼气池总量的85%以上。根据水压间放置位置的不同，可分为侧水压式沼气池（图4.16）和顶水压式沼气池（图4.17）。根据出料管设置位置的不同，可分为中层出料水压式沼气池和底层出料水压式沼气池。目前北方农村能源生态模式一般都采用底层出料水压式沼气池。

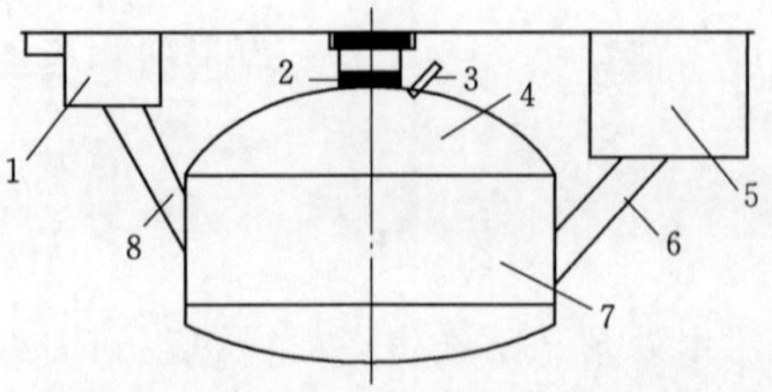

图 4.16 侧水压式沼气池

1—进料间；2—活动盖；3—导气管；4—储气间；5—水压间；6—出料管；7—发酵间；8—进料管

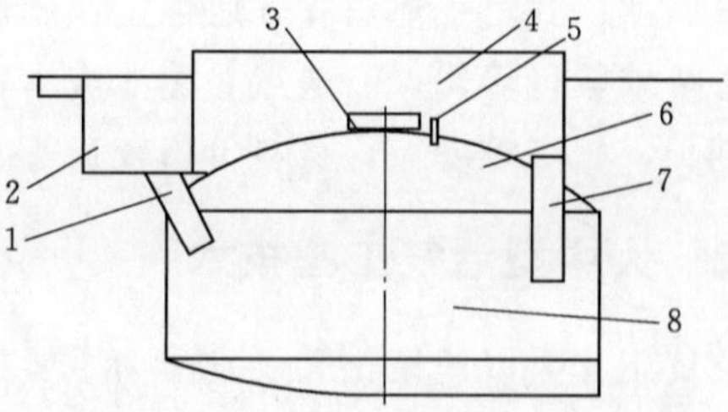

图 4.17 顶水压式沼气池

1—进料管；2—进料间；3—天窗盖；4—水压间；5—导气管；6—储气间；7—出料管；8—发酵间

底层出料水压式沼气池是由发酵间、水压间、储气间、进料管、出料口通道、导气管等部分组成。

水压式沼气池产气前，池内液面与进料间、水压间液面平齐。当池内发酵产生沼气逐步增多时，储气箱内的压力相应增高，这个不断增高的气压将发酵间内的料液压到水压间，此时水压间液面和池内液面形成压力差。当用户用气时沼气在水压下通过输气管输出，由于池内沼气压力下降，水压间内的发酵料液便依靠重力的作用流回发酵间内，将沼气经导气管压出，为燃具供气。沼气的产生、储存和使用就这样周而复始地进行。这种利用料液来回流动，引起水压反复变化来储存和排放沼气的池型，就称为水压式沼气池。

水压式沼气池具有构造简单、施工方便、使用寿命长、力学性能好、材料适应性强、造价较低等优点。缺点是气压随产气多少上下波动，影响高档灶具的使用等。

2. 分离浮罩式沼气池

分离浮罩式沼气池由发酵池和储气浮罩组成，发酵池的构造和水压式沼气池基本相同，不同点是水压池的储气间由浮罩代替，发酵间所产沼气，通过输气管道输送到储气柜储藏和使用（图 4.18）。

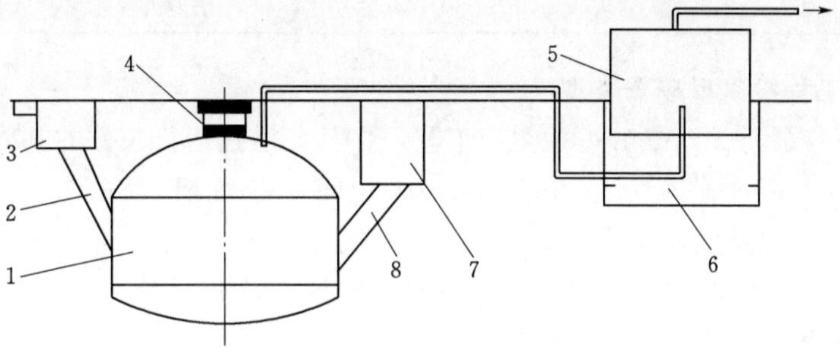

图 4.18 分离浮罩式沼气池

1—发酵间；2—进料管；3—进料间；4—活动盖；5—储气罩；6—水封池；7—水压间；8—出料管

分离浮罩式沼气池的工作原理与水压式沼气池的工作原理大同小异。发酵间产生沼气后，沼气通过输气管路源源不断地输送到储气罩，储气罩升高。用气时，沼气由储气罩重量压出，通过输气系统，送沼气燃具使用。

分离浮罩式沼气池具有气压恒定，燃烧器具能稳定使用；池内气压低，对沼气发酵池的防渗要求较低等优点。缺点是建池成本较水压式沼气池提高 30%左右，占地面积大；施工周期长，施工难度大，材料价格较贵等。

4.2.2　大中型沼气工程技术

沼气工程是以规模化厌氧发酵为主要技术，集污水处理、沼气生产、资源化利用为一体的系统工程。根据沼气工程的发酵容积和日产沼气量可以将其分为大型、中型和小型（表 4.2）。大中型沼气工程与农村户用沼气池的主要区别见表 4.3。下面重点介绍一下发酵容积较大和自动化水平较高的大中型沼气工程技术。

表 4.2　　沼 气 工 程 分 类

工程规模	单体装置容积 V/m^3	总体装置容积 V/m^3	日产沼气量/(m^3/d)
大型	≥300	≥1000	≥300
中型	300>V≥50	1000>V≥100	≥50
小型	50>V≥20	100>V≥50	≥20

注　日产沼气量指标是指厌氧发酵温度控制在 25℃以上（含 25℃），总体装置的最低日产沼气量。

表 4.3　　**大中型沼气工程与农村户用沼气池的比较**

规模	农村户用沼气池	大中型沼气工程
用途	能源、卫生	能源、环保
沼液	作肥料	作肥料或进行好氧后处理
动力	无	需要
配套设施	简单	沼气净化、储存、输配、电气、仪表与自控
建筑形式	地下	大多半地下或地上
设计、施工	简单	需工艺、结构、设备、电气与自控仪表配合
运行管理	不需专人管理	需专人管理

4.2.2.1　沼气工程厌氧反应器类型

一个厌氧反应器，无论是哪一种类型工艺，在具备适宜运行条件的基础上，决定其功能特性的构成因素主要是水力滞留期（*HRT*）、固体滞留期（*SRT*）和微生物滞留期（*MRT*），并应据此对反应器进行分类。

厌氧反应器的 *HRT* 是指一个反应器内的发酵液按体积计算被全部置换所需要的时间，通常以天或小时为单位，其计算式为

$$HRT=\frac{\text{消化器有效容积}}{\text{每天进料量}}$$

从上式可以看出，对一个反应器来说，*HRT* 与每天进料量互为函数，即

$$\text{每天进料量}=\frac{\text{消化器有效容积}}{HRT}$$

SRT 是指悬浮固体物质从反应器里被置换的时间。在一个混合均匀的完全混合式反应器里，*SRT* 与 *HRT* 相等。而在一个非完全混合式反应器里，如果能测定出反应器内和出水

里的悬浮固体的浓度和密度，则其 SRT 的计算式为

$$SRT=\frac{TSS_r(RV\cdot D_r)}{TSS_e(EV\cdot D_e)}$$

式中：TSS_r 为反应器内总悬浮固体的平均百分浓度；TSS_e 为反应器出水的 $TSS\%$ 浓度；RV 为反应器体积；EV 为每天出水的体积；D_r 为反应器内固体物的密度；D_e 为出水里的固体物的密度。

MRT 指从微生物细胞的生成到被置换出反应器的时间。

HRT、SRT 和 MRT 的长短直接影响着反应器的性能，根据 HRT、SRT 和 MRT 的不同，可将厌氧反应器分为三种类型，见表 4.4。

表 4.4 厌氧反应器分类

类型	滞留期特征	反应器举例
常规型	$MRT=SRT=HRT$	常规反应器、塞流式、全混合式
污泥滞留型	(MRT 和 SRT)>(HRT)	厌氧接触工艺、升流式固体反应器、升流式厌氧污泥床
附着膜型	MRT>（STR 和 HRT）	折流式、厌氧滤器、流化床和膨化床

4.2.2.2 常规型反应器

常规反应器是一种结构简单、应用广泛的发酵装置。这类反应器的 HRT、SRT 和 MRT 完全相等，反应器内由于没有足够的微生物，并且固体物质得不到充分的降解，因而效率较低。此类反应器包括通常所说的常规反应器、全混合式反应器和塞流式反应器等。

1. 常规反应器

常规反应器是一种结构简单的发酵装置，该反应器无搅拌装置，原料在反应器内呈自然沉降状态，一般分为四层，从上到下依次为浮渣层、上清液层、活性层和沉渣层，其中厌氧发酵活动旺盛场所只限于活性层内，因而效率较低。常规反应器结构如图 4.19 所示。发酵物料从反应器的一侧进入，从另一侧排出，沉降于反应器底部的污泥通过排泥口排出。

2. 全混合式反应器（CSTR）

全混合式反应器是在常规反应器内安装了搅拌装置。使发酵原料和微生物处于完全混合状态，与常规反应器相比使活性区遍布整个反应器，其效率比传统常规反应器有明显提高（图 4.20）。该反应器常采用恒温连续投料或半连续投料运行，适用于高浓度及含有大量悬浮固体的情况。

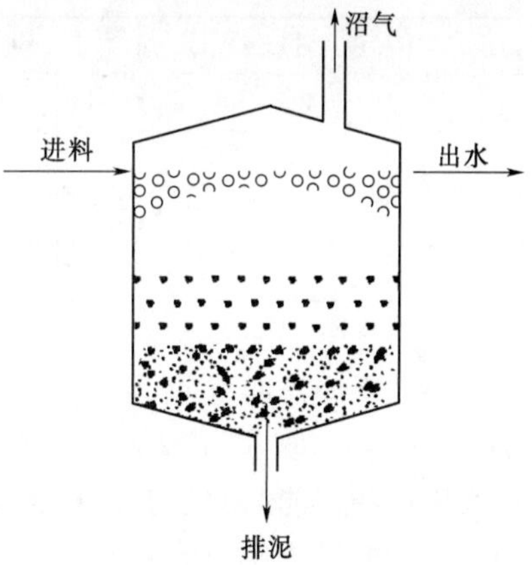

图 4.19 常规反应器结构示意图

对于原料的处理，例如污水处理厂好氧活性污泥的厌氧发酵过去多采用该工艺，在该反应器内，新进入的原料由于搅拌作用很快与反应器内的全部发酵液混合，使发酵底物浓度始终保持相对较低状态。而其排出的料液又与发酵液的底物浓度相等，

并且在出料时微生物也一起被排出，该反应器是典型的 *HRT*、*SRT* 和 *MRT* 完全相等的反应器。

全混合式反应器的优点为可以进入高悬浮固体含量的原料；反应器内物料均匀分布，避免了分层状态，增加了底物和微生物接触的机会；反应器内温度分布均匀；进入反应器的抑制物质，能够迅速分散，保持较低浓度水平；避免了浮渣、结壳、堵塞、气体逸出不畅和短流现象；易于建立数学模型。缺点为由于该反应器无法做到使 *SRT* 和 *MRT* 在大于 *HRT* 的情况下运行，所以需要反应器体积较大；要有足够的搅拌，所以能量消耗较高；生产用大型反应器难以做到完全混合；底物流出该系统时未完全消化，微生物随出料而流失。

3. 塞流式反应器

塞流式反应器（图 4.21）最早用于酒精废醪的厌氧发酵。

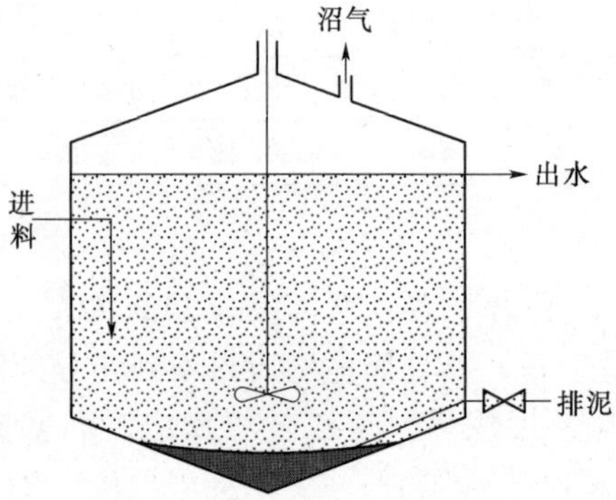

图 4.20　全混合式反应器示意图

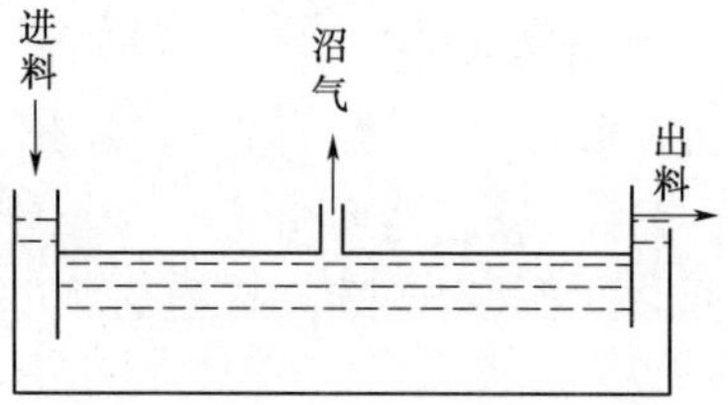

图 4.21　塞流式反应器示意图

塞流式反应器具有进料粗放、不用去除长草、不用泵或管道输送、能使用搅龙或斗车直接将发酵物料投入池内等特点。而牛粪质轻、浓度高、长草多，本身含有较多产甲烷菌，不易酸化，所以用塞流式反应器处理牛粪较为适宜（表 4.5）。但是鸡粪沉渣多，易生成沉淀而大量形成死区，严重影响反应器效率，所以塞流式反应器不适用于鸡粪的发酵处理。

表 4.5　38.4m³ 塞流式反应器与常规沼气池比较

温度/℃	负荷/[kg・(m^3 ・d)$^{-1}$]	进料/总固体*/%	*HRT*/d	产气量/(L/kg)	CH_4/%
25	3.5	12.9	30	364	57
35	7	12.9	15	337	55
25	3.6	12.9	30	310	58
35	7.6	12.9	15	281	55

* 为 Total Solid (TS)。

塞流式反应器的优点为不需搅拌装置、结构简单、能耗低；适用于高固体悬浮物(SS) 废物的处理，尤其适用于含杂质较多的牛粪的消化；运转方便、故障少、稳定性高。缺点为固体物可能沉淀于底部，影响反应器的有效体积，使 *HRT* 和 *SRT* 降低；需要固体和微生物的回流作为接种物；因该反应器面积/体积比值较大，难以保持一致的温度，效率较低；易产生结壳。

4.2.2.3 污泥滞留型反应器

污泥滞留型反应器的特征为通过采用各种固液分离方式使污泥滞留于反应器内，提高反应器的效率，缩小反应器的体积，包括活性污泥回流法、升流式厌氧污泥床、膨胀颗粒污泥床、内循环（IC）厌氧反应器、升流式固体反应器（USR）和折流式反应器等。

1. 活性污泥回流法

活性污泥回流法也称厌氧接触工艺，由完全混合式厌氧反应器和消化液的固液分离、污泥回流设施组成。在全混合反应器之外加一个沉淀池，从反应器排出的混合液首先在沉淀池中进行固液分离，上清液由沉淀池上部排出，沉淀污泥重新回流至反应器内（图 4.22），这样既减少了出水中固体物含量，又提高了反应器内的污泥浓度，从而在一定程度上提高了设备的有机负荷率和处理效率。

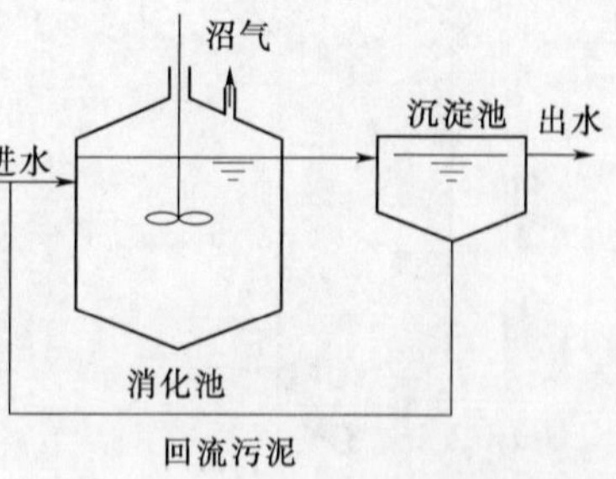

图 4.22 活性污泥回流法示意图

该工艺的优点与全混合式反应器相同，并可采取较高的负荷率运行。其缺点需要额外的设备来使固体和微生物沉淀与回流。

2. 升流式厌氧污泥床（UASB）

UASB 是由 Lettinga 等于 1974—1978 年研究成功的一项新工艺，是目前世界上发展最快的反应器，由于该反应器运行费用低，处理效率高而得到广泛应用。该反应器适于处理可溶性废水，要求较低的悬浮固体含量。

（1）UASB 的工作原理。反应器内部分为三个区，从下至上为污泥床，污泥层和气、液、固三相分离器。反应器的底部是浓度很高并且具有良好沉淀性能和凝聚性的絮状或颗粒状污泥形成的污泥床，污水从底部经布水管进入污泥床，向上穿流并与污泥床内的污泥混合，污泥中的微生物分解污水中的有机物，将其转化为沼气。沼气以微小气泡形式不断放出，并在上升过程中不断合并成大气泡。在上升的气泡和水流的搅动下，反应器上部的污泥处于悬浮状态，形成一个浓度较低的污泥悬浮层。在反应器上设有气、液、固三相分离器（图 4.23）。在反应器内生成的沼气气泡受反射板的阻挡，进入三相分离器下面的气室内，再由管道经水封而排出。固、液混合液经分离器的窄缝进入沉淀区，在沉淀区内由于污泥不再受到上升气流的冲击，在重力作用下而沉淀。沉淀至斜壁上的污泥沿着斜壁滑回污泥层内，使反应器内积累大量污泥。分离出污泥后的液体从沉淀区上表面进入溢流槽而流出。

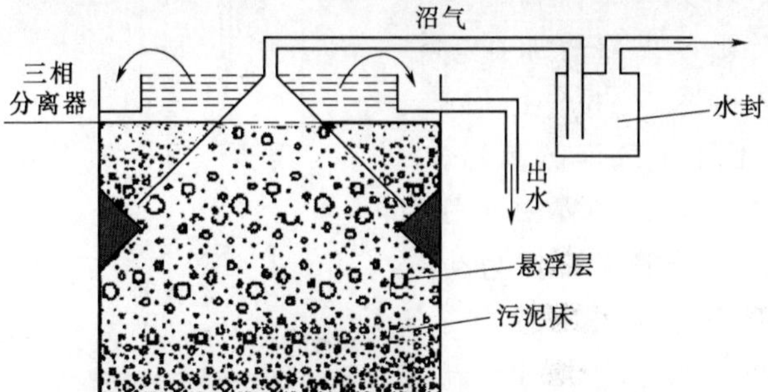

图 4.23 UASB 反应器结构示意图

（2）UASB 的优缺点。该工艺将污泥的沉降与回流置于一个装置内，降低了造价。该工艺的优点为：除三相分离器外，反应器结构简单，没有搅拌装置及供微生物附着的填料；长的 MRT 使其具有很高的负荷率；颗粒污泥的形成，使微生物天然固定化，改善了微生物的环境条件，增加了工艺的稳定性；出水的悬浮固体含量低。

(3) 缺点。需要安装三相分离器；进水中只能含有低浓度的悬浮固体；需要有效的布水器使进料能均布于反应器的底部；当冲击负荷或进料中悬浮固体含量升高，以及遇到过量有毒物质时会引起污泥流失。

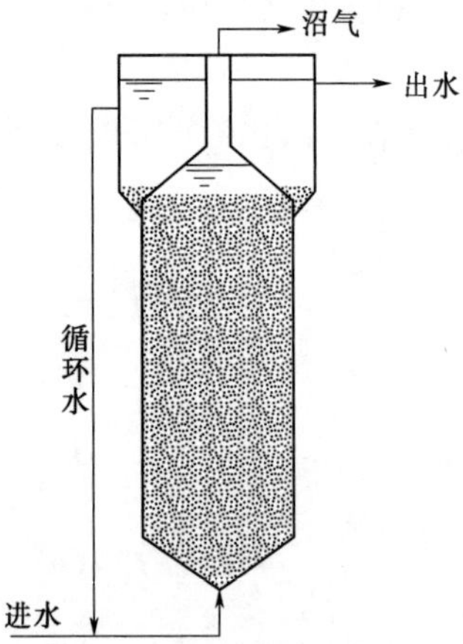

图 4.24　EGSB 反应器结构示意图

3. 膨胀颗粒污泥床 (EGSB)

EGSB 反应器是对 UASB 反应器的改进，出水循环部分是 EGSB 反应器不同于 UASB 反应器之处，其主要目的是提高反应器内的液体上升流速。在 UASB 反应器中，水力上升流速一般小于 1m/h，污泥床更像是一个静止床，而 EGSB 反应器通过采用出水循环，其水力上升流速一般可达到 5～10m/h，所以厌氧颗粒污泥在反应器内呈膨胀状态，污水与微生物之间充分接触，加强传质效果，还可以避免反应器内死角和短流的产生。EGSB 反应器结构如图 4.24 所示。

由于 EGSB 反应器采用高的升流速度运行，运行条件和控制技术要求较高。当悬浮固体通过颗粒污泥床时，会随出水而很快被排出，难以得到降解，所以 EGSB 反应器不适合处理固体物含量高的废水。

4. IC 厌氧反应器

IC 厌氧反应器主要用于处理低浓度有机废水。该反应器是集 UASB 反应器和流化床反应器的优点于一身，利用反应器所产沼气的提升力实现发酵料液内循环的一种新型反应器。

(1) IC 厌氧反应器的结构和原理。IC 厌氧反应器的基本构造如图 4.25 所示，如同把两个三相分离器叠加在一起，反应器高度可达 16～25m，高径比可达 4～8。在其内部增设了沼气提升管和回流管，上部增加了气液分离器。该反应器启动时，投加了大量颗粒污泥。运行过程中，用第一反应室所产沼气经集气罩收集并沿提升管上升作为动力，把第一反应室的发酵液和污泥提升至反应器顶部的气液分离器，分离出的沼气从导管排走，泥水混合液沿回流管返回第一反应室内，从而实现了下部料液的内循环。如处理低浓度废水时循环流量可达进水流量的 2～3 倍，处理高浓度废水时循环流量可达进水流量的 10～20 倍，结果使第一厌氧反应室不仅有很高的生物量、很长的污泥滞留期，

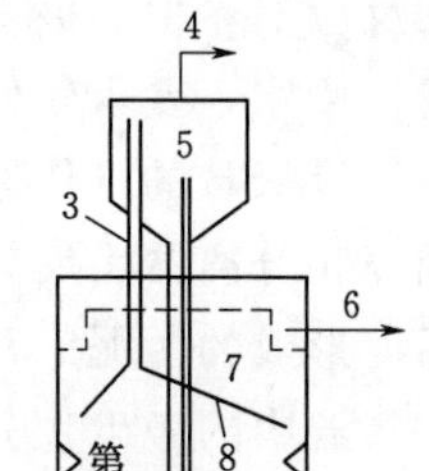

图 4.25　IC 厌氧反应器的基本构造示意图

1—进水管；2—回流管；3—集气管；4—沼气导管；5—气液分离器；6—出水管；7—沉淀区；8—第二反应室集气罩；9—沼气提升管；10—第一反应室集气罩；11—气封

并且有很大的升流速度，使该反应室的污泥和料液基本处于完全混合状态，从而大大提高第一反应室的去除能力。经第一反应室处理的废水，自动进入第二厌氧反应室。废水中的剩余有机物可被第二反应室内的颗粒污泥进一步降解，使废水得到更好的净化。经过两级处理的废水在混合液沉淀区进行固液分离，清液由出水管排出，沉淀的颗粒污泥可自动返回第二反应室，这样废水就完成了全部处理过程。

(2) IC厌氧反应器的优点。IC厌氧反应器具有很高的容积负荷率、节省基建投资和占地面积、抗冲击负荷能力强、具有缓冲pH值的能力，以及通过沼气提升实现内循环，不必外加动力等优点。

5. 升流式固体反应器

升流式固体反应器结构简单，其结构与常规反应器相似，它们的区别主要是升流式固体反应器的底部没有排泥口，升流式固体反应器主要用于处理具有高悬浮固体（总固体含量大于5%）的原料。它的结构如图4.26所示。含高有机固体的废液由池底进入，然后向上升流通过反应器底部含有高浓度厌氧微生物的固体床，使废液中的有机固体与厌氧微生物充分接触反应，有机固体被液化发酵和厌氧分解，同时产生沼气。而产生的沼气随着水流上升具有搅拌混合作用，促进了固体与微生物的接触。由于重力作用固体床区有自然沉淀作用，比重较大的固体物被积累在固体床下部，使反应器内保持较高的固体量和生物量，可使反应器有较长的SRT和MRT，从而提高了固体有机物的分解率和反应器的效率。通过固体床的水流从池顶的出水口流出池外。目前，畜禽养殖业粪污资源化利用方面有较多的应用，许多大中型沼气工程均采用该工艺。

6. 折流式反应器

折流式反应器结构如图4.27所示，在这种反应器里由于挡板的阻隔使污水上下折流穿过污泥层，每一个单元都相当于一个反应器，而反应器的总效率等于各反应器之和。但在近年来的实际应用过程中，除用于低浓度的生活污水等处理外，其效果一直欠佳。

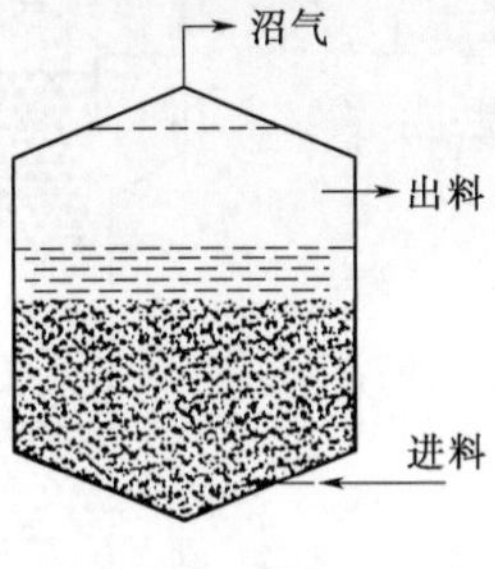

图4.26　升流式固体反应器结构示意图

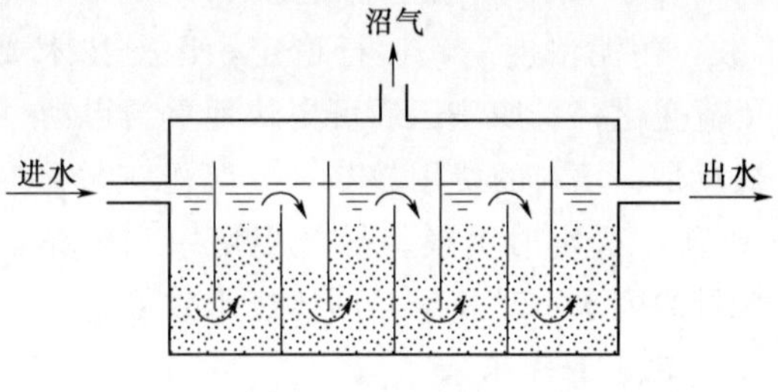

图4.27　折流式反应器结构示意图

以上几种污泥滞留型反应器中，活性污泥以悬浮状存在，人们采用了各种方法使污泥滞留于反应器内，从而取得了较长的SRT和MRT，因而效率明显比常规型反应器要高，但是在受到冲击负荷或有毒物质时，常会因挥发酸含量上升而引起污泥流失。所以，要定时对发酵情况进行监测，以保证反应器的正常运行。

4.2.2.4　附着型反应器

这类反应器的特征是使微生物附着于反应器内的惰性介质上，当原料中的液体和固体通过反应器时，固定微生物于反应器内。应用或研究较多的附着膜反应器有厌氧滤器

(AF)、流化床(FBR)和膨胀床(EBR)。

1. 厌氧滤器

AF内部放置有焦炭、煤渣、塑料制品、合成纤维等惰性介质(又称填料),沼气发酵细菌,尤其是产甲烷菌呈膜状附着于惰性介质上,并在介质之间的空隙互相黏附成颗粒状或絮状存留下来,当污水自下而上或自上而下通过生物膜时,有机物被细菌利用而生成沼气(图4.28)。

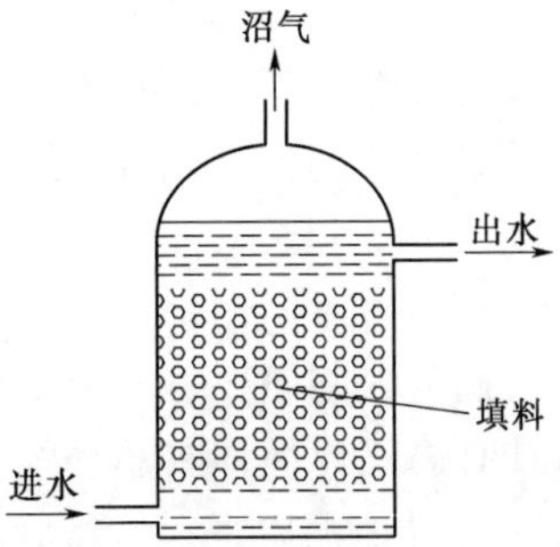

图4.28　厌氧滤器结构示意图

在AF内,填料的主要功能是为厌氧微生物提供附着生长的表面,一般来说,载体的比表面积越大,滤器可承受的有机负荷就越高。除此之外,填料还要有一定的空隙率,空隙率高,则在同样的负荷条件下HRT越长,有机物去除率越高。另外,高空隙率有利于防止滤器堵塞和短流的产生。表4.6列出了几种填料的特性,因纤维填料的性能和造价均优于其他原料,所以近年来应用较多。

表4.6　几种填料的特性

填料种类	密度/($kg \cdot m^{-3}$)	比表面积/($m^2 \cdot m^{-3}$)	空隙率/%	价格/(元·m^{-3})
碎石			46	
陶土制品		141	69	
贝壳		161	80	
硬塑蜂窝材料	42	210	98	600
软纤维填料	3～4	2472	>99	200
弹性纤维填料	3～4	265～350	>97	300

AF的优点是:不需要搅拌操作;由于具有较高的负荷率,使反应器体积缩小;微生物呈膜状固定和附着在惰性介质上,MRT长,污泥浓度高,运行稳定,运行技术要求较低;更能够承受负荷变化;长期停运后可更快地重新启动。

缺点是:填料的费用较高,安装施工较复杂,填料寿命一般为1～5年,要定时更换;易产生堵塞和短路;只能处理低悬浮固体含量的废水,对高悬浮固体废水效果不佳并易造成堵塞。

2. 流化床和膨胀床

FBR和EBR(图4.29)内部填有像砂粒一样大小(0.2～0.5mm)的惰性(如细砂)或活性(如活性炭)颗粒供微生物附着,如焦炭粉、硅藻土、粉煤灰或合成材料等,当有机污水自下而上穿过细小的颗粒层时,污水及产生的气体使介质颗粒呈膨胀或流动状态。每一个介质颗粒表面都被生物膜所覆盖,其比表面积可达$300m^2/m^3$,能支持更多的微生物附着,创造了比HRT更长的MRT,因而使反应器具有更高的效率。这两种反应器可以在相当短的HRT情况下,允许进料中的液体和少量固体物穿流

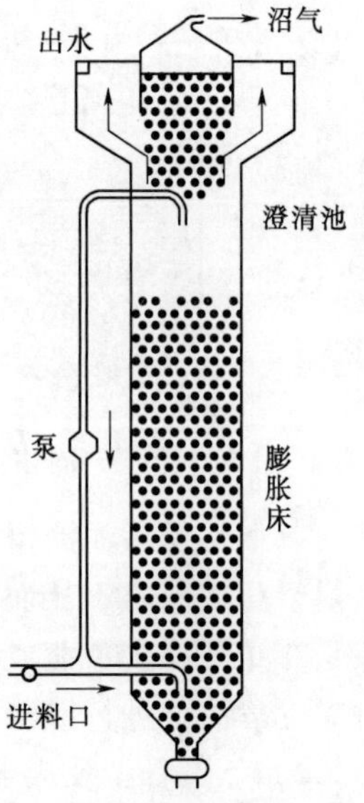

图4.29　流化床和膨胀床反应器结构示意图

而过，适用于容易消化的低固体物含量有机污水的处理。

流化床和膨胀床反应器的优点是：有更大的比表面积供微生物附着；可以达到更高的负荷；因为有高浓度的微生物使运行更稳定；能承受负荷的变化；在长时间停运后可更快地启动；可以利用固体物含量低的原料；反应器内混合状态较好。

其缺点是：为使颗粒膨胀或流态化需要高的能耗和维持费；支持介质可能被冲出，损坏泵或其他设备；在出水中回收介质颗粒势必要增大投资；不能接受高固体含量的原料；需要长的启动期；可能需要脱气装置从水中有效地分开介质颗粒和悬浮固体。

4.2.3　沼气的净化和储存

沼气作为一种能源在使用前必须经过净化，使沼气的质量达到标准要求。沼气的净化一般包括沼气的脱水和脱硫等。

4.2.3.1　沼气脱水

1. 脱水方法

沼气脱水就是分离沼气中水蒸气的过程。从发酵装置出来的沼气含有饱和水蒸气，根据沼气用途不同，可用以下三种方法除去沼气中的水分。

(1) 冷分离法。冷分离法是利用压力能变化引起温度变化，使水蒸气从气相中冷凝下来的方法。常用的有两种流程：①节流膨胀冷脱水法，一般用于高压燃气，经过节流膨胀或低温分离，使部分水冷凝下来；②加压后冷却法，如净化气在 0.8MPa 压力下的冷却脱水。

(2) 溶剂吸收法。属于这类脱水溶剂的有氯化钙、氯化锂及甘醇类。

(3) 固体物理吸水法。吸附是在固体表面力作用下产生的，根据表面力的性质分为化学吸附（脱水后不能再生）和物理吸附（脱水后可再生）。

2. 脱水装置

为了使沼气的气液两相达到工艺指标的分离要求，常在塔内安装水平及竖直滤网，当沼气以一定的压力从脱水装置上部以切线方式进入后，沼气在离心力作用下进行旋转，然后依次经过水平滤网及竖直滤网，促使沼气中的水蒸气与沼气分离，然后装置内的水滴沿内壁向下流动，积存于装置底部并定期排除。沼气脱水装置如图 4.30 所示，管路上常用的冷凝水分离器如图 4.31 所示。这种冷凝水分离器按排水方式可分为自动排水［图 4.31 (a)］和人工手动排水［图 4.31 (b)］两种。

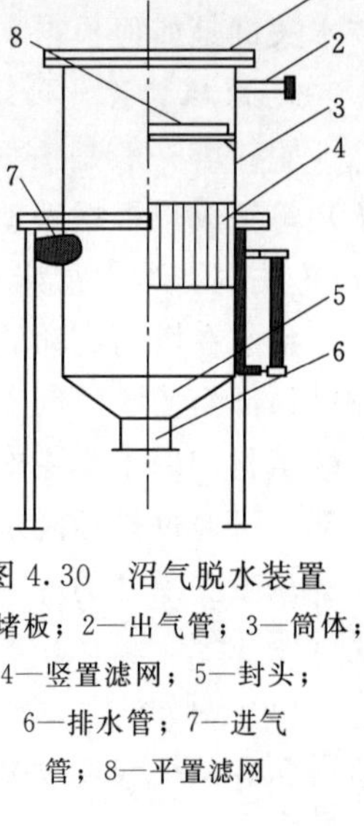

图 4.30　沼气脱水装置

1—堵板；2—出气管；3—筒体；4—竖置滤网；5—封头；6—排水管；7—进气管；8—平置滤网

4.2.3.2　沼气脱硫

沼气脱硫是采用物理化学方法或生物方法脱除沼气中 H_2S 气体的过程。

1. 脱硫方法

沼气脱硫有化学法和生物法，其中化学法又分湿法和干法两类。

(1) 干法脱硫。在脱硫塔内装填多层吸收材料，将 H_2S 吸

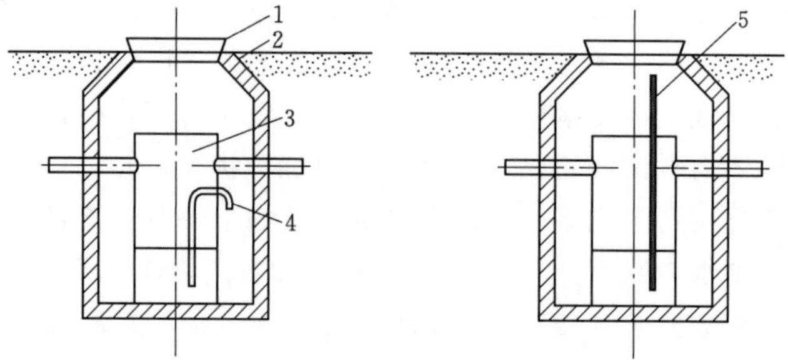

图 4.31　冷凝水分离器

1—井盖；2—集水井；3—凝水器；4—自动排水管；5—排水管

收并脱去。有多种吸收材料，如氧化铁、活性炭等。目前较适合沼气脱硫的方法是干法中的常温氧化铁法。在常温下沼气通过脱硫剂床层，沼气中的 H_2S 与活性氧化铁接触，生成三硫化二铁，然后含有硫化物的脱硫剂与空气中的氧接触，当有水存在时，铁的硫化物又转化为氧化铁和单体硫。这种脱硫再生过程可循环进行多次，直至氧化铁脱硫剂表面的大部分孔隙被硫或其他杂质覆盖而失去活性为止。

(2) 湿法脱硫。一般用液体吸收剂在脱硫塔内吸收沼气中的 H_2S。吸收液一般从塔顶向下喷淋，沼气自塔底上升，其中 H_2S 进入吸收液内。常用的吸收液有 2%～3%的碳酸钠溶液，有的沼气工程也采用稀氢氧化钠溶液，用过的废液一般应考虑再生或回用。湿法脱硫的优点是脱硫效率较高，一般在 90%以上；适当延长接触时间，还可实现接近完全脱硫，但运行管理较复杂，占地面积较干法脱硫塔大。

(3) 生物脱硫。利用无色硫细菌，如氧化硫硫杆菌、氧化亚铁硫杆菌等，在微氧条件下将 H_2S 氧化成单质硫。这种脱硫方法已在德国沼气脱硫中广泛使用，在国内某些工程中已有采用。与化学法相比，生物脱硫具有许多优点：不需要催化剂、不需处理化学污泥，产生很少生物污泥、耗能低、可回收单质硫、去除效率高，无臭味。这种脱硫方法的技术关键是如何根据 H_2S 的浓度来控制反应中供给的溶解氧浓度。

2. 脱硫装置

脱硫塔一般是由塔体、封头、进出气管、检查孔、排污孔、支架及内部木格栅（箅子）等组成。根据处理沼气量的不同，在塔内可分为单层床或双层床。一般床层高度为 1m 左右时，取单层床；若高度大于 1.5m，则取双层床。

沼气在塔内流动的方向可分为两种：一种是沼气自下而上流动，为了防止冷凝水沉积在塔顶部而使脱硫剂受湿，通常可在顶部脱硫剂上铺一定厚度的碎硅酸铝纤维棉或其他多孔性填料，用于阻隔冷凝水；另一种是气流自上而下流动，塔内产生的冷凝水都聚积在塔底部，可通过排污阀定期排除。

从减少沼气的压力损失、便于更换脱硫剂的角度考虑，可将脱硫塔设计成以下三种形式（图 4.32）。

(1) 两分式吊框脱硫塔。沼气可从塔体中部进入，两头排出或是相反，其目的是增大流通面、减小线速度来降低阻力。吊框可实现在塔外更换脱硫剂，这种形式适合于小气

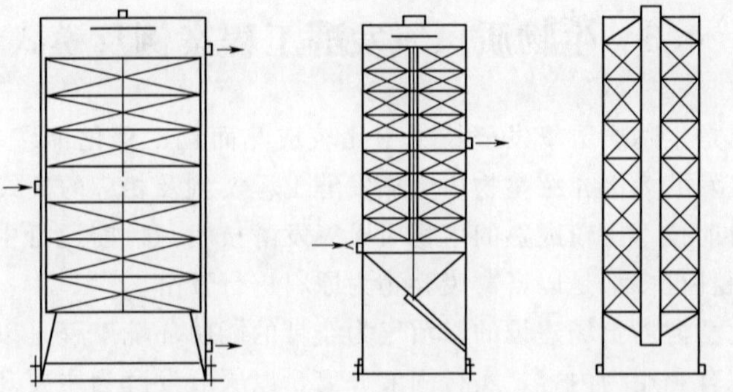

(a) 吊框式　(b) 中心管式　(c) 径向式

图 4.32 脱硫塔形式

量、小直径的场合。各吊框之间的密封是设计塔结构的关键，否则将发生串气，降低脱硫剂的利用率和脱硫效率。

(2) 中心管式脱硫塔。沼气从塔的下部进入，从中部引出。当更换脱硫剂时，打开底部放料阀，一层一层卸下。中心管既是导气管又是卸料管，该塔具有减小气速、降低阻力的功能。

(3) 分层式径向型脱硫塔。可装粉状脱硫剂，沼气从塔底进入内筒，沿径向穿过脱硫剂床层，然后顺着外筒与塔壁的环隙，从下部引出。其特点是流通截面大、压降低，气体是变速通过床层。更换脱硫剂时，可用专门的抽真空卸料装置，也可抽动内筒从塔底将脱硫剂卸下。径向结构一般适合于直径大于 3m 的场合。内筒、外筒的布孔及防止分层短路是该脱硫塔设计的关键。

4.2.3.3 沼气储存

由于大中型厌氧发酵装置本身工作状态的波动及进料量和浓度的变化，厌氧发酵装置产生的沼气量也一直处于变化状态；并且沼气的产生基本上是连续的，而沼气的使用通常是间歇的，因此，要保证各用气点正常供气，应在系统中设置沼气储存设备，将发酵罐内产生的沼气由浮罩储气柜储存起来。

大中型沼气工程一般采用低压湿式储气柜、干式储气柜、沼气储气袋储存沼气。浮罩式储气柜为低压湿式储气柜，由水封池和气罩两部分组成，当沼气压力大于气罩重量时，气罩便沿水池内壁的导向轨道上升，直至平衡为止；当用气时，罩内气压下降，气罩随之下沉。浮罩材料多由钢材制成，性能要求较高，浮罩储气量大，气压稳定，能满足电子打火沼气灶、沼气热水器等用气的压力要求。干式储气柜又有高压干式储气和低压干式储气两种储气形式。高压干式储气可以减少储气柜的体积，储气压力可根据工程需要选定。低压干式储气多采用柔性材料，配以稳压输送装置，保证用气压力稳定。橡胶储气袋又名橡胶水袋，采用强度足够大的帆布，两面覆以氯丁橡胶、天然橡胶硫化后经黏合而成，在 −10～80℃的温度范围内都可以使用。其具有防晒、防雨、耐受温度范围大、轻便、耐腐蚀、抗老化、耐酸碱及各种化合物质等优点。

沼气用于民用时，储气柜容积按产气量的 50%～60%计算；民用、发电或烧锅炉各一半时，按产气量的 40%计算；工业用时根据用气曲线确定。

4.3　生物质厌氧发酵工程案例及模式

目前沼气发酵是生物质厌氧发酵技术中比较成熟而且工程化推广非常好的一项技术，所以下面将以沼气发酵为例介绍生物质厌氧发酵工程实例及相应的模式。

沼气发酵是目前技术比较成熟的生物质厌氧发酵技术，目前运行中的大中型沼气发酵工程数量较多，而且很多都是以畜禽废弃物为原料进行发酵。

大中型规模化畜禽养殖场建设的以沼气为纽带的能源环境工程是以畜禽粪便污水资源为原料，并进行综合利用为内容，实行固液分离，以厌氧发酵为主要环节，并与好氧处理相结合，将沼气生产、高效有机肥料生产和养殖业污染物处理有机结合在一起的一种工程模式。其利用模式结构如图 4.33 所示，生态系统能流与物流动态平衡转化系统如图 4.34 所示。

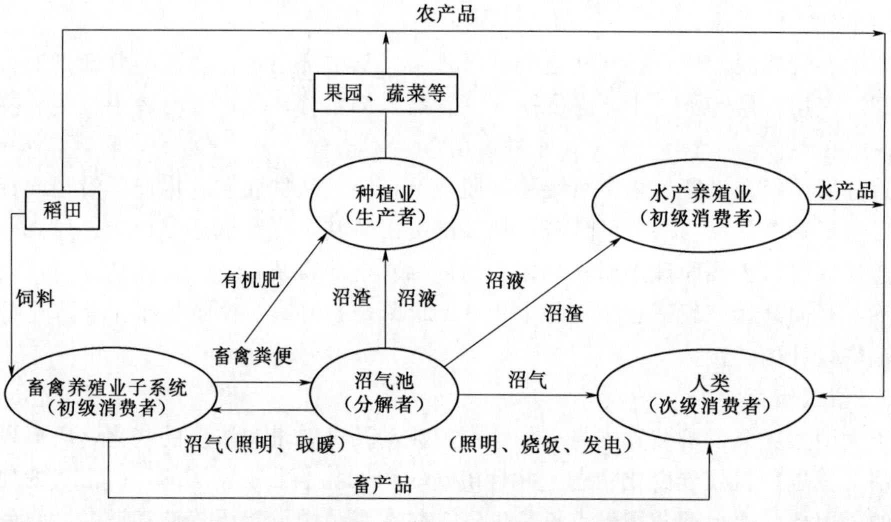

图 4.33　以沼气为纽带的物质资源多级利用模式结构

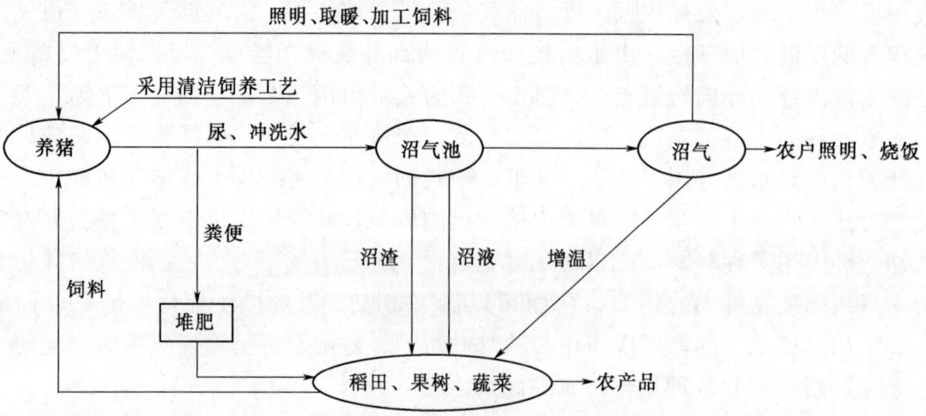

图 4.34　生态系统能流与物流动态平衡转化系统

多数养殖场在建设沼气工程时，已从单纯追求其能源效益转向了资源的综合利用，把沼气工程的综合利用与环境保护、生态农业生产等多业结合，形成了农业循环经济发展的生态模式。

4.3.1 沼气工程简介

某沼气工程采用湿法发酵工艺，以畜禽养殖场废弃物为发酵原料，项目年处理鸡粪便约 18 万 t，污水约 18 万 t；年产生沼气 1095 万 m^3，项目发电机组装机容量为 3MW，年可发电 2190 万 kW·h；固态有机肥年产量为 13262t，液态有机肥年产量为 23.7 万 t。该沼气发电工程的主要单元包括 8 座 $3200m^3$ 的厌氧发酵罐和装机容量 1064kW 的发电机组 3 台（套），配套工程包括 $4000m^3$ 的格栅集水池、2 座 $2000m^3$ 匀浆调节池、$2000m^3$ 的后发酵罐、$50000m^3$ 沼液储存池、$2150m^3$ 的储气柜，0.7t/h 的余热蒸汽锅炉 3 台等。

4.3.2 大型沼气工程工艺流程

废弃物处理工艺采用“废弃物厌氧发酵生产沼气”和“厌氧发酵残留物综合利用”的处理方法，以达到开发能源、治理污染、净化环境、综合利用的绿色生态环境治理工程的目的。具体流程如图 4.35 所示。

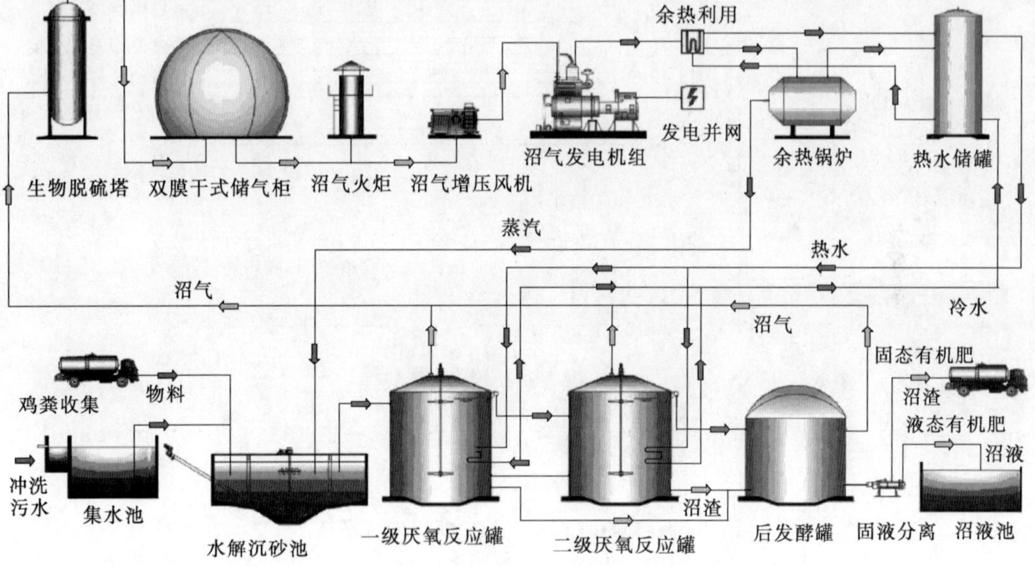

图 4.35 沼气发电工程流程图

4.3.3 以沼气工程为核心的生物质循环利用模式

1. *沼液、沼渣综合利用途径*

畜牧场的废水经过厌氧发酵后，可杀灭大量的病菌，特别对于大肠杆菌有很强的灭菌能力，厌氧出水作为有机肥使用，作物的病虫害发病率下降，可减少农药的使用量。随着农药使用量的减少，不仅可减少农业的生产成本，同时对于环境也能起到很好的保护作用。畜牧废水在经过厌氧发酵后，氮、磷等损失很少，同时氮、磷等元素基本上都以简单的分子形式存在，也是一种很好的速效肥。并且厌氧出水中含有大量的腐殖质，对于改善土壤环境特别有效。

该项目固态有机肥年产量为 13262t，液态有机肥年产量为 23.7 万 t。沼渣制作的商品有机肥供有机农业生产基地，沼液作为周围葡萄、果园和农田的液态有机肥料，建设万亩沼肥综合利用、种养平衡示范区，建设高端的沼液液态肥生产线。

2. 沼气综合利用途径

沼气作为清洁高效能源，热值为 5500cal/m^3（1cal＝4.1840J），不允许向外排放而形成二次污染，沼气必须加以完全利用，该项目在稳定的工作状况下，污水站年产生沼气 1095 万 m^3 左右，产生的沼气主要用于发电，项目发电机组装机容量为 3MW，年可发电 2190 万 kW·h。该发电机组电效率为 38%，热效率为 42%，总效率为 80%（图 4.36）。发电机组烟道气通过余热锅炉换热，以蒸汽的形式回收，提供给发酵系统自身增温，多余热量并入养鸡场内蒸汽总管网，用于鸡舍供暖。发电机组缸套水余热以热水形式在热水罐内储存，通过管道泵和厌氧罐壁外的盘管对厌氧罐体进行增温。

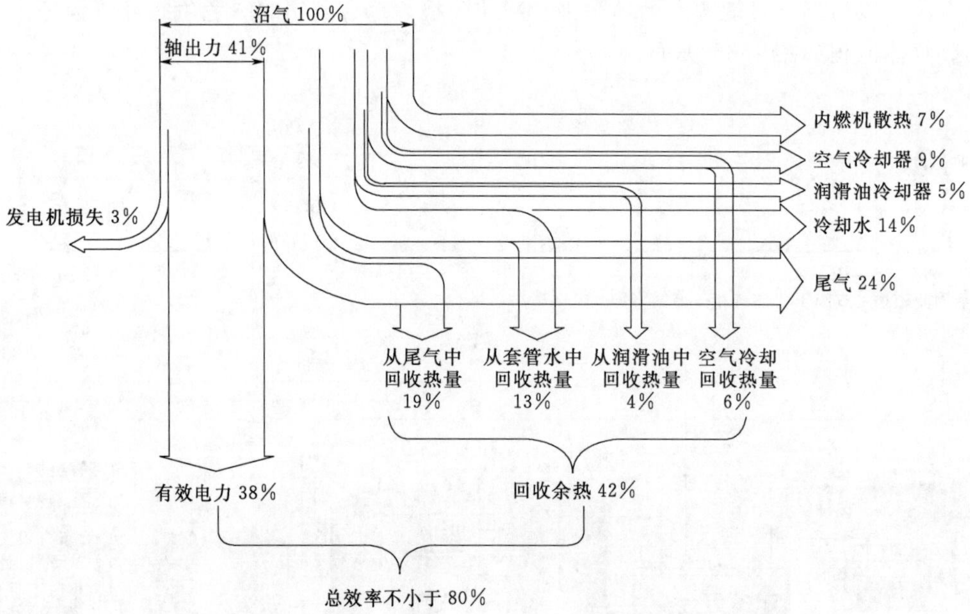

图 4.36 热电联产沼气发电机组能量平衡图

4.4 生物质水解发酵技术及应用

微生物发酵法生产乙醇是比较典型的生物质水解发酵技术。下面将对乙醇发酵技术进行系统介绍。

4.4.1 乙醇发酵方法

按发酵过程物料存在状态，发酵法可分为固体发酵法、半固体发酵法和液体发酵法，如图 4.37 所示。

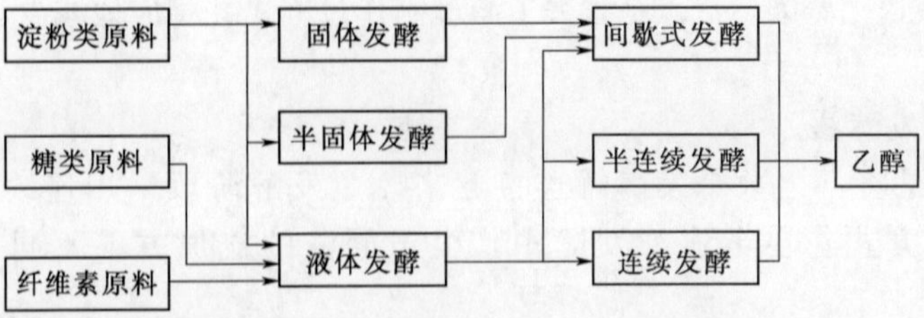

图 4.37 乙醇生产工艺分类及关系

根据发酵醪注入发酵罐的方式不同，可以将乙醇发酵的方式分为间歇式、半连续式和连续式三种。固体发酵法和半固体发酵法主要采取间歇式发酵的方式；液体发酵法则可以采取间歇式发酵、半连续发酵或连续发酵的方式。

目前，固体发酵法和半固体发酵法在我国主要是用于生产白酒。一般产量较小，生产工艺较古老，劳动强度大。而在现代大生产中，都采用液体发酵法生产乙醇。与固体发酵法相比，液体发酵法具有生产成本低、生产周期短、连续化、设备自动化程度高等优点，能大大减轻劳动强度。

4.4.1.1 间歇式发酵法

间歇式发酵就是指全部发酵过程始终在一个发酵罐中进行。按发酵罐容量和工艺操作不同，间歇发酵又可分为一次加满法、分次添加法、连续添加法和分割主发酵醪法。

1. 一次加满法

将糖化醪冷却到 27～30℃后，接入糖化醪量 10%的酒母，混合均匀后，经 60～72h 发酵，即成熟。此法适用于糖化锅与发酵罐容积相等的小型乙醇厂，优点是操作简便、易于管理，缺点是酒母用量大。酒母原指含有大量能将糖类发酵成酒精的人工酵母培养液。后来，人们习惯将固态的人工酵母培养物也称为固体酒母。

2. 分次添加法

分次添加法适用于糖化锅容量小，而发酵罐容量大的工厂。生产时，先打入发酵罐容积 1/3 左右的糖化醪，接入 10%酒母进行发酵，再隔 2～3h 后，加第二次糖化醪，再隔 2～3h，加第三次糖化醪，直至加到发酵罐容积的 90%为止。

3. 连续添加法

连续添加法适用于采用连续蒸煮、连续糖化的乙醇生产工厂。生产开始后，先将一定量的酒母打入发酵罐，然后根据生产量确定流加速度。流加速度与酵母接种量有密切关系，如果流加速度太快，则发酵醪中酵母细胞数太少，不能造成酵母繁殖的优势，易被杂菌所污染；如果流量太慢，也会造成后加入的糖化醪中的支链淀粉不能被彻底利用。一般从接种酵母后，应于 6～8h 内将罐装满。

4. 分割主发酵醪法

分割主发酵醪法适用于卫生管理较好的乙醇工厂，其无菌要求较高。将处于旺盛主发酵阶段的发酵醪分出 1/3～1/2 至第二罐，然后两罐同时补加新鲜糖化醪至满，继续发酵。待第二罐发酵正常，又处于主发酵阶段时，同法又分出 1/3～1/2 发酵醪至第三罐，并加新鲜糖化醪至第二、第三罐。如此连续分割第三、第四、……各罐。前面的第一、第二、……

罐发酵成熟的醪液送去蒸馏。优点是省去了酒母制作过程，并相应地减少了酵母生长的前发酵期。

4.4.1.2　半连续发酵法

半连续发酵是将一组数个发酵罐连接起来，主发酵阶段采用连续发酵，而后发酵则采用间歇发酵方式。在半连续发酵中，由于醪液的流加方式不同，又可分为以下两种：

（1）将一组数个发酵罐连接起来，使前三个罐保持连续发酵状态。开始投产时，在第一只罐接入酒母后，使该罐始终处于主发酵状态的情况下，连续流加糖化醪。待第一罐加满后，流入第二罐，此时可分别向第一、第二两罐流加糖化醪，并保持两罐始终处于主发酵状态。待第二罐流加满后，自然流入第三罐。第三罐流加满后，流入第四罐。第四罐加满后，则由第三罐改流至第五罐，第五罐满后改流至第六罐，依次类推。第四、第五罐发酵结束后，送去蒸馏。洗刷罐体后再重复以上操作。

（2）由 7～8 个罐组成一组罐，各罐用管道从上部通入下罐底部相串联。投产时，先制备 1/3 体积的酒母，加入第一只发酵罐，随后在保持主发酵状态下，流加糖化醪。满罐后，流入第二罐，待第二罐醪液加至 1/3 容积时，糖化醪转流加至第二罐。第二罐加满后，流入第三罐，然后重复第二罐操作，直至末罐。

半连续发酵方式的优点是省去了酒母的制作，但无菌操作要求高。

4.4.1.3　连续发酵法

连续发酵工艺也是将多个罐组成发酵罐组，按具体操作方法不同，又分为循环连续发酵法、多级连续发酵法以及双流糖化连续发酵法。

1. *循环连续发酵法*

循环连续发酵法是将 9～10 个罐组成一组连续发酵罐组，各罐连接方式是从前罐上部流入下一罐底部。投产时，先将酒母打入第一只罐，同时加入糖化醪，在保持该罐处于主发酵状态下，流加糖化醪至满，依次流入各罐，待醪液流至末罐并加满后，发酵醪成熟。将末罐成熟的发酵醪送去蒸馏，洗刷末罐并杀菌，用末罐变首罐，重新接种发酵，进行循环连续发酵。

2. *多级连续发酵法*

多级连续发酵法也称作连续流动发酵法。与循环法类似，也是用 9～10 个发酵罐串联在一起，组成一组发酵系统。投产时，只在前三只发酵罐中流加糖化醪，并使之处于主发酵状态，从第四只发酵罐起，不再流加糖化醪，使之处于后发酵阶段。当醪液流至末罐时，发酵醪即成熟，即可送去蒸馏。

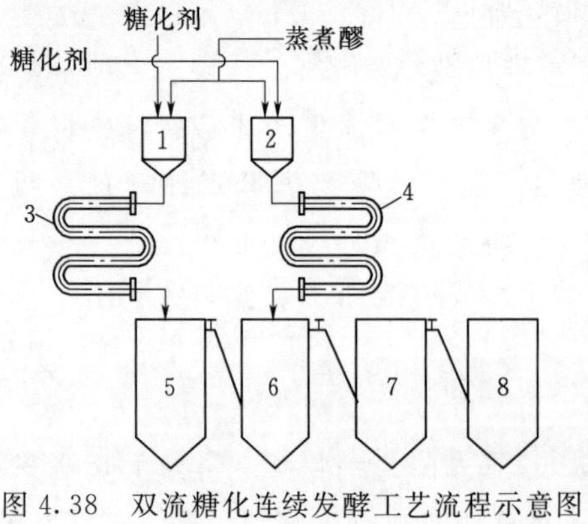

图 4.38　双流糖化连续发酵工艺流程示意图

1、2—糖化器；3、4—冷却器；5—第一主发酵罐；6—第二主发酵罐；7、8—发酵罐

3. *双流糖化连续发酵*

双流糖化连续发酵工艺流程如图 4.38 所示。

双流糖化连续发酵法的操作过程是将蒸煮醪按两种糖化方法进行：第一种方法在 58～85℃条

件下糖化 50～60min；第二种方法是在真空条件下 60℃糖化 5～6min。糖化剂使用甘薯曲霉和拟内孢霉深层培养液，用量为淀粉量的 85%。

4.4.2 糖类原料乙醇发酵工艺

糖类原料，如甘蔗、甜菜和甜高粱等，所含的糖分主要是蔗糖，是一种由葡萄糖和果糖通过糖苷键结合的双糖，在酸性条件下可水解为葡萄糖和果糖。酵母菌可水解蔗糖为葡萄糖和果糖，并在无氧条件下发酵葡萄糖和果糖生产乙醇，一般的化学反应式为

$$(C_6H_{10}O_5)_2 \xrightarrow{\text{酶},H_2O} 2C_6H_{12}O_6 \xrightarrow{\text{酵母或乙醇发酵菌}} 4C_2H_6O+4CO_2 \qquad (4.4)$$

使用糖类原料生产乙醇，和淀粉质原料相比，可以省去蒸煮、液化、糖化等工序，其工艺过程和设备均比较简单，生产周期较短。但是由于糖类原料的干物质浓度大、糖分高、产酸细菌多、灰分和胶体物质很多，因此对糖类原料发酵前必须进行预处理。糖类原料的预处理程序主要包括糖汁的制取、稀释、酸化（最适 pH 值为 4.0～5.4）、灭菌、澄清和添加营养盐。

糖类原料生产乙醇的一般工艺流程如图 4.39 所示。

1. 糖蜜原料特性

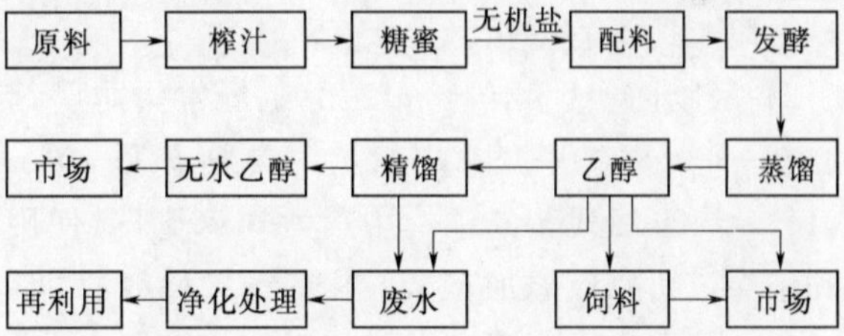

图 4.39 糖类原料生产乙醇的一般工艺流程

糖厂的副产物糖蜜中含有大量的糖分，其中的糖类大多数为可发酵糖。由于糖蜜的干物质浓度很大，在 80% 以上，糖分 45%以上，所以糖蜜必须稀释，使糖液浓度降至 22%～25%后才能进行乙醇发酵；糖蜜一般都含有很多杂菌，需要灭菌或酸化后才能使用；糖蜜中灰分含量较高，达 5%～16%，会引起发酵率下降和设备结垢，应清除灰分；糖蜜中含 5%～12%的胶体，主要成分是焦糖、黑色素、果胶等，是乙醇发酵起泡的主要原因，也会使酵母代谢受到抑制，有条件时应采取措施将其除去；糖蜜中含有微量重金属离子，如 Cu^{2+} 和 Pb^{2+} 的含量较高，特别是铜离子可达 $(5\sim10)\times10^{-6}$，会产生对酵母的抑制作用，应予重视。因此在糖蜜原料发酵前需对糖蜜进行稀释、酸化、灭菌、澄清和添加营养盐等前处理，然后接入酵母进行发酵生产乙醇。

2. 糖蜜原料前处理

(1) 糖蜜的稀释。糖类原料的榨汁糖度一般在 12～18Bx（白利度），用无机盐调配即可作为发酵液使用。糖蜜一般糖度为 80～90Bx，含糖分 50%以上，发酵前必须用水稀释。稀释糖蜜的浓度随生产工艺流程和操作而不同，糖蜜的稀释方法可分为间歇稀释法与连续稀释法两种。

1) 间歇稀释法。糖蜜间歇稀释法是先将糖蜜由泵送入高位槽，经过磅秤称重后流入稀释罐，同时加入一定量的水，开动搅拌器充分拌匀，即得所需浓度的稀糖液，经过滤后可供酒母培养和发酵用。间歇稀释法是在稀释罐内分批进行操作的，稀释罐内装有搅拌器。糖蜜间歇稀释是在稀释罐内进行，如果工厂原有糖化锅设备，一般都利用糖化锅作稀释设备。

2）连续稀释法。糖蜜连续稀释法是将糖蜜原料不断地流入连续稀释器，稀释水连续不断地加入，稀糖液连续不断地排出。目前我国糖蜜乙醇工厂多采用连续稀释法。糖蜜连续稀释是通过连续稀释器进行。保证稀糖液的一定浓度是连续稀释器操作的关键，调节稀释浓度是依靠相应的阀门用人工控制，在大型工厂中采用能调节水及糖蜜流量的联动来控制。

（2）糖蜜的酸化。糖蜜加酸酸化的目的是防止杂菌的繁殖，加速糖蜜中灰分与胶体物质的沉淀，同时调整稀糖液的酸度，使之适于酵母的生长。由于甘蔗糖蜜为微酸性，甜菜糖蜜为微碱性，而酵母发酵最适的 pH 值为 4.0～4.5，所以工艺上要求糖蜜稀释时要加酸。对于甜菜糖蜜，加酸可以使其中的 Ca^{2+} 生成硫酸钙沉淀，因而加速糖蜜中胶体物质与灰分一起沉淀而除去。

（3）糖蜜的灭菌。糖蜜中常被大量的微生物污染，大致包括野生酵母、白色念珠菌以及乳酸菌一类的产酸菌。为了防止糖液染菌，保证发酵的正常进行，除了加酸提高糖液的酸度外，最好还要进行灭菌。灭菌方法有以下两种：

1）加热灭菌。通蒸汽加热到 80～90℃，维持 1h，即可达到灭菌的目的。稀糖液的加热除了灭菌外，还有澄清作用，但加热处理需要耗大量的蒸汽，又需要增设冷却、澄清设备，一般工厂不宜采用。

2）药物防腐。我国糖蜜乙醇工厂常用防腐剂为：①漂白粉，用量为每吨糖蜜用漂白粉 200～500g；②甲醛，用量为每吨糖蜜用 40%甲醛 600mL；③氟化钠，用量为醪量的 0.01%；④五氯代苯酚钠，用量为 0.004%，使用时应注意它在酸性环境中分解成五氯苯酚和钠盐，所以应添加在未酸化的糖蜜稀释液中。

（4）糖蜜澄清。糖蜜中含有很多的胶体物质、灰分和其他悬浮物质，它的存在对酵母的生长与乙醇发酵均有害，故应当尽可能除去。糖蜜的澄清方法有以下两种：

1）加酸通风沉淀法。此法又称冷酸通风处理法。将糖蜜加水稀释至 50Bx 左右，加入 0.2%～0.3%的浓硫酸，通入压缩空气 1h，静止澄清 8h，取出上清液作为制备糖液用。

2）热酸处理法。在较高的温度和酸度下，对糖蜜中有害微生物的灭菌作用和胶体物质、灰分杂质的澄清沉降作用均较强。大规模生产采用冷酸通风沉淀方法较适宜。

国内有些工厂试验添加聚丙烯酰胺（PAM）作絮凝剂来进行酒母稀糖液的澄清处理，可大大缩短澄清时间。此外，还有采用压滤法或离心机分离的机械分离法。

（5）添加营养盐。酵母生长繁殖时需要一定的氮源、磷源、生长素、镁盐等。新鲜甘蔗汁或甜菜汁原含有酵母所需要的足够含氮化合物、磷酸盐类及生长素，但由于经过了制糖和糖蜜的处理等工序而大部分消失。糖蜜因制糖方法的不同，所含的成分也不一样，稀糖液中常常缺乏酵母营养物质，不但直接影响酵母的生长，而且影响乙醇的产量。因此必须对糖蜜进行分析，检查是否缺乏营养成分，了解缺乏的程度，然后适当添加必需的营养成分。

1）氮源。甘蔗糖蜜中的氮不能满足酵母生长繁殖的需要，故甘蔗糖蜜需添加氮源。我国甘蔗糖蜜乙醇工厂普遍采用硫酸铵［$(NH_4)_2SO_4$］作为氮源，铵易被酵母消化。麸曲和酵母自溶物也可以作为氮源的补充，可大大节省硫酸铵。

2）磷源。我国甘蔗糖蜜乙醇工厂所添加的磷酸盐多数采用钠、钾、铵、钙盐类，因溶液为酸性，适于酵母的生长繁殖和乙醇发酵，普遍采用过磷酸钙，用量为糖蜜的

0.25%～0.3%。

3）镁盐。镁盐的存在不仅能促进酵母的生长、繁殖，扩大酵母生长素的效能，同时也能促进乙醇发酵，因激酶的催化反应前提条件是离不开 Mg^{2+}，同时酵母的生长素需有镁盐共同存在才能发挥效能。通常添加硫酸镁。

3. 糖蜜原料乙醇发酵

糖蜜乙醇发酵过程中需要大量的酵母，因此必须选择适应工业生产需要的优良酵母菌种进行纯种培养，由单一细胞出发，增殖多量酵母作为种子，然后利用纯粹的酵母种逐级扩大培养，直至酒母的酵母细胞数足够满足乙醇发酵的需要。我国常用于甘蔗糖蜜乙醇发酵的酵母菌种为台湾酵母 396 号、As2.1189、As2.1190、甘化Ⅰ号、川 345 及川 102 等，常用于甜菜糖蜜乙醇发酵的酵母菌种为 Rasse 酵母。

糖蜜乙醇发酵的化学反应式为

$$\begin{cases} C_6H_{12}O_6 \longrightarrow 2CH_3COCOOH + 4H \\ 2CH_3COCOOH \xrightarrow{\text{脱羧}} 2CH_3CHO \\ 2CH_3CHO + 4H \longrightarrow 2CH_3CH_2OH \end{cases} \tag{4.5}$$

或

$$C_6H_{12}O_6 \longrightarrow 2CH_3CH_2OH + 2CO_2$$

由式（4.5）可以看出，乙醇发酵的过程是已糖（$C_6H_{12}O_6$）分解时脱氢生成丙酮酸（$CH_3COCOOH$），丙酮酸经过脱羧作用生成乙醛（CH_3CHO）和 CO_2，而后乙醛利用脱氢反应所脱下的氢还原成乙醇（CH_3CH_2OH）。这些过程都有相应的酶在起催化作用。

糖蜜乙醇的发酵方法很多，基本上可分为间歇法与连续法两大类。目前我国大多数糖蜜酒精工厂都采用连续发酵法，生产技术管理比较完善，而且有些厂仪表自动化程度也比较高，而产量较少的糖蜜乙醇工厂仍采用间歇发酵法。

糖蜜的乙醇发酵从外观现象上可以分为前发酵期、主发酵期和后发酵期三个时期。前发酵期指糖液和酵母加入发酵罐后 10h 左右的时间，本阶段主要进行酵母菌的增殖，而发酵作用不强，乙醇和 CO_2 产生量很少，前发酵期温度一般不超过 30℃。在主发酵期，主要进行乙醇发酵作用，主发酵期的温度一般控制在 30～34℃，时间持续 12h 左右。在后发酵期，乙醇发酵作用显著减慢，此时发酵液温度控制在 30～32℃，大约需要 40h 完成该阶段，发酵之后的醪液进行蒸馏获得乙醇。

采用甘蔗糖蜜、甜菜糖蜜生产乙醇的技术在我国、巴西等地得到了广泛的应用。此外，利用甜高粱糖蜜来生产乙醇在我国也取得了成功。图 4.40 所示为巴西甘蔗糖蜜或蔗汁乙醇生产工艺流程。甘蔗糖蜜或蔗汁经前处理，在发酵罐中发酵，发酵酵母经倾析或离心处理回用，可进行连续发酵。发酵后的清发酵液蒸馏、脱水得到无水乙醇。

4.4.3 淀粉类原料乙醇发酵工艺

淀粉质原料乙醇生产工艺流程如图 4.41 所示。其基本环节有原料粉碎、蒸煮糊化、糖化、乙醇发酵、乙醇蒸馏等，同时还有为糖化工艺作准备的培养糖化剂和为发酵工艺做准备的培养酵母等配合工艺环节。

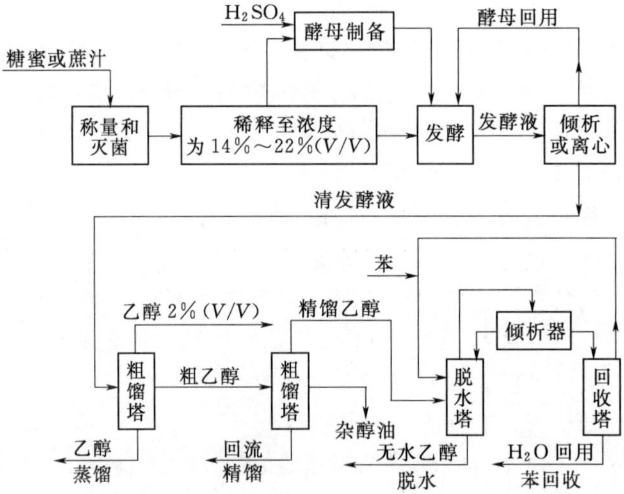

图 4.40　巴西甘蔗糖蜜或蔗汁乙醇生产工艺流程图

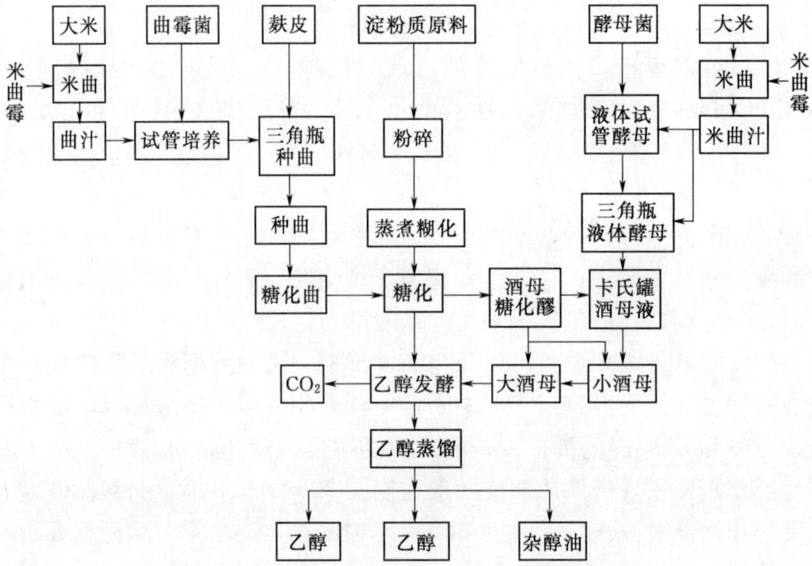

图 4.41　淀粉质原料乙醇生产工艺流程

4.4.3.1　原料粉碎

谷物或薯类原料的淀粉都是植物体内的储备物质，常以颗粒状态存于细胞之中，受着植物组织与细胞壁的保护，既不溶于水，也不易和淀粉水解酶接触。因此，需经过机械加工，将植物组织破坏，使其中的淀粉释出，这样的机械加工就是将原料粉碎。粉碎后的原料增加了受热面积，有利于淀粉颗粒的吸水膨胀、糊化，提高热处理效率，缩短热处理时间。原料粉碎的方法可分为干粉碎和湿粉碎两种。但是湿粉碎所得到的粉碎原料只能立即直接用于生产，不宜储藏，且耗电量较干粉碎多 8%～10%。目前我国大多数乙醇工厂采用的是干粉碎法，而且都采用二次粉碎，即经过粗碎和细碎两次加工。

4.4.3.2 蒸煮糊化

将淀粉质原料在吸水后进行高温高压蒸煮，目的首先是使植物组织和细胞彻底破裂，原料内含的淀粉颗粒因吸水膨胀而破坏，使淀粉由颗粒变成溶解状态的糊液，易于受淀粉酶的作用，把淀粉水解成可发酵性糖。其次，通过高温高压蒸煮，还将原料表面附着的大量微生物杀死，具有灭菌作用。

淀粉是一种亲水胶体，当淀粉与水接触时，水通过渗透薄膜而进入到淀粉颗粒里面。淀粉颗粒因吸水而膨胀，体积膨大，重量增加。若对吸水后的淀粉加热到60～80℃时，淀粉颗粒体积随温度升高而膨胀到50～100倍，此时各分子之间的联系削弱，使淀粉颗粒之间分开，此过程工艺上称为淀粉糊化。糊化温度因淀粉原料的不同而不同，玉米淀粉为65～73℃，小麦淀粉为64～73℃，大米淀粉为82～83℃。

蒸煮使原料中的淀粉溶解，其过程是当温度在糊化温度下，原料吸水膨胀，先是直链淀粉溶解，当温度逐渐升到120℃时，支链淀粉开始溶解，而温度在120～150℃之间进行高温高压蒸煮，则使淀粉继续溶解，当温度达到135℃以上时，细胞破裂，淀粉游离，细胞壁软化。目前，蒸煮糊化采用的主要有间歇蒸煮工艺和连续蒸煮工艺。

1. 间歇蒸煮工艺

间歇蒸煮通常采用锥形蒸煮锅，其构造如图4.42所示。

蒸煮开始时，计算好原料和水的投入量，使料和水占锅容量的75%～80%。原料与水的质量比为：粉状原料1∶4；谷粒原料1∶(2.8～3.0)；甘薯干原料块1∶(3.2～3.4)。加入水的温度：粉状原料50℃；颗粒原料80℃左右。用热蒸汽调节锅内需要的温度和压力，蒸煮压力一般要求为250～300kPa；蒸煮时间为30～45min。

这种蒸煮设备是从锥形底部一点引入蒸汽，并可利用蒸汽搅拌原料，因此蒸煮醪液的质量很均匀。由于下部是锥形，便于蒸煮醪液排放。该工艺主要用于小规模生产。

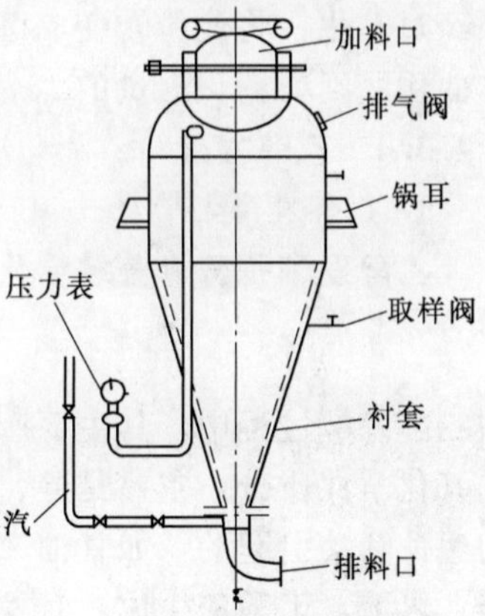

图4.42 间歇立式蒸煮锅示意

2. 连续蒸煮工艺

为了提高蒸煮醪的质量和减轻劳动强度，现在我国各乙醇厂广泛采用连续蒸煮工艺。常用的有锅式连续蒸煮、管式连续蒸煮和柱式连续蒸煮三种方法。这里主要介绍锅式连续蒸煮方法。

锅式连续蒸煮可在原有间歇蒸煮工艺的基础上，将锥形蒸煮锅串联起来，再增设加热桶和后熟器即可。

锅式连续蒸煮的工艺流程如图4.43所示。图中原料经斗式提升机运到储斗，通过锤式粉碎机进行粉碎。粉料经螺旋拌料斗，加入1∶3.5或1∶4的水，水温约40℃，在混合桶内充分混合，再由加热桶预热至70～80℃。然后送入Ⅰ号蒸煮锅，打满醪液，通入蒸汽加热。开启Ⅱ号蒸煮锅阀门进入锅里，待充满醪液后，开启阀门进入Ⅲ号锅。Ⅲ号锅内的醪液从顶部出来，醪液从切线方向进入后熟器进行汽液分离，回收二次蒸汽循环加热用。

在后熟器上腰部引出醪管（管插入后熟器下部），与真空冷却器联结，其真空度经常保持在 400mm 汞柱，使醪液瞬间冷却到糖化工艺所需要的温度，再进入糖化罐糖化。

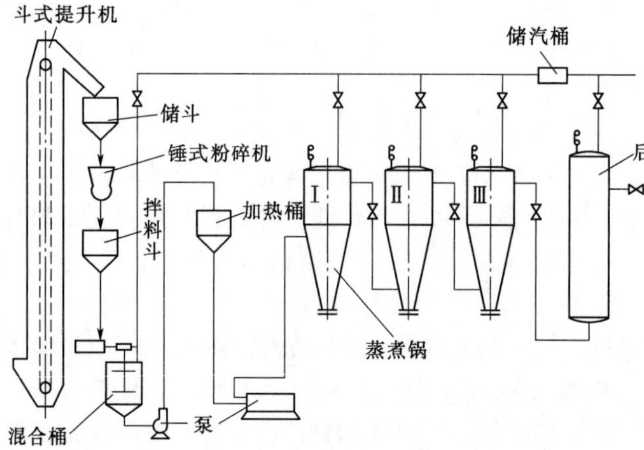

图 4.43　锅式连续蒸煮的工艺流程示意图

4.4.3.3　糖化

加压蒸煮后的淀粉糊化成为溶解状态，尚不能直接被酵母菌利用发酵生成乙醇，而必须经过糖化，将淀粉转变成可发酵性糖。糖化时，一般固体曲用量为原料的 5%～7%，液体曲用量则为糖化醪量的 15%～20%。糖化温度为 60～62℃，糖化时间为 20～30min。

4.4.3.4　乙醇发酵

1. 乙醇发酵与产物

乙醇发酵是酵母分解糖化醪中己糖产生乙醇的过程。乙醇发酵反应式为

$$C_6H_{12}O_6 \xrightarrow{\text{乙醇酵母}} 2C_2H_5OH + 2CO_2 \tag{4.6}$$

在乙醇发酵过程中，其主要产物是乙醇和 CO_2，但同时也伴随着产生 40 多种发酵副产物。按其化学性质分，主要是醇、醛、酸、酯四大类化学物质。按来源分，有些是由于酵母菌的生命活动引起的，如甘油、杂醇油、琥珀酸的生成；有些则是因为细菌污染所致，如醋酸、乳酸、丁酸的生成。对发酵产生的副产物应加强控制，并在蒸馏过程中提取，以保证乙醇的质量。

在乙醇发酵过程中，要满足乙醇酵母生长和代谢所必备的条件，并有一定的生化反应时间。在生化反应过程中还将释放出一定量的生物热，若该热量不及时排出，必将直接影响酵母的生长和代谢产物的转化率。一般密闭式发酵罐采用较为普遍。

2. 发酵罐

常见乙醇发酵罐的筒体为圆柱形，底盖和顶盖均为碟形或锥形的金属容器。常用乙醇发酵结构如图 4.44 所示。罐顶装有废气回收管、进料管、压力表等；罐身上下部装有取样口和温度计接口；罐底有排液（成熟醪）口和排污口；对于大型发酵罐，还有供维修和清洗的人孔。根据罐的大小，罐内装有冷却蛇管或罐内蛇管和罐壁喷淋的联合冷却装置。

4.4.4　纤维素类原料乙醇发酵工艺

纤维素原料是地球上可再生的生物质资源，我国的纤维素质原料非常丰富，仅农作物

秸秆和皮壳，每年产量就达7亿多t，其中玉米秸秆（35%）、小麦秸秆（21%）和稻草（19%）是我国的三大木质纤维素原料。另外，林业副产品、城市垃圾和工业废物数量也很可观。

纤维素质原料降解产物转化为乙醇的过程主要分为三步：①将纤维质原料经预处理转化为可发酵的原料；②纤维质降解产物发酵为乙醇；③分离提取乙醇及其副产品。纤维质原料生产乙醇的一般工艺流程如图4.45所示。整个流程与以淀粉质原料生产乙醇主要生产工艺基本相似，不同之处有为纤维素原料的预处理、纤维素酶的生产和纤维素水解、五碳糖的乙醇发酵工艺。

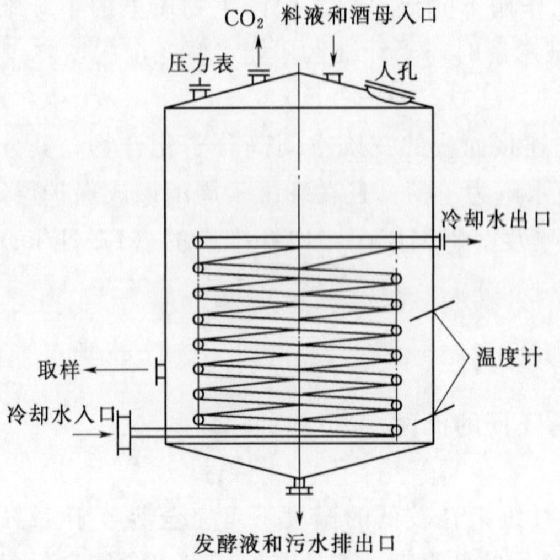

图4.44 常用乙醇发酵结构示意

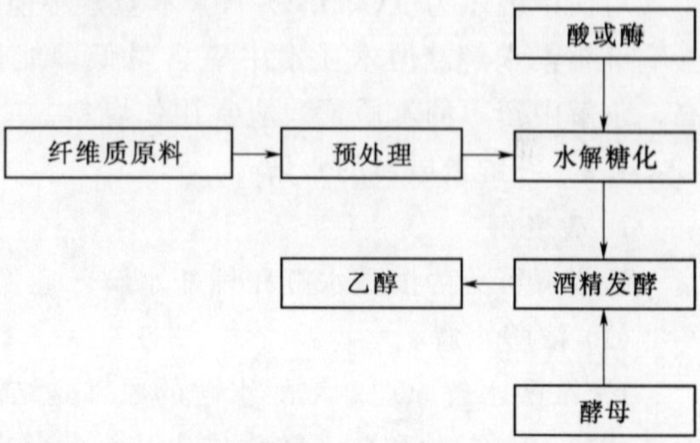

图4.45 纤维素原料生产乙醇的一般工艺流程

4.4.4.1 纤维素类原料的化学组分

维生素类原料细胞壁的基本物质是纤维素、半纤维素和木质素，纤维素是其中主要的组成部分。在植物纤维中纤维素沿着分子链链长的方向彼此近似平行地聚集成微细纤维而存在，排列整齐又较紧密的部分为纤维素的结晶区；排列不整齐又较松散的部分为纤维素的无定形区。在纤维素之间充满半纤维素、果胶和木质素等物质。在木材、树枝、木材加工剩余的碎木和锯末中，纤维素含量一般为40%～60%（干基计），半纤维素为20%～40%，木质素为10%～25%，还有少量其他化学成分。

1. 纤维素

纤维素属大分子多糖，是由葡萄糖脱水，通过β-1,4-葡萄糖苷键连接而成的直链聚合体，纤维素分子式可简单表示为（$C_6H_{10}O_5$）$_n$，n为聚合度，表示纤维素中葡萄糖单元的数目，一般在3500～10000之间。纤维素大分子间通过大量的氢键连接在一起形成晶体结构的纤维素束。这种结构使得纤维素的性质很稳定、不溶于水、无还原性，在常温下不发生水解，在高温下水解也很慢。只有在催化剂的催化作用下，纤维素的水解反应才显著地进行。常用的催化剂是无机酸和纤维素酶，由此分别形成了酸水解工艺和酶水解工艺。

2. 半纤维素

半纤维素是由不同的多聚糖构成的混合物。这些多聚糖由不同的单糖聚合而成，有直链也有支链，上面连接有不同数量的乙酰基和甲基。半纤维素的水解产物包括两种五碳糖（木糖和阿拉伯糖）和三种六碳糖（葡萄糖、半乳糖和甘露糖）。各种糖所占比例随原料而变化，一般木糖占一半以上，以农作物秸秆和草为水解原料时还有一定量的阿拉伯糖生成（可占五碳糖的 10%～20%）。木聚糖是由 D-木糖通过 β-1，4 连接而成的产物，是植物细胞壁中半纤维素的组分。半纤维素中木聚糖的水解过程为

$$(C_5H_8O_4)_m + mH_2O \longrightarrow mC_5H_{10}O_5 \tag{4.7}$$

故每 132kg 木聚糖水解可得 150kg 木糖，这里的 m 为聚合度。

半纤维素的聚合度较低，所含糖单元数为 60～200，也无晶体结构，故它较易水解，在 100℃左右就能在稀酸里水解，也可在酶催化作用下完成水解。但因生物质里的半纤维素和纤维素互相交织在一起，故只有当纤维素被水解时，半纤维素才能水解完全。

3. 木质素

木质素是由苯基丙烷结构单元通过碳-碳键连接而成的三维空间高分子化合物，其分子式可简单表示为（$C_6H_{11}O_2$）$_n$。木质素不能被水解为单糖，且在纤维素周围形成保护层，影响纤维素水解。但木质素中氧含量低，能量密度（27MJ/kg）比纤维素的（17MJ/kg）高，水解中留下的木质素残渣常用作燃料。

4.4.4.2 纤维素原料的水解

1. 酸水解

酸水解可分为浓酸水解和稀酸水解，它们有不同的机理。

（1）浓酸水解。

1）浓酸水解原理。浓酸水解的原理是结晶纤维素在较低的温度下可完全溶解于 72%的硫酸或 42%的盐酸中，转化成含几个葡萄糖单元的低聚糖，主要是纤四糖（含四个葡萄糖的聚合物）。把此溶液加水稀释并加热，经一定时间后就可把纤四糖水解为葡萄糖，并得到较高的收率。

采用浓酸水解时，把除去污物的生物质原料干燥至含水 10%左右，并粉碎至粒径为 3～5mm 的颗粒。把该原料和 70%～77%的硫酸混合，以破坏纤维素的晶体结构，最佳酸液和固体的质量比为 1.25∶1（以纯硫酸为基准）。为了减少糖的损失，这一步的处理温度较低（60～80℃），然后把酸浓度稀释到 20%～30%，并加热到 80～100℃，在常压下进行水解。所用时间取决于水解温度和原料中纤维素和半纤维素的含量，可在 40～480min 内变化。水解完成后用过滤法进行液固分离。

为提高单糖的产率，可进行二步水解。即把上述经一步水解的固体原料重新和浓硫酸混合，进一步破坏剩余的纤维素结晶，然后同样再进行稀释水解和液固分离。可把二次水解所得糖液混合后一起处理，固体残渣可作燃料。

对含硅高的原料（如稻草）可在第一步水解后用 5%～10%的 NaOH 溶液处理固体残渣，然后在碱液中加入 HCl 或 H_2SO_4，把溶液 pH 值降低到 10 左右，使 H_2SiO_3沉淀下来，过滤回收。可进一步制成硅胶、硅酸钠、硅酸钾等产品。剩下的溶液可再调节 NaOH 浓度到 5%～10%，用于处理新的固体原料。

浓酸水解的优点是糖的回收率高（最高可达 90%以上），但所需时间长，且酸必须回收。

2）酸的回收。酸水解中一个关键问题是酸的回收，如能以经济的方法把酸和糖分离，则不但酸可回收利用，还有利于糖液后续工艺的处理，经济意义很大。盐酸因挥发性大，可用真空蒸馏回收。也可用离子排斥法分离水解液中的酸和糖，具体为：使水解糖液流经充填有多孔树脂的床层，这些树脂中含有酸性基团，会阻止酸分子进入，糖分子进入则不受影响。这样当水解液通过床层时，酸分子将较快地移动，而糖分子由于不断进出树脂的多孔结构而移动得较慢，从而达到了两者的分离。

（2）稀酸水解。

1）稀酸水解机理。在纤维素的稀酸水解中，溶液中的氢离子可与纤维素上的氧原子结合，使其变得不稳定，容易和水反应，纤维素长链即在该处断裂，同时又放出氢离子，从而实现纤维素长链的连续解聚，直到分解成为最小的单元葡萄糖。该过程为

$$R-O-R'+H_3^+O \longrightarrow R-OH^+-R'+H_2O \tag{4.8}$$

所得葡萄糖还会进一步反应，生成不希望的副产品。可通过下式反应分解为乙酰丙酸（CH_3COCH_2COOH）和甲酸（HCOOH）

$$C_6H_{12}O_6 \xrightarrow{H^+} CH_3COCH_2COOH+HCOOH \tag{4.9}$$

这样就可把纤维素的稀酸水解表示为串联一级反应，即

$$\text{纤维素} \xrightarrow{k_1} \text{葡萄糖} \xrightarrow{k_2} \text{降解产物} \tag{4.10}$$

式（4.10）中的两个反应速率常数（k_1和k_2）既和温度有关，也和液相中酸浓度有关。由于所用原料和反应条件不同，各个研究者所得的速率常数表达式有很大差别。在条件可能的情况下，采用较高的水解温度是有利的。对硫酸来说，原来常用水解温度为170～200℃，在20世纪80年代后，由于技术的进展，很多实验室开始研究200℃以上的水解，最高可达230℃以上。

高温下半纤维素的水解机理类似于纤维素，但在较低温度下（小于160℃）时，半纤维素各部分水解难易程度不同。一般认为，反应初期半纤维素在酸的作用下生成聚合度不同的低聚糖，低聚糖再进一步水解为单糖。整个水解过程是半纤维素的连续解聚过程，平均分子量逐渐下降。不同聚合度的低聚糖浓度实际上是无法测定的，其浓度比单糖低得多，在进行动力学研究时通常对其不予考虑。

半纤维素的水解产物也会进一步反应，如木糖可分解为糠醛，其反应式为

$$C_6H_{10}O_5 \xrightarrow{\triangle} C_5H_4O_2+3H_2O \tag{4.11}$$

2）稀酸水解影响因素。影响水解效率的主要因素有原料粉碎度、液固比、反应温度、时间、酸种类和浓度等。

原料越细，原料和酸液的接触面积越大，水解效果越好，特别是在反应速率较快时，可使生成的单糖及时从固体表面移去。

液固比即所用水解液体积和固体原料的质量比，单位为L/kg。一般液固比增加，单位原料的产糖量也增加，但水解成本上升，所得糖液浓度下降，增加了后续发酵和精馏工序的费用。常用液固比为8～10，也有低到5的。

温度对水解速率影响很大，一般认为温度上升10℃，水解速度可提高0.5～1.0倍，

但高温也使单糖分解速度加快。故当水解温度高时，所用时间可短些。反之所用时间可长些。

从理论上看，酸浓度提高一倍而其他条件不变时，水解时间可缩短1/3～1/2。但这时酸成本增大，对设备抗腐蚀要求也会提高。常用酸浓度不超过3%。

稀酸水解一般用无机酸，常用的是硫酸和盐酸。盐酸的水解效率优于硫酸，但价格较高，且腐蚀性大，对设备要求高。近年来随着新型抗腐蚀材料的开发，材料的抗腐蚀问题已可解决，在有廉价盐酸来源时，可考虑用盐酸水解。在实验室里磷酸和硝酸也被用于水解研究。最近还有报道用马来酸（一种二羧酸）水解纤维素不但可得到和硫酸相同的转化率，而且生成的糖降解产物较少，不过这仅是初步的研究。人们还研究了助催化剂的作用，即用某些无机盐（如$ZnCl_2$、$FeCl_3$等）来进一步促进酸的催化作用。

稀酸水解工艺较简单，原料处理时间短，但糖的产率较低，且会生成对发酵有害的副产品。

2. 酶水解

（1）酶水解原理。酶水解是生化反应，加入水解反应器的是微生物产生的纤维素酶。

自然界中有很多细菌、霉菌和放线菌都能用纤维素作为碳源和能量来源，因为这些微生物能产生把纤维素分解为单糖的纤维素酶，不过自然条件下微生物分解纤维素的速度很慢。纤维素酶并不是单一的物质，其主要成分为内切葡萄糖酶、外切葡萄糖酶和β葡萄糖苷酶。其中内切葡萄糖酶的作用是随机地切割β-1,4葡萄糖苷键，使纤维素长链断裂，断开的分子链仍然有一个还原端和一个非还原端；外切葡萄糖酶包含两个组分，其作用是分别从纤维素长链的还原端切割下葡萄糖和纤维二糖（两个葡萄糖的聚合物）；β葡萄糖苷酶的作用是把纤维二糖和短链低聚糖分解成葡萄糖。

酶水解有许多优点：它在常温下进行，微生物的培养与维持仅需较少的原料，过程能耗低；酶有很高的选择性，可生成单一产物，故糖产率很高（>95%）；由于酶水解中基本上不加化学药品，且仅生成很少的副产物，所以提纯过程相对简单，也避免了污染。

酶水解的缺点是所需时间长（一般要几天），酶的生产成本高，且水解原料需经预处理。酶水解工艺包括原料预处理、酶生产和纤维素水解等部分。

（2）原料预处理。

1）预处理目的。酶水解工艺中一个重要环节是原料的预处理。由于构成生物质主要成分的纤维素、半纤维素和木质素间互相缠绕，且纤维素本身存在晶体结构，会阻止酶接近纤维素表面，故生物质直接酶水解时效率很低。通过预处理可除去木质素、溶解半纤维素或破坏纤维素的晶体结构，从而增大其可接近表面，提高水解产率。

2）预处理方法。预处理方法可大致分为物理法、物理-化学法、化学法和生物法四类。由于到目前为止生物法预处理的速度太慢，尚在研究阶段，故下面只介绍前三种方法。

a. 物理法。物理法主要是机械粉碎。可通过切、碾、磨等工艺使生物质原料的粒度变小，增加和酶的接触表面，更重要的是破坏纤维素的晶体结构。通过切碎可使原料粒度降到10～30mm，而通过碾磨后可达到0.2～2mm。

b. 物理—化学法。主要包括蒸汽爆裂、氨纤维爆裂、CO_2爆裂等。

(a) 蒸汽爆裂法是在高压设备中，用蒸汽将生物质原料加热至200～240℃，并保持0.5～20min，高温和高压使木质素软化，然后迅速打开阀降压，造成纤维素晶体的爆裂，使木质素和纤维素分离。水蒸气爆裂的效果主要决定于停留时间、处理温度、原料的粒度和含水量等。研究表明，在较高温度和较短停留时间（270℃，1min）下处理，或在较低温度和较长停留时间（190℃，10min）下处理，效果都很好。

蒸汽爆裂法的优点是能耗低，可间歇也可连续操作。主要适合于硬木原料和农作物秸秆，但对软木的效果较差。缺点是木糖损失多，且产生对发酵有害的物质；预处理强度越大，纤维素酶水解越容易，但由半纤维素得到的糖就越少。

(b) 氨纤维爆裂（AFEX）是在高温高压下使原料和液态的氨反应，同样经一定时间后突然减压，造成纤维素晶体的爆裂。在典型的AFEX中，处理温度为90～95℃，维持时间为20～30min，每千克固体原料用氨1～2kg。为降低AFEX的成本，氨需要回收。为此用温度高达200℃的过热氨蒸气将残留在固体原料上的氨气化后回收。由于固体原料中含有一定的水分，为使氨和水分离，可先用预冷凝器把大部分蒸气冷凝下来，留下纯度达到99.8%的氨蒸气。预冷凝器中的液体进入精馏塔，塔顶也可得99.8%的氨蒸气。这些氨蒸气经冷凝压缩后循环使用。氨纤维爆裂不产生有害物质，半纤维素中的糖损失也少。但经此处理的半纤维素并未分解，需另用半纤维素酶水解，故处理成本较大。

(c) CO_2爆裂与氨纤维爆裂基本相似，只是以CO_2取代了氨，但其效果比前者差。有人在5.62MPa下用该法对草类原料进行处理，每千克原料用CO_2 4kg，24h后原料中有75%的纤维素可被酶水解。

c. 化学法。化学法包括碱处理、稀酸处理及臭氧处理等。

(a) 碱处理法是利用木质素能溶解于碱性溶液的特点，用稀氢氧化钠或氨溶液处理生物质原料，破坏其中木质素的结构，从而便于酶水解的进行。近来人们较重视用氨溶液处理的方法，因氨易挥发，通过加热可容易回收（在间歇实验中回收率在99%以上），而预处理效果很好。通过氨预处理还能回收纯度较高的木质素，用作化工原料。

(b) 稀酸预处理类似于酸水解，通过将原料中的半纤维素水解为单糖，达到使原料结构疏松的目的。水解得到的糖液也可发酵制乙醇。对于水解困难的原料，可以在较强烈的条件下进行预处理，或者采用两级稀酸预处理的方法。

(c) 用臭氧处理可有效地除去木质素，反应在常温常压下进行，也不会产生有害物质，但成本太高，不实用。

3. 发酵原料净化

(1) 有害物的种类和来源。通过酸水解得到的糖液中存在很多有害组分，它们会阻碍微生物的发酵活动，降低发酵效率。大部分有害组分来自纤维素和半纤维素水解中产生的副产品，如图4.46所示。

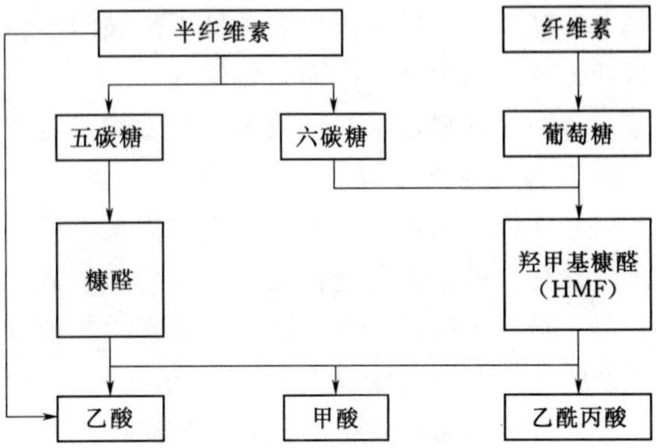

图4.46　水解中有害物产生的途径

在较强烈的水解条件下，原料中的木质素有1%～5%会被分解，生成有机酸、酚类和醛类化合物。反应器受腐蚀也会产生一些重金属离子。

有害物中量最多的是乙酸（可达10g/L以上），由木质素产生的组分虽然总量较少，但对微生物的影响很大。但一般认为水解液中没有一种组分的浓度会大到能产生很大的毒性，对发酵微生物的有害作用是很多组分共同作用的结果。各组分毒性的大小与发酵条件有关，如在较高的pH值下，有机酸的毒性可显著下降。

(2) 净化方法。人们研究了很多方法来降低有害组分的含量。最简单的办法是把水解液稀释（1∶3），即1份水解液加入3份水，但这样将大大降低糖浓度，增加后续工段的成本，经济上并不可行。其他方法包括过量加碱法、水蒸气脱吸、活性炭吸附、离子交换树脂等。

用得最多的是过量加碱法，即向水解糖液中加入石灰或其他碱液，使在碱性条件下溶解度较小的乙酸盐、糠醛和重金属等有害物都沉淀脱除。该法特别适合于硫酸水解，因硫酸钙（石膏）的溶解度较小，也可一起脱除。

水蒸气脱吸法是利用乙酸、糠醛、酚等有害物易挥发的特点，将其脱除。排出稀酸水解反应器的液体常经历一个闪蒸过程，可脱除相当量的有害物质。

水解液活性炭吸附或离子交换树脂处理后也可脱除相当量的醋酸、糠醛和被溶解的木质素。

随生物质原料和水解条件的不同，各有害组分的生成量也不相同，具体用哪种措施脱除有害物通常需通过试验确定。

目前人们还在通过基因工程开发能抗有害组分的微生物，如在这方面取得成功，可简化纤维素生产乙醇的工艺过程，将产生很高的经济效益。

4.4.4.3 纤维素发酵生产乙醇工艺流程

1. 纤维素生产乙醇方法

用纤维素作为原料生产燃料乙醇的关键是纤维素的水解糖化，如前所述，水解糖化方法有酸水解法与酶水解法，根据采用的水解法的不同，乙醇生产的整体工艺有较大差异。糖化后的乙醇发酵工艺与淀粉等其他原料糖化后的乙醇发酵工艺大体相同，但也有不同之处，主要是与普通淀粉质为原料的乙醇发酵相比，纤维素为原料的乙醇发酵过程最终乙醇浓度相对较低，低的乙醇浓度将导致后提取工艺能耗明显增加。因此，如何提高纤维素发酵的乙醇浓度也是纤维素乙醇生产链中的一项重要技术。另外，纤维素原料水解的产物主要是五碳糖和六碳糖，其中五碳糖不能被酿酒酵母发酵成乙醇。而一般木质纤维素原料水解后获得的六碳糖和五碳糖比例约为2∶1。为了提高原料利用率，五碳糖的发酵受到人们的普遍重视，并提出了几种以五碳糖发酵或六碳糖和五碳糖共发酵为目的的工艺流程。

2. 纤维素生产乙醇的工艺流程

(1) 纤维素酸水解生产乙醇工艺流程。生物质生产乙醇的浓酸水解工艺仅有Arkenol工艺。稀酸水解工艺的变化也比较少，为了减少单糖的分解，实际的稀酸水解常分两步进行：第一步是用较低温度分解半纤维素，产物以木糖为主；第二步是用较高温度分解纤维素，产物主要是葡萄糖。图4.47所示为二级稀酸水解工艺。

(2) 纤维素酶水解生产乙醇工艺流程。酶水解工艺的流程较多，它们基本上可以分为两类：一类是纤维素的水解和糖液的发酵在不同的反应器内进行，因此被称为分步水解发

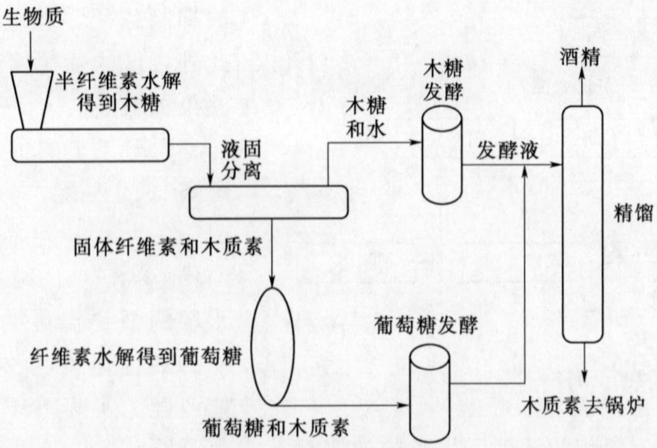

图 4.47　二级稀酸水解工艺

酵工艺（简称 SHF）；另一类是纤维素的水解和糖液的发酵在同一个反应器内进行，由于酶水解的过程又被称为糖化反应，故被称为同时糖化发酵工艺（简称 SSF）。图 4.48～图 4.52 给出了几种酶水解的工艺，其中的预处理是酶水解所特有的，其目的是使生物质原料的结构变得比较疏松，便于酶到达纤维素的表面。在预处理过程中，半纤维素一般能被水解为单糖。

1）分别水解发酵工艺（SHF）。在图 4.48 所示的 SHF－1 工艺流程中，预处理得到的含木糖的溶液和酶水解得到的含葡萄糖的溶液混合后首先进入第一台发酵罐，在该发酵罐内用第一种微生物把混合液中的葡萄糖发酵为乙醇。随后在所得的醪液中蒸出乙醇，留下未转化的木糖进入第二台发酵罐中，在那里木糖被第二种微生物发酵为乙醇，所得醪液再次被蒸馏。这样安排是考虑到在预处理得到的糖液中也有相当量的葡萄糖存在，而任何微生物在同时有葡萄糖和木糖存在时，总是优先利用葡萄糖，但流程中第二种微生物对葡萄糖的发酵效率比较低，故这样安排有利于提高木糖的发酵效率，但增加了设备成本。

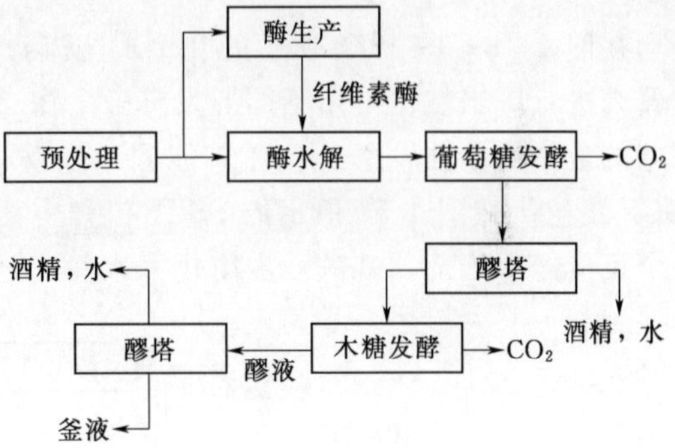

图 4.48　SHF－1 工艺流程

在图 4.49 所示的 SHF－2 工艺流程中，预处理得到的含木糖的溶液和酶水解得到的含葡萄糖的溶液分别在不同的反应器发酵，所得的醪液混合后一起蒸馏。和前一流程相比，它少了一个醪塔，有利于降低成本。当所用微生物发酵木糖和葡萄糖的能力提高后，这样的流程安排比较合理。

2）同步水解发酵工艺（SSF）。同时水解和发酵工艺是把经预处理的生物质、纤维素酶和发酵用微生物加入一个发酵罐内，使酶水解和糖液的发酵在同一装置内完成（图 4.50）。SSF 法不但简化了生产装置，而且因发酵罐内的纤维素水解速度远低于葡萄糖发酵速度，使溶液中葡萄糖和纤维二糖的浓度很低，这就消除了它们作为水解产物对酶水解

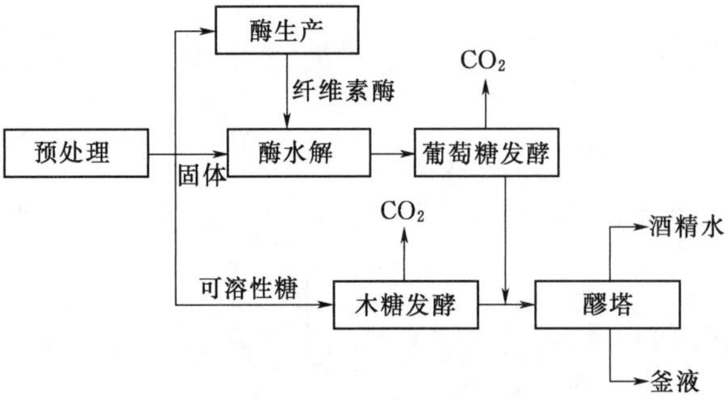

图 4.49 SHF-2工艺流程

的抑制作用，相应可减少酶的用量。此外，低的葡萄糖浓度也减少了杂菌感染的机会。

SSF 工艺的主要问题是水解和发酵条件的匹配。酶水解所需的最佳 pH 值为 4.8 左右，而发酵的最佳 pH 值为 4～5，两者并无矛盾，但酶水解的最佳温度为 45～50℃，而发酵的最佳温度为 28～30℃，两者不能匹配。实际 SSF 常在 35～38℃下进行操作，这种处理使酶的活性和发酵的效率都不能达到最大。

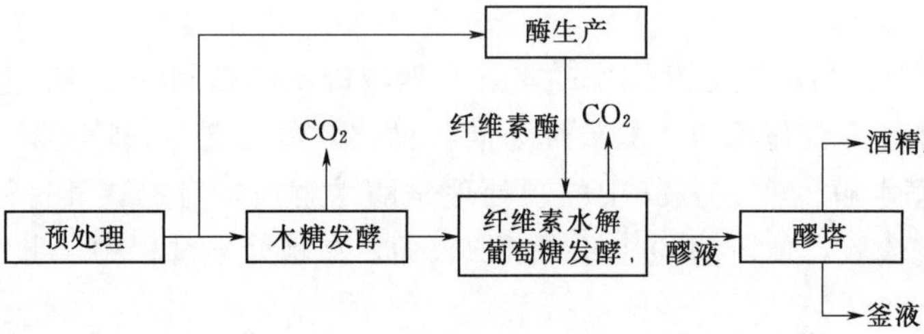

图 4.50 同时糖化发酵工艺流程

在图 4.48～图 4.50 所示的几个工艺流程中，木糖的发酵和葡萄糖的发酵在不同的反应器内进行，当然也可用不同的发酵微生物。在一般的 SSF 工艺中，预处理所产生富含五碳糖的液体是单独发酵的。随着能同时发酵葡萄糖和木糖的新型微生物的开发，发展了 SSCF 工艺。在图 4.51 所示的 SSCF 流程中，预处理得到的糖液和处理过的纤维素放在同一个反应器中处理，就进一步简化了流程，但对发酵的微生物要求也更高。

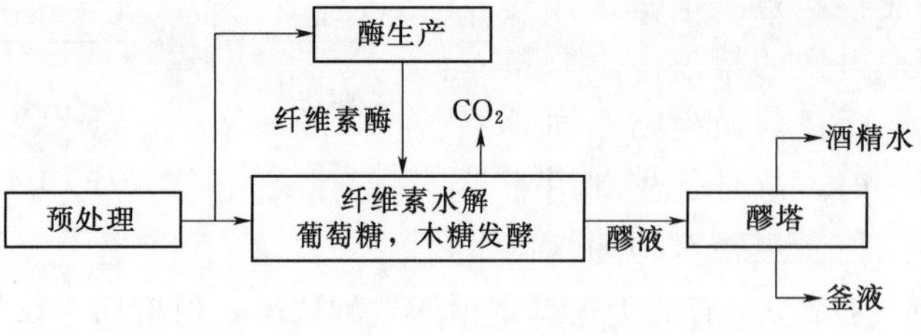

图 4.51 SSCF 流程

图 4.52 所示的统合生物加工工艺（CBF）可谓是生物质转化技术进化中的逻辑终点，它可把纤维素酶的生产、纤维素水解、葡萄糖发酵和木糖发酵结合在一个反应器内完成。到目前为止，能完全满足 CBF 要求的微生物尚未开

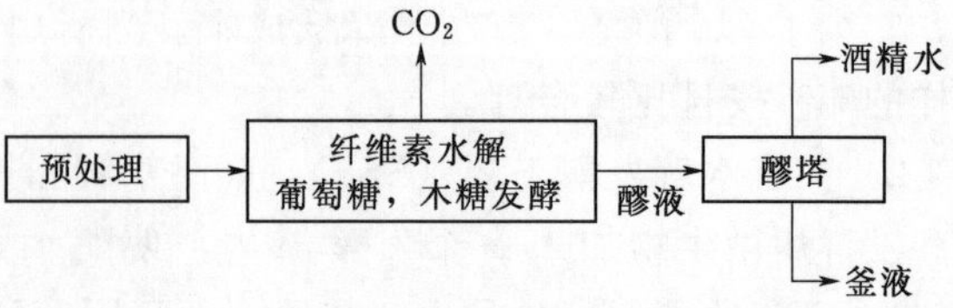

图 4.52 统合生物加工工艺流程

发成功，故对其研究仅限于实验室规模。

3）同步水解发酵工艺（MIT）。同步水解发酵工艺是利用混合菌种来水解纤维素产生糖，同时将糖发酵成乙醇及其副产物的综合发酵生产乙醇工艺。其主要特点是不需要单独的生产酶的设备，并能够部分解决葡萄糖对酶的反馈抑制问题，以提高纤维素糖化水解速度，使乙醇得率可提高四倍。

MIT 流程常采用混合菌中的热纤梭菌，可以水解纤维素为葡萄糖和纤维二糖，并水解木聚糖为木糖和木二糖。它也能发酵葡萄糖和纤维二糖为乙醇、乙酸和乳酸。另一个菌耐热糖解梭菌没有水解纤维素的能力，但能发酵上述各种单糖为乙醇、乙酸和乳酸。该流程所用主要原料是玉米芯。发酵需要严格的厌氧条件，发酵温度为 60℃，pH 值为 7。当发酵基质浓度为 70～245g/L 时，发酵结果会使发酵液中乙醇度达到 45g/L、乙酸 22g/L、乳酸 30g/L。

3. 五碳糖发酵

纤维素原料经过糖化作用后，产生的还原糖主要为六碳糖和五碳糖（六碳糖与五碳糖的比约为 2∶1）。最常见的五碳糖有核糖、木糖和阿拉伯糖，重要的六碳糖有葡萄糖、半乳糖和甘露糖、果糖。半纤维素一般占木质纤维原料的 10%～40%，同纤维素相比，半纤维素很容易被水解，其水解产物是以木糖为主的五碳糖，以农作物秸秆和草为原料时还有相当量的阿拉伯糖生成（可占五碳糖的 10%～20%），一般的酒精酵母除可发酵葡萄糖（六碳糖）外，也可发酵半乳糖和甘露糖（六碳糖），但不能发酵木糖和阿拉伯糖（五碳糖）。故以前曾把木糖和阿拉伯糖这两种五碳糖称为非发酵性糖。事实上，自然界存在一些能发酵木糖为乙醇的菌，如管囊酵母、树干毕赤酵母、休哈塔假丝酵母等。但是这些菌株在发酵产生乙醇过程中需控制严格的微好氧条件，且不能耐受高浓度酒精及预处理产生的毒素。

从 20 世纪 80 年代初起，人们开始重视五碳糖的发酵。研究者通过以下三个不同的途径进行了探索，取得了一定的进展。

第一种方法是用木糖异构酶将木糖异构成木酮糖，而木酮糖能被普通酵母所利用。已筛选出适用于木酮糖发酵的酵母，得到了较高的酒精产率［0.41～0.47g/g（乙醇/木糖）］。还有人提出使木糖异构化和木酮糖发酵在一起完成的工艺。由于一般木糖异构酶在 pH 值 7～9 的活性最强，而木酮糖发酵适于在酸性条件下进行，还筛选出了特殊的菌种，其产生的木糖异构酶在 pH 值为 5 的环境中也有活性。不过总的来说，这种方法的效率还不够高。

第二种方法是寻找和驯化能发酵五碳糖的天然微生物。人们已找到了很多酵母、细菌和霉菌具有这样的能力，有的野生酵母还有较高的乙醇产率。但它们往往不能满足其他方面的要求（单位发酵器生产率，对高乙醇浓度的忍受力等），而且野生酵母对发酵液中溶解氧的控制要求很高，难以适应大规模工业应用。

第三种方法是用基因工程技术开发能发酵五碳糖的微生物。天然的运动发酵单胞菌对葡萄糖有很强的发酵能力，但它对木糖不起作用。而自然界存在的几种大肠杆菌不但能利用葡萄糖，也能利用木糖，但它们的代谢产物除了乙醇和 CO_2 外，还包括大量的乙酸、乳酸、琥珀酸和氢。为此，美国国家能源部可再生能源实验室的研究者把大肠杆菌同木糖的基因克隆并表现在原来只能发酵葡萄糖的运动发酵单胞菌中，使后者获得了几种必要的酶，从而具备了代谢木糖的能力。这样该运动发酵单胞菌菌种就既能发酵葡萄糖也能发酵木糖。目前利用基因工程技术获得五碳糖发酵微生物的方法最具有发展前景。

思　考　题

1. 论述沼气发酵微生物的种类及其关系。
2. 简述沼气发酵过程的三个阶段及其作用。
3. 试述沼气的脱水和脱硫方法及原理。
4. 试述以沼气为纽带的主要生态农业模式及其特点。
5. 试述厌氧细菌和光合细菌联合产氢的特点。
6. 试述发酵法生产乙醇的主要原料及其相对应的发酵生产工艺流程。

参 考 文 献

[1] 林聪，王久臣，周长吉. 沼气技术理论与工程 [M]. 北京：化学工业出版社，2007.
[2] 袁振宏，吴创之，马隆龙. 生物质能利用原理与技术 [M]. 北京：化学工业出版社，2005.
[3] 姚向君，田宜水. 生物质能资源清洁转化利用技术 [M]. 北京：化学工业出版社，2004.
[4] 鲁楠. 新能源概论 [M]. 北京：中国农业出版社，1996.
[5] 任南琪，王爱杰. 厌氧生物技术原理与应用 [M]. 北京：化学工业出版社，2004.
[6] 张全国. 沼气技术及其应用 [M]. 北京：化学工业出版社，2005.
[7] 沈剑山，颜晓英. 生物质能源沼气发电 [M]. 北京：中国轻工业出版社，2009..
[8] 张克强，高怀友. 畜禽养殖业污染物处理与处置 [M]. 北京：化学工业出版社，2004.
[9] 赵立欣，董保成. 大中型沼气工程技术 [M]. 北京：化学工业出版社，2008.
[10] 李文哲，孙培灵. 生物质能源工程 [M]. 北京：中国农业出版社，2013.
[11] 周大地. 可持续发展与经济结构 [M]. 北京：科学出版社，1999.
[12] 黄元森，扬虚杰. 光合作用机理的寻觅者 [M]. 济南：山东科学技术出版社，2004.
[13] 王革华，艾德生. 新能源概论 [M]. 北京：化学工业出版社，2006.
[14] 毛宗强. 氢能——21 世纪的绿色能源 [M]. 北京：化学工业出版社，2005.
[15] 翟秀静，刘奎仁，韩静. 新能源技术 [M]. 北京：化学工业出版社，2005.
[16] 王革华，艾德生. 新能源概论 [M]. 北京：化学工业出版社，2006.
[17] C. W. 琼斯. 细菌的呼吸和光合作用 [M]. 陆卫平，译. 北京：科学出版社，1986.
[18] 袁振宏，吴创之，马隆龙，等. 生物质能利用原理与技术 [M]. 北京：化学工业出版社，2005.
[19] 日本能源学会. 生物质和生物能源手册 [M]. 史仲平，华兆哲，译. 北京：化学工业出版社，2007.
[20] 刘荣厚. 生物质能工程 [M]. 北京：化学工业出版社，2009.
[21] 张全国，雷廷宙. 农业废弃物气化技术 [M]. 北京：化学工业出版社，2007.
[22] 朱章玉，俞吉安，林志新，等. 光合细菌的研究及其应用 [M]. 上海：上海交通大学出版社，1991.
[23] 李燕城. 水处理实验技术 [M]. 北京：中国建筑工业出版社，2000.
[24] 贾树彪，李盛贤，吴国峰. 新编酒精工艺学 [M]. 北京：化学工业出版社，2006.
[25] 刘荣厚. 新能源工程 [M]. 北京：中国农业出版社，2006.
[26] 卢向阳. 生物质能学 [M]. 北京：化学工业出版社，2008.

[27] 马赞华. 酒精高效清洁生产新工艺 [M]. 北京：化学工业出版社，2004.
[28] 宋安东. 可再生能源的微生物转化技术 [M] 北京：科学出版社，2008.
[29] 吴创之，马隆龙. 生物质能现代化利用技术 [M]. 北京：化学工业出版社，2003.
[30] 张建安，刘德华. 生物质能源利用技术 [M]. 北京：化学工业出版社，2009.

第5章 生物质化学转化

5.1 概　　述

5.1.1 生物质化学转化的分类

生物质化学转化包括酯化反应与酯交换反应、生物质水热转化、生物质催化转化和生物质间接液化反应等。酯化反应与酯交换反应是生物柴油的主要生产方式。生物质水热转化包括水热气化、水热液化和水热炭化技术。生物质催化转化主要包括纤维类生物质催化转化、油脂类生物质催化转化和脂肪酸或脂肪酸皂化裂解反应。生物质间接液化反应包括费托合成、二甲醚间接合成和甲醇间接合成技术。

5.1.2 用于生物质转化的催化剂

通过以上多种方式可以将生物质原料转化为燃料和化工产品。但生物质在转化过程中结果往往不尽如人意：如一些生物质的结构十分复杂，在温和条件下很难解聚；如生物质热解直接得到的生物质粗油水分和含氧量较高，黏度和酸度值也较高，而热值较低，稳定性较差等；再如，在制取生物柴油的过程中，在没有催化剂时转化效率较低。因此，开发利用适用于生物质转化的催化剂具有重要的意义，添加催化剂可以使生物质转化更环保，且能显著提高其经济效益。

5.1.2.1 催化剂的特性

催化剂的特性是评价催化剂好坏的主要指标，可以分为反应性能、化学性能和物理性能。反应性能是指催化剂在反应过程中表现出的性能，如反应活性、选择性和稳定性等。化学性能包括催化活性组分的化学态、酸性、表面组成和化学结构等。催化剂的物理性能包括比表面积、孔结构、密度和力学性能。通常，催化剂的活性、选择性和稳定性最受关注。

1. 催化剂的活性

催化剂的活性是指催化剂对反应加速的程度，可作为衡量催化剂效能大小的标准。可以用不同的基准来表示，如每小时每克催化剂的产物，或每小时每立方厘米催化剂的产物，或每小时每摩尔催化剂的产物。

通常催化剂的活性越高，催化剂的总体使用量越少，则需要的成本越低。但反应过快会伴有剧烈放热，因此催化剂的活性不宜过高。因为反应热难以除去，会导致反应温度过高，反应无法控制。

2. 催化剂的选择性

催化剂除了可以加快反应速率外，还可以使反应向生成某一特定产物的方向进行，这便是催化剂的选择性。催化反应过程中不可避免地会伴随副反应产生，因此选择性总是小于100%。对于一个催化反应，催化剂的活性和选择性是两个最基本的性能。人们在催化剂的研究开发过程中发现催化剂的选择性往往比活性更重要，也更难解决。因为一个催化剂尽管活性很高，如果选择性不好，会产生多种副产物，会给产品的分离带来很大的麻烦，大大降低了催化过程的效率和经济效益。反之，一个催化剂尽管活性不高，但选择性较好，也仍可以用于工业生产。

3. 催化剂的稳定性

催化剂的稳定性是指催化剂在使用条件下具有稳定活性的时间，即催化剂的寿命。催化剂的稳定性包括化学稳定性、耐热稳定性、抗毒稳定性和机械稳定性等多个方面。催化剂的寿命是指催化剂在反应器内使用的总时间。工业上在反应条件下维持一定活性和选择性水平的时间，或者每次催化剂活性下降到一定水平需要恢复催化剂活性的累计时间，称为催化剂的再生周期。再生周期越长，催化剂的稳定性越好，催化剂的使用寿命越长。

5.1.2.2 用于生物质转化的固体催化剂

1. 固体催化剂的组成

生物质在转化过程中，固体催化剂是最普遍的，如分子筛催化剂、金属催化剂等。固体催化剂的组成从成分上可分为单组元催化剂和多组元催化剂。

（1）单组元催化剂是指由一种物质组成的催化剂，但单组元催化剂在工业中用得较少，因为单一物质难以满足工业生产对催化剂性能的多方面要求。

（2）多组元催化剂是指由多种物质组成的催化剂。多组元催化剂使用较多，根据其组成物质在催化剂中的作用可分为主催化剂、共催化剂、助催化剂和载体。

1）主催化剂，又称为活性组分，是多组元催化剂中的主体，是必须具备的组分，没有它就缺乏所需要的催化作用。有些主催化剂由几种物质组成，但其功能有所不同，缺乏其中之一就不能完成所要进行的催化反应。

2）共催化剂是和主催化剂同时起催化作用的物质，两者缺一不可。

3）助催化剂是加到催化剂中的少量物质，这种物质本身没有活性或者活性很小，甚至可以忽略，但却能显著地改善催化剂性能，包括催化剂的活性、选择性及稳定性等。根据催化剂的功能可以将其分为结构型助催化剂、调变型助催化剂、扩散型助催化剂及毒化型助催化剂。

4）载体是催化剂中主催化剂和助催化剂的分散剂、黏合剂和支撑体，有多方面的作用，包括分散作用、稳定化作用、支撑作用、传热和稀释作用和助催化作用。

2. 用于生物质转化的催化剂——固体酸碱催化剂

生物质是一种复杂的物质，它的转化通常涉及一系列不同的、连续或平行的反应，如水解、脱水、C—C裂解、C—O氢解、氢化、C—C偶联、异构化和选择性氧化等。因此，对用于生物质转化的催化剂的设计很难给出一个通用的期望特性。生物质的转化主要采用固体酸/碱催化剂及负载型金属催化剂。固体酸/碱催化反应主要有异构化、裂解、烷基化、水合、脱水、水解、酯化缩合、聚合等。酸/碱催化剂起催化作用的主要方式是酸性催化剂在反应物上加上 H^+ 或夺去 H^-，形成碳正离子；碱性催化剂在反应物上加上 H^- 或夺去 H^+ 形成碳负离子，然后离子再进行反应。同时，在实际应用过程中，这两种催化剂也往往被结合起来构成一个用于生物质转化的具有双重功能或多重功能的催化剂。

催化剂的酸碱性包括三个方面：①归属的种类，属于 B 酸还是 L 酸，属于 B 碱还是 L 碱；②酸碱的强度；③酸碱的浓度。传统的酸碱强度用 pH 值表示，广义酸碱强度则不同，B 酸强度是指给出质子的能力，或者说是将某种 B 酸转化为其共轭酸的能力；L 酸强度是指接受电子对的能力，或者说是与 L 碱形成酸碱配合物的能力。

固体酸被广泛地应用于生物质转化，如纤维素水解为水溶的低聚糖和葡萄糖，葡萄糖水解生成乙酰丙酸或异构化为果糖，甘油酯的酯交换反应生成生物柴油和其他反应。各种各样的固体酸可以被使用，包括酸性黏土、负载酸、氧化物、硫酸盐、卤化物和杂多酸等，见表 5.1。

表 5.1　　固体酸催化剂

类型	催化剂
酸性黏土	高岭土、膨润土、蒙脱土、天然沸石
负载酸	将液体酸浸渍负载在无机体上，载体可以是氧化硅、硅藻土、氧化铝和石英砂等，酸可以用硫酸、磷酸、盐酸和硼酸等
氧化物	单组分氧化物、多组分氧化物或复合氧化物，如 Al_2O_3、SiO_2、TiO_2、ZnO_2、$SiO_2—Al_2O_3$、$SiO_2—MgO$、$SiO_2—ZrO_2$、$SiO_2—Cr_2O_3$ 等
硫酸盐	$MgSO_4$、$CaSO_4$、$SrSO_4$、$ZnSO_4$、$Al_2(SO_4)_3$、$FeSO_4$、$NiSO_4$ 等
卤化物	$SnCl_2$、$TiCl_4$、$AlCl_3$、$CuCl_2$ 等
杂多酸	磷钨酸、磷钼酸和硅钨酸等
其他	阴离子交换树脂、磷酸铝等

当设计一些固体酸催化剂时，酸的强度、酸位点的数量、比表面积和酸位点可访问性都是需要考虑的重要因素。而固体碱催化剂分为负载碱、金属氧化物碱和金属盐等，见表 5.2。

表 5.2　　固体碱催化剂

类型	催化剂
负载碱	载体可以是氧化硅或氧化铝等，碱可以用 NaOH 和 KOH
氧化物	如 Na_2O、K_2O、MgO、$SiO_2—MgO$、$SiO_2—CaO$、$SiO_2—ZnO$ 等
金属盐	Na_2CO_3、K_2CO_3、$CaCO_3$、$BaCO_3$ 等
分子筛	经碱金属或碱土金属改性的各种沸石分子筛

3. 用于生物质转化的催化剂——分子筛催化剂

由于目前在生物质转化利用过程中分子筛催化剂经常被利用与讨论，故本节将详细介绍分子筛催化剂的特性。

分子筛催化剂属于固体酸性催化剂，它是一种水合结晶型硅铝酸盐，具有均匀的微孔，其孔径与一般分子大小相当，由于其孔径可以用来筛分大小不同的分子，故称为分子筛催化剂。分子筛催化剂通常包括天然和人工合成的两种。自然界存在的分子筛催化剂常称沸石。它通常是白色粉末，粒度为0.5～10μm或更大，无毒、无味、无腐蚀性，不溶于水和有机溶剂，溶于强酸和强碱。它们的化学组成可表示为$M_{x/n}[(AlO_2)_x(SiO_2)_y]_m H_2O$（其中，M为金属阳离子；$n$为M的价数；$x$为$AlO_2$的分子数；$y$为$SiO_2$的分子数；$m$为水分子数）。因为$AlO_2^-$带负电荷，金属阳离子的存在可使分子筛催化剂保持电中性。常用的分子筛催化剂有A型、X型、Y型、M型（丝光沸石）和ZSM－5型等。分子筛催化剂在各种不同的酸性催化剂中能够提供很高的活性和不寻常的选择性，且绝大多数反应是由分子筛催化剂的酸性引起的，所以也属于固体酸类。不同硅铝比的分子筛催化剂，耐酸、耐碱、耐热性不同，一般情况下，硅铝比增加，其耐酸性和耐热性增加，耐碱性降低。硅铝比不同，分子筛催化剂的结构和表面酸性质也不同。

沸石对分子大小和形状具有择形催化作用，只有比晶孔小的分子才可以出入晶孔。择形催化有以下四种形式：

（1）反应物的择形催化。当反应混合物中某些能反应的分了因太大而不能扩散进入催化剂的孔腔内时，只有那些直径小于内孔径的分子才能进入内孔，因而到达催化活性部分进行反应的目的。

（2）产物的择形催化。当产物混合物中某些分子太大，难于从分子筛催化剂的内孔窗口扩散出来，就形成了产物的择形选择性。

（3）过渡态限制的选择性。反应物分子相互作用时可产生相应的过渡态，需要一定的空间。当催化剂空腔中的有效空间小于过渡态所需要的空间时，反应将被阻止，此时便产生限制过渡态择形催化。

（4）分子通道控制。在具有两种不同形状，不同大小通道的分子筛催化剂中，反应物可以很容易地通过一种孔道进入催化剂的活性部位，进行催化反应，而产物分子则从另一通道扩散出去，尽可能地减少逆扩散，从而增加反应速率。

沸石按照其孔径的不同，可以分为微孔分子筛、介孔分子筛和大孔分子筛等类型，见表5.3。

表5.3　分子筛催化剂的分类

分子筛催化剂类型	孔径/nm	主要产品
微孔分子筛	<2	ZSM－5型、Y型、β型
介孔分子筛	2～50	MCM－41、SBA－15
大孔分子筛	>50	TiO_2大孔材料

微孔分子筛催化剂与一般的分子相近，具有良好的择形性。酸性和酸强度适宜的微孔分子筛催化剂可以促进生物质催化裂解产物中醛和酮等物质的脱除，即通过脱羰和脱水反应生成小分子烃类及不饱和烯烃类物质。

介分子筛孔催化剂是在微孔分子筛的基础上发展而来。这是因为微孔分子筛催化剂在进行催化反应时，将反应的尺寸限制在纳米级以下，使得较大分子难以进入分子筛的催化剂孔道结构内。在生物质催化转化过程中，介孔分子筛催化剂相对较大的孔径允许生物质裂解产生的芳香类的和部分直连大分子物质进入分子筛催化剂内部，与活性较高的酸性点结合。

另外，介孔分子筛催化剂的孔道与微孔分子筛催化剂的孔道不同，由无定型孔壁构建成。因此，介孔分子筛催化剂具有较低的热稳定性和水热稳定性。

大孔分子筛催化剂的孔径一般超过 50nm，超过了一般分子的尺寸，几乎失去了筛分分子催化剂的性能，所以相对较少用于生物质的转化利用过程。

4. 负载型金属催化剂

对于多相催化反应，负载型金属催化剂的反应主要在固体催化剂的表面上进行，金属原子可以较多地分布在外表面层，对生物质转化起到很好的催化作用。其中金属粒径和分散度与催化活性有很大的关系。晶粒大，则分散度小；晶粒小，则分散度大。分散度对催化的影响主要包括：

(1) 几何因素影响催化反应。晶粒大小的改变会使晶粒表面上活性部位的相对比例起变化。

(2) 载体与金属离子的相互关系。当载体对催化活性影响越大，金属晶粒变得越小。

(3) 电子因素。极小晶粒的电子性质与本体金属的电子性质不同也将影响其催化反应。

5.1.2.3　用于生物质转化的液相催化剂

目前大多数的生物柴油工业生产装置都采用液相催化剂，用量为油重的 0.5%～2.0%。如碱性催化剂 KOH、NaOH、$NaOCH_3$ 等和酸性催化剂 H_2SO_4 和磺酸等。$NaOCH_3$ 或者 NaOH 用作酯交换时有所不同，少量的游离水或脂肪酸均会影响甲醇钠的活性，所以原料必须经过严格的精制。而 NaOH 作为催化剂时，对原料的要求相对不严格。而酸催化酯交换的反应机理为质子首先与甘油三酯的羰基结合，形成碳阳离子中间体。然后亲质子的甲醇与碳阳离子结合并形成四面体结构的中间体，然后这个中间体分解成甲酯和甘油二酯。

5.1.2.4　典型的生物质催化实例分析

以生物质为原料，通过不同类型的催化剂可以高选择性地获得可溶性的糖类分子，进而转化为用途广泛的生物质基平台化合物，如乙酰丙酸，γ-戊内酯，5-氢甲基糠醛(HMF)，丙三醇和羟基丁内酯等。另外，生物质催化转化为生物柴油也是生物质原料利用的一种重要途径。本书主要介绍 HMF、多元醇及生物柴油的催化分析实例。

1. HMF

HMF 是一种重要的生物质基平台化合物，是制取生物液体燃料和其他许多重要精细化工品的前提。2004 年，美国能源部将可从生物质源头制取的化学品列为具有高附加值的“TOP10”平台化合物，后来又在 2010 年将 HMF、糠醛 FF 等呋喃类化合物列入“TOP10+4”名单。这些化学品除了可以直接利用外，还可进一步转化生成其他液体燃料或燃料添加剂，可以称之为连接生物质可再生资源和石油化工之间的桥梁。以 HMF 为原料经过后续反应可以制备汽油、航空煤油、柴油等与现有石化燃料完全兼容的生物基烃类液体燃料。

基于糖类制备 HMF 最早发现于 1840 年，它是在酸性水溶液体系中水解糖的产物之一。而促进 HMF 的快速发展是在 2005 年，Science 报道了基于 HMF 为原料制备烷烃燃料的工作，随后进入了 HMF 高速发展阶段。利用木质纤维素生物质水解大规模生产葡萄糖，再以葡萄糖为原料，通过脱水制取 HMF，具有原料来源丰富、价格低廉等显著优势。由生物质出发生成 HMF 共有三条路径：第一种是碳水化合物直接降解脱水生成 HMF 及其衍生物；第二种方法是已糖通过美拉德反应生成 HMF（氨基酸和脂肪酸做催化参与反应）；第三种是 C_3 类小分子醇酸缩合生成 HMF。但是，由于 HMF 化学性质活泼，易在水溶液中进一步降解，所以利用葡萄糖催化脱水制备 HMF 效率低，生产成本高，尚未实现商业化。所以，开发合适的反应介质和催化剂体系十分必要。

例如，葡萄糖催化脱水产生 HMF，葡萄糖的脱水经历两个可能的途径，即开链和环状的呋喃果糖基中间体途径。但是这个形成的化学过程很复杂，包括一系列的副反应，例如，异构化、脱水和缩合等严重影响了 HMF 的选择性。催化剂阳离子交换树脂和 Al_2O_3 能够在二甲基亚砜体系中有效地催化葡萄糖转化为 HMF，或者 $CrCl_3$ 能在已内酰胺-氯化锂体系中有效地催化葡萄糖转化成 HMF。

目前通过生物质转化 HMF 主要在各种溶剂中，如水、有机溶剂、两相系统、离子液体或者超临界液体中，但是由于在水性介质中脱水形成 HMF 常被一系列的竞争性副反应阻碍，如异构化及缩合反应，这些均会影响工艺的效率，所以目前一般采用两相系统的催化制取 HMF。如与水混溶的丙酮、二甲基亚砜、二甲基甲酰胺和甲基异丁基酮的两液相体系被用到 HMF 的生产中。这是因为有机相在形成时将 HMF 从水相中萃取出来，可以降低再水化和聚合反应发生的可能性。在甲基异丁基酮-水的两相介质中，采用 $Cs_{2.5}H_{0.5}PW_{12}O_{40}$ 和 $AgPW_{12}O_{40}$ 作为已糖脱水制取 HMF 的催化剂，HMF 的收率为 89%，果糖的转化率为 80.1%。HMF 转化的转化率和选择性依赖于使用的催化剂的酸性和结构特性，以及微孔与介孔的体积分布。

近年来，离子液体常被用作生产 HMF 的溶剂，这是因为离子液体具有独一无二的热化学稳定性、可以忽略的蒸汽压、宽范围的亲水-疏水性、不易燃性及对有机和无机化合物纤维素等聚合物具有良好的溶解性能。由于离子液体对纤维素等具有优异的溶解性能，使得在离子液体中降解纤维素成为可能。首先，水解为糖类直至葡萄糖，然后再转变为高附加值 HMF。所以离子液体介质制备纤维素化学品为纤维素的有效利用提供了一个崭新的平台，纤维素领域的前景必将更加广阔。

在过去的几十年中，在不同的溶剂介质中采用非均相催化剂（固体酸、金属盐等）已经取得了一些进步，但由于生物质转化为 5 - HMF 的体系与机理的复杂性，仍需要进一步的研究工作去探索待解决的问题。

2. 多元醇

纤维素为自然界中储存量最丰富的生物质，将纤维素有效地实现到乙六醇和 $C_2—C_3$ 醇等多元醇的转化是利用生物质能源的重要途径。通过催化剂将纤维素转化为山梨醇/甘露醇、异梨醇和小分子多元醇如甘油、乙二醇、1,2 -丙二醇和 1,3 -丙二醇等多元醇是一种有效的途径。下面以纤维素制取乙二醇为例进行说明。纤维素的 β - 1,4 糖苷键在酸性环境下断裂为葡萄糖，葡萄糖在催化剂的选择性下断裂 C—C 键和 C—O 键为乙二醇，或者葡萄糖加氢转化为山梨醇，山梨醇再经氢解得到目标产物。在过去的几十年中，过渡金属的碳化物、氮化物和磷化物被广泛地研究用于涉及氢转移的反应（通常发生在贵金属催化剂上）。贵金属催化剂在水热和氢气条件下将纤维素转化为已糖醇中表现出有前途的性能。

但是贵金属过高的成本限制了其大规模的商业利用。因此，开发一种将纤维素有效转化的催化剂十分必要。Zhang 等首次报道采用 W_2C/AC（AC 为活性炭）为催化剂氢解纤维素制取乙二醇，发现 W_2C 活性相具有比贵金属铂、钌等更高的乙二醇收率。若在 W_2C 中加入少量 Ni，则能抑制 W_2C 粒子的烧结，从而进一步提高催化剂的稳定性和乙二醇的收率。乙二醇在催化剂表面较弱的键和作用可以快速脱离催化剂表面，从而避免其继续反应，这是提高其收率的主要原因。Zhang 的工作介绍了乙二醇可以直接从纤维素以如此高的收率获得，为生物质转化提供了新的途径，减少了对石油资源的依赖。如改变此催化剂的制备方法获得高度分散的负载型金属催化剂，则乙二醇的收率可以进一步提高。这是由于催化剂在负载上具有不同的分散性和活性位点的可访问性，催化剂负载通常对催化剂的活性和选择性有着显著的影响。Ni—W_2C 催化剂在纤维素和木质纤维素氢解制备小分子乙二醇中表现出来的优异催化性能被认为是由于 Ni 向 W_2C 存在电子转移效应，该电子转移效应可协同催化反应分为在催化剂活性中心的吸附活化以及选择性断裂 C—C 键和 C—O 键，高收率得到目标产物。除了 Ni—W_2C 外，Ni—WP 和 W—Pt（Pb、Ir）之间也存在类似的协同催化作用，在纤维素选择性氢解为小分子二元醇中表现了较好的活性和选择性。

虽然活性炭的比表面积较大，但它的微孔结构导致活性位分散性较差。Zhang 的研究组采用介孔碳作为碳化钨催化剂的负载，提高了乙二醇的收率。同时，碳化钨容易被氧化，因此可利用具有相转移性质的钨酸和 Ru/C 为催化剂氢解纤维素制取小分子多元醇。此外，也有采用碱性载体 ZnO、ZrO_2、MgO 等负载的金属 Ni、Ni—Cu 等为催化剂应用于纤维素氢解制小分子多元醇的报道。碱性环境下纤维素转化的路径与酸性环境下的路径有所不同，其解聚有两种可能的途径：①纤维素在碱的作用下首先解聚得到葡萄糖，葡萄糖选择性断裂 C—C 键然后经加氢得到 C_2 和 C_3 多元醇；②β-羟基羰基消去反应，这个反应从纤维素结构单元末端的还原性基团开始，一直到没有还原性基团时结束，这种途径能得到 1，2，5-戊三醇。

生物质通过催化手段转化为多元醇方面取得了较大进展，但目前催化剂的发展还不能满足商业化的需求，由于制备多元醇过程具有反应复杂、产物复杂等特点，所以生物质原料转化为多元醇还有很大的进步空间。

3. 生物柴油

生物柴油与化石燃料相比，生物柴油由于其具有良好的环保性、可再生性、可降解性、安全无毒性、润滑性及良好的排放性，吸引了全世界的目光。目前生产生物柴油主要通过酯交换法，而酯交换法的关键则是选择合适的催化剂。根据有无催化剂及催化剂的类型可分为化学催化法、酶催化法和超临界法。其中，化学催化法是工业上制备生物柴油普遍应用的方法。目前，大多数的商业化工业使用均相碱作为催化剂，如碱金属醇盐、氢氧化物等，这是因为它们拥有较高的活性及较低的成本。然而，使用这种液体碱作为催化剂的方法也存在一定的局限性。非均相催化剂如固体酸和固体碱由于腐蚀性小、容易处理和分离、可反复使用，并且不产生中和废弃物，在生产生物柴油的过程中受到了广泛关注。

固体碱性催化剂包括碱性氧化物、碱土金属氧化物、混合/复合氧化物、负载型碱金属/碱土金属盐、纳米固体碱催化剂、碱金属交换的沸石、阴离子型树脂和黏土矿。对于碱土金属氧化物催化剂，CaO 和 MgO 等衍生的碱通常被用于生物柴油的生产，这是因为它们价格低，毒性小且具有适度的碱性。虽然纳米固体碱催化剂对于生物柴油的合成具有更好的活性，但它们仍有一定的缺陷，不耐含有超过 3.5%FFA 的酸性油。因此，酸性催化剂在这个过程中是存在一定优势的。其中固体酸性催化剂包括沸石类、杂多酸类及碳基固体酸，它们可以提高生物柴油的产率。在过去的 20 多年中，生物柴油生产过程中使用固体碱和固体酸催化剂逐渐受到越来越多的关注。固体酸碱催化剂也提供了一种更简单更便宜的分离工艺，减少了废水负荷及投资成本。

总之，生物质转化在催化领域正在成为一个热门话题。各种生物质基平台化合物的催化转化及生物柴油的生产也初见成效。这些成果均表明，具有高选择性的催化剂在生物质化学品转化过程中拥有巨大的潜力。然而，机遇与挑战共存，催化剂的活性、选择性及稳定性都需要进一步改善。

5.2 生物柴油制备原理与技术

5.2.1 酯化反应与酯交换反应

5.2.1.1 酯化反应

酯化反应是羧酸与醇在酸催化下生成酯的反应，酯化反应的通式可以表示为

$$R-COOH+R'OH \xrightleftharpoons{\text{酸催化}} R-COOR'+H_2O$$

式中：R 为羧酸的碳链；R′为醇的烷基。

1mol 羧酸与 1mol 醇反应可以生成 1mol 酯和 1mol 水。酯化反应是可逆反应，酯化反应生成的副产物水会稀释反应物醇的浓度，导致醇浓度降低，进而降低反应速率，延长反应时间，不利于反应正向进行，最终使得生成物酯的产量大大减少。因此，在利用酯化反应制取生物柴油的过程中，为了加快反应速率，除了要使用催化剂外，还要不断去除副产物水，以保持醇的高浓度，使得酯化反应朝着正方向进行。

酯化反应可以按照以下三种机理进行，具体如下：

(1) 加成—消除机理。当羧酸酯化时，羧酸提供羟基，醇提供氢，反应的结果是羧基碳上由一个亲核试剂置换了羰基碳上羟基。羧酸与一级醇、二级醇酯化时，基本属于这个机理，羧酸中的羰基先进行亲核加成，再消除。

(2) 碳正离子机理。羧酸与三级醇酯化时，由于三级醇体积大，不易加成，而是先脱水形成正离子，再与羰基氧结合，完成酯化过程。

(3) 酰基正离子机理。仅仅少数的酯化反应属于这个机理，如 2，4，6 -三甲基苯甲酸的酯化反应。

5.2.1.2 酯交换反应

酯交换反应是酯与醇在酸、碱、酶等催化剂作用下或超临界工况下，生成一个新酯和一个新醇的反应，即酯的醇解反应。各种天然的动植物油脂以及食品工业的废弃油脂都可以作为通过酯交换反应生产生物柴油的原料。酯交换反应所使用的醇主要是甲醇、乙醇等短链醇，由于甲醇的碳链短、极性强，能很快与脂肪酸甘油酯发生反应，且价格较低，所

以甲醇最为常用。

甘油三酸酯是三个脂肪酸和一个甘油组成的混合物，是动植物油脂的主要成分，是羧酸官能团衍生物的一种，甘油三酸酯与甲醇进行的酯交换反应的总反应方程可以表示为

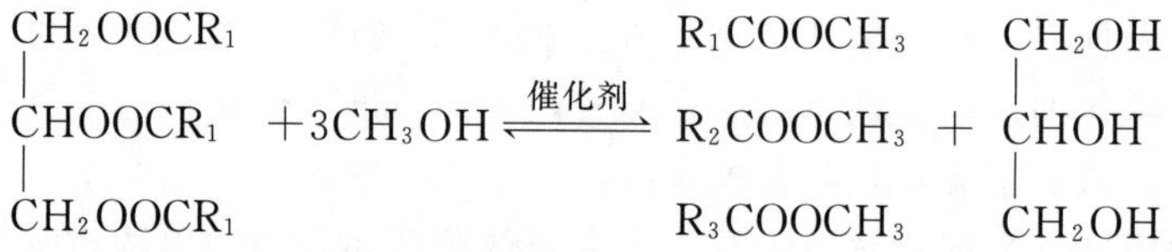

式中：R_1、R_2、R_3为饱和或不饱和直链烃基。

酯交换反应通过甲醇将甘油三酸酯的甘油酯基取代下来，形成长链脂肪酸甲酯，经过酯基转移反应后，使一个植物油或动物油的大分子分成三个单独的脂肪酸甲酯，这就缩短了碳链的长度，降低了产品的黏度，提高了挥发度，大大改善了产品的低温流动性。

酯交换反应也可以看作是通过三步连续的可逆反应完成的：第一步是甘油三酯和甲醇反应生成甘油二酯和脂肪酸甲酯；第二步是甘油二酯与甲醇继续反应，生成甘油单酯和脂肪酸甲酯；第三步是甘油单酯与甲醇继续反应生成甘油和脂肪酸甲酯。酯交换反应包括的三步连续的可逆反应可以表示为

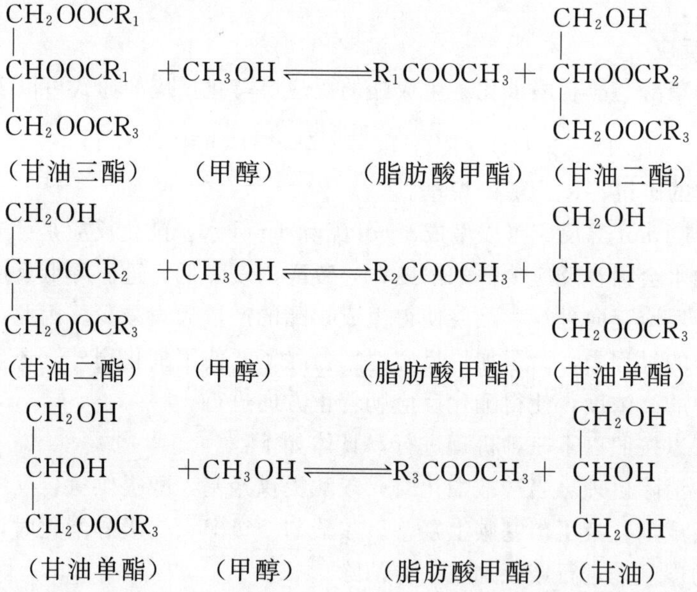

酯交换反应过程中的所有反应都是可逆反应，其动力学过程都十分复杂。为了使反应尽可能地向产物方向进行，反应物醇必须是过量的，但即使这样，反应物也难以完全转换为产物，为提高反应速率还要加入催化剂。酯交换反应催化剂主要包括均相碱性催化剂、均相酸性催化剂、生物酶催化剂等。各种催化剂在其催化活性、稳定性、造价、可操作性和回收等方面都有各自的优缺点。

5.2.2　生物柴油制备方法

生物柴油的含氧量高，不含硫、铅、卤素等有害物质，无芳香烃化合物，不具致癌性。与普通柴油相比，生物柴油燃烧时排烟少，一氧化碳的排放少，生物降解性高，具有

优良的环保特性。生物柴油十六烷值高，燃烧性能好于普通柴油，燃烧残留物呈微酸性，使催化剂和发动机机油的使用寿命延长。生物柴油以一定比例与石化柴油调和使用，可以降低油耗，提高动力性，并降低尾气污染。生物柴油的闪点比石化柴油高出近两倍，不属于危险品，在运输、使用、处理和储藏等过程中都更加安全。生物柴油与柴油机兼容性好，无须改动柴油机，可直接添加使用。

酯交换法是生产生物柴油的主要方法，根据是否使用催化剂及反应条件，生物柴油的制备方法主要包括均相酸催化法、均相碱催化法、非均相碱催化法、脂肪酶催化法、超临界酯交换法等。表 5.4 列出了各种酯交换法的对比情况。

表 5.4　各种酯交换法的对比

酯交换法	均相酸催化法	均相碱催化法	非均相固体碱催化法	生物酶催化法	超临界酯交换法
反应温度/℃	55～80	60～70	60～70	30～40	239～385
原料中的游离脂肪酸	生成甲酯	皂化物	皂化物	生成甲酯	生成甲酯
原料中的水	无影响	影响反应	影响反应	无影响	促进反应
甲酯产率	一般	一般	一般	高	很高
甲酯生成速率	慢	快	一般	很慢	极快
甘油回收难度	难	难	一般	易	一般
甲酯净化方式	水洗	水洗	—	—	—
催化剂价格	便宜	便宜	贵	很贵	很贵

5.2.2.1　均相酸催化酯交换法

均相酸催化酯交换法对原料适应性强，一般用于游离脂肪酸和水含量高的油脂，反应需要较高的温度，反应速率低，耗能高。均相酸催化剂不受游离脂肪酸的影响，对酯化反应和酯交换反应都具有活性，可以同时催化酯化反应和酯交换反应，因此采用均相酸催化法可以直接利用高酸值废油原料生产生物柴油。

根据酸碱质子理论，能释放质子的分子或离子（如 H_2O、HCl、NH_4、H_2SO_4等）称为 Brönsted 酸，Brönsted 酸通常作为酸催化酯交换反应时的液体酸催化剂。常用的均相酸催化剂主要有硫酸、盐酸、苯磺酸和磷酸等，浓硫酸价格便宜，资源丰富，是最常用的酯化催化剂。酸性催化剂的不足之处就是活性较低，酯交换反应需要较大的醇油比和较高的温度，而且反应进行得比较慢，收率也不理想，一般只是将其用于对高酸值原料油进行预酯化以减少游离脂肪酸的含量，增加生物柴油的收率。酸催化酯交换法生产生物柴油流程如图 5.1 所示。

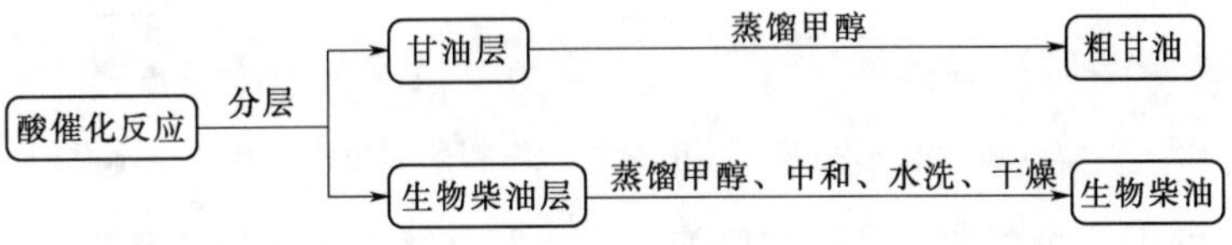

图 5.1　酸催化酯交换法生产生物柴油流程

5.2.2.2　均相碱催化酯交换法

均相碱催化酯交换法具有反应条件温和、活性高、反应速率快、不腐蚀设备等优点，但该方法对油脂原料的要求高，对于高脂肪酸和水含量高的油脂原料，有稳定乳化液和皂化现象形成，使得生物柴油产率下降，增加甘油与甲酯的分离难度，同时甘油及其衍生物作为有重要潜在应用价值的副产物，会存在于稀释后的水中，易被无机盐污染。

目前，生物柴油工业生产一般是采用液体强碱作催化剂，碱催化酯交换法生产生物柴油的反应速率比酸、酶、多相催化要快得多。均相碱催化酯交换反应的催化剂是能溶于甲醇的碱，如 NaOH、KOH、$NaOCH_3$、$KOCH_3$ 等，这类催化剂对于酯交换反应的活性很高，在较低醇油比、较低温度条件下，能使反应很快达到终点，而且生物柴油的收率一般在 90%以上。

均相碱催化剂虽然对于酯交换反应的活性很高，但是碱与醇作用得到醇碱的同时也会生成水，使得甘油三酯发生水解，生成游离脂肪酸，而游离脂肪酸可以与碱金属阳离子形成皂化物。皂化物的生成既消耗了部分原料，又会增加脂肪酸甲酯在甘油中的溶解度，使产物的分离变得困难，降低目标产物的收率。所以，以均相碱作为催化剂时，必须严格限定原料中水分和游离脂肪酸的含量，通常要求水含量小于 0.06%，酸值小于 1mg KOH/g。均相碱催化酯交换反应在反应开始时，甲醇和植物油不互溶，反应物分成两相，反应结束时产物甘油和脂肪酸甲酯也不互溶，产物也分成两相，反应过程中由于甘单酯和甘二酯的乳化作用，反应体系形成准一相，这一特点给反应带来了阻力，也提供了好的条件，反应开始时的两相增加了传质阻力，使反应速度减慢，而反应结束时产物的两相给产物分离带来了方便。

世界上采用最广泛的生物柴油生产技术是德国 Lurgi 公司的液碱催化常温、常压二段酯交换工艺，其工艺流程如图 5.2 所示。

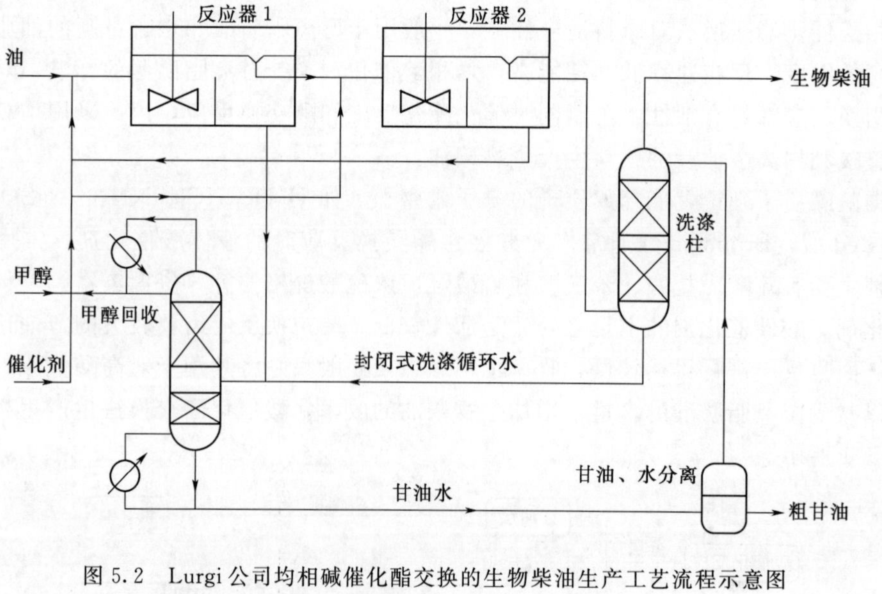

图 5.2　Lurgi 公司均相碱催化酯交换的生物柴油生产工艺流程示意图

Lurgi 公司的工艺流程大致是：原料油、甲醇和催化剂作为原材料进入到反应器 1 中，反应结束后下层含有甲醇的高浓度粗甘油被排出至蒸馏塔，上层的粗生物柴油、未反应完全的甘油三酸酯及其他中间产物继续进入到反应器 2 中，同时，新的甲醇和催化剂被补充进来，参与反应器 2 中的酯交换反应。反应结束后，含有高浓度甲醇和催化剂的下层粗甘油作为新物质直接补充到反应器 1 中，反应器 2 中上层较高浓度的粗生物柴油进入到水洗柱中进行水洗提纯，最终得到精制的生物柴油。而蒸馏塔中粗甘油蒸馏出的甲醇也继续作为新物质补充到反应器 1 中循环使用，下层的甘油则蒸馏残留的水分以获得精制甘油。Lurgi 公司的工艺特点是：第二段酯交换分离出的含有较高浓度甲醇和液碱催化剂的甘油作为原料直接进入酯交换反应器 1 中参与反应，从而减少催化剂量，节约成本。

为防止碱性催化剂和原料油中自由脂肪酸发生皂化反应，可以采用酸碱催化酯交换法，流程如图 5.3 所示。先采用酸性催化剂催化其发生酯化反应，待反应体系中的自由脂肪酸转化为脂肪酸甲酯后，再使用碱催化甘油三酸酯完成酯交换反应。

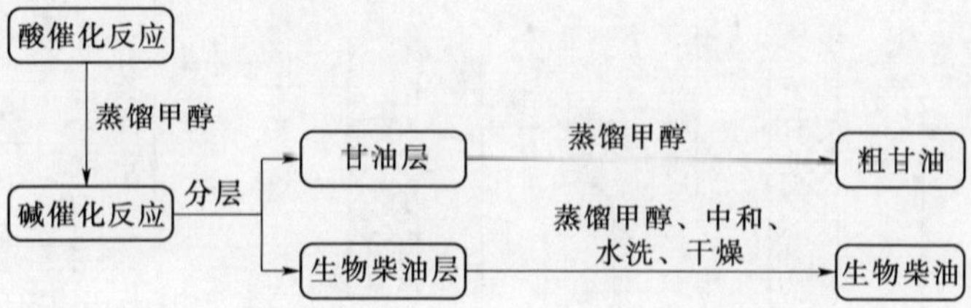

图 5.3　酸碱催化酯交换法生产生物柴油流程图

BOIX 生物柴油生产工艺即采用了酸碱催化酯交换法，该工艺同时包含酸和碱催化两个过程，可处理高酸值原料油，其主要工作过程是：先将脂肪酸放进活塞流反应器内进行酸催化反应，转化成甲酯，再在第二个活塞流反应器中以相似的条件进行碱催化反应，其中 99.5%以上未消耗的甲醇进行循环。

5.2.2.3　非均相固体碱催化酯交换法

在酯交换生产生物柴油的工艺中，使用均相碱催化剂虽然能得到不错的生物柴油转化率，但后续处理麻烦，尤其是反应后的生物柴油需要经过水洗过程，以除去产物中残余的催化剂，这会产生大量的废水并造成生物柴油产品的损失。而非均相碱催化酯交换法使用固体碱作为催化剂，对原料质量要求较低，反应转化率高，后期分离过程简单，过程清洁，不产生三废，可使反应工艺过程连续化，提高设备的生产能力。但是，相对于使用液体碱催化剂而言，固体碱的引入使得反应体系呈三相，增加了传质难度，反应条件相对于均相碱催化酯交换法较高，固体碱催化剂容易吸附 H_2O 或 CO_2 等酸性分子而中毒，制备过程、储存条件要求较高。

常用的固体碱催化剂主要包括以下几种：

（1）碱金属和碱土金属催化剂。如氧化物、氢氧化物、盐等。

（2）负载型固体碱催化剂。金属氧化物比表面积一般较小，可以通过负载的方法将金属氧化物负载在一些高比表面的多孔载体上，而负载上去后，由于活性组分和载体之间相互作用，往往会产生一些更好的催化作用。目前负载型固体碱的载体主要有 Al_2O_3 和分子筛，此外也有用活性炭、MgO、CaO、ZrO_2、TiO_2 等作为载体的。负载的前驱体物主要为碱金属、碱金属氢氧化物、碳酸盐、氟化物、硝酸盐、醋酸盐、氨化物、和叠氮化物。

（3）水滑石类固体碱催化剂。又称为阴离子黏土，水滑石类材料是层柱双氢氧化物，独特的层柱结构使得其比表面通常比较高，水滑石类催化剂表面同时具有酸碱活性位，且表面酸碱活性位的比例可以适当调变。

Esterfip－H 工艺是第一套采用非均相固体碱催化酯交换法的生物柴油生产工艺，工艺流程如图 5.4 所示。Esterfip－H 工艺采用的是两级连续反应法，具有尖晶石结构的双金属氧化物作为催化剂被置于反应器中循环使用，可减少催化剂和设备的消耗，并得到纯度较高的反应产物。与使用液体碱催化剂工艺相比，该工艺减少了几个中和、洗涤步骤，并且不会产生废液。

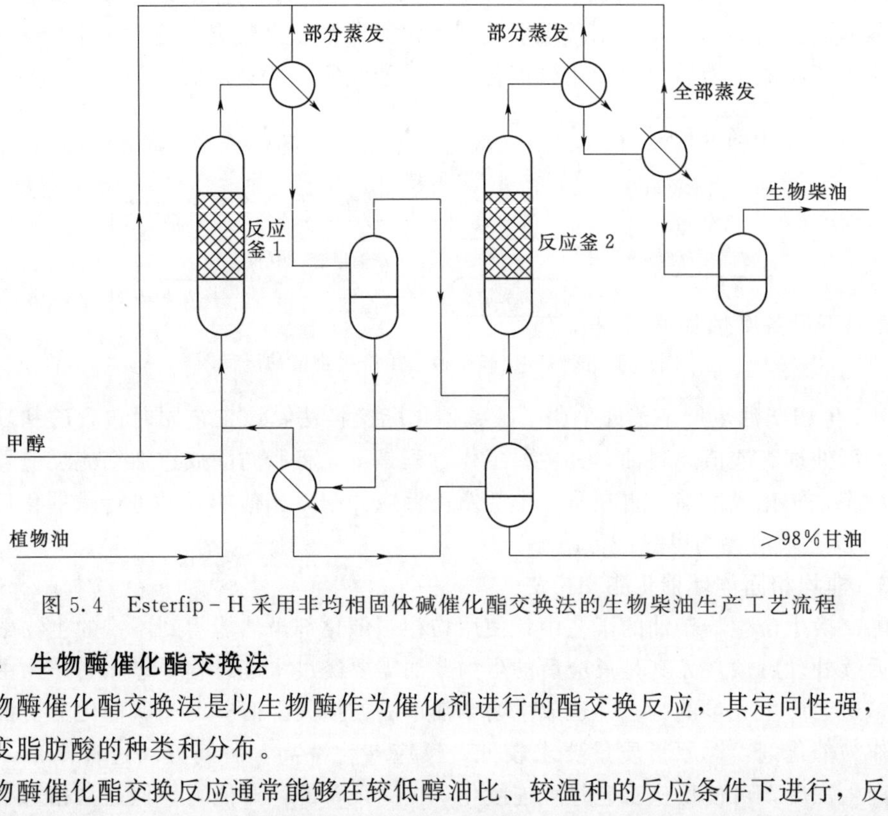

图 5.4　Esterfip－H 采用非均相固体碱催化酯交换法的生物柴油生产工艺流程

5.2.2.4　生物酶催化酯交换法

生物酶催化酯交换法是以生物酶作为催化剂进行的酯交换反应，其定向性强，可特异性地改变脂肪酸的种类和分布。

生物酶催化酯交换反应通常能够在较低醇油比、较温和的反应条件下进行，反应不受游离脂肪酸的影响。利用生物酶催化酯交换法制取生物柴油具有反应条件温和、专一性强、催化效率高、催化剂可回收、醇用量小、副产物少、安全性高、环境污染小等优点，催化剂内反应物与产物有较大传质速率，易于装备生物反应器，便于大规模工业化生产。

生物酶催化酯交换法的缺点是：脂肪酶对短链脂肪醇（如甲醇或乙醇等）转化率低，一般仅为 40%～60%；甲醇和乙醇对酶有一定的毒性，容易使酶失活；副产物甘油和水难以回收，不但对产物形成抑制，而且甘油对酶也有毒性；短链脂肪醇和甘油的存在都影响酶的反应活性及稳定性，使固化酶的使用寿命大大缩短，所以如果工艺和参数把握不当容易造成酶中毒，影响催化效果，并增加生产成本；此外，生物酶催化酯交换反应时间较长，通常需要 4～40h，催化对象比较单一，寿命较短。

生物合成法中，脂肪酶一般采取固定化措施，如以硅藻土为载体，吸附法制备固定化脂肪酶，同时采取分段添加甲醇的方法进行反应。

5.2.2.5 超临界酯交换法

超临界状态是指物体处于其临界温度和临界压力以上时的状态，在临界点上，液相具有与气相相当的高扩散系数和低黏度，又具有与液相相近的密度和良好的溶解能力，且这种溶解能力随着压力和温度的升高而急剧增大。生物柴油的超临界酯交换法是指在无催化剂存在的条件下，将低碳醇与原料油加入到超临界反应器中，在一定温度和压强下，原料油中的甘油三酸酯在高反应活性超临界状态的低碳醇作用下快速完成酯基交换，生成生物柴油。在超临界状态下，甲醇表现为疏水性，具有较低的介电常数，甘三酯能完全溶解于甲醇，形成均相反应体系，从而使得反应速率加快，甲酯转化率提高。因此，在超临界条件下，油脂与醇的互溶性能够得到极大改善，从根本上也是解决了两相共溶问题，即使不加入催化剂，也可有效地使甘油三酯和游离脂肪酸转化为甲酯，获得很高的生物柴油收率，与传统方法相比能明显提高甲酯产率。

与传统的化学催化制备法相比，超临界酯交换法具有反应耗时短、产率高等优点，且过程中没有催化剂参与，所得生物柴油更容易提纯，也不存在乳化现象。此外，超临界酯交换法对油脂中的游离脂肪酸和水的含量基本没有要求。

超临界酯交换法生产过程需要维持较高的的温度和压力，能耗高，对设备的材质要求很高，高温下设备腐烛加剧，生产安全性低。超临界条件需要在醇油比非常大的情况下（通常大于 20：1）才能实现，一次反应后需要对大量剩余的醇进行回收。通过加入催化剂或助溶剂能够降低超临界反应条件，但是其效果比较有限。

5.3 生物质水热转化原理与技术

5.3.1 生物质水热技术简介

20 世纪 70 年代，Modell 指出亚临界/超临界水在氧化、水解和水热过程中具有特殊性，水的临界压力为 22.1MPa，临界温度为 374℃，此时水的性质发生了极大的变化，既具有气体的扩散性还具有液体的流动性，其密度、介电常数、黏度、扩散系数、电导率和溶解性能都不同于普通的水。在近临界或超临界条件下，水具有较高的反应活性，在临界区域水的特性会发生明显的变化，尤其是介电常数和离子积大幅度下降，与此同时，会改变水的溶解特性，使得有机物在水中的溶解度增大，离子化合物溶解度降低。因此，亚临界/超临界水可以作为绿色化学中的环境友好溶剂和催化剂，从而减少甚至代替对环境有害溶剂和催化剂的使用。

在超临界水氧化反应中，水除了作为反应介质，还具备有机溶剂的特点。根据相似相溶原理，水与有机物、反应气体均相混合，在较短的停留时间内，几乎 99%以上的有机物迅速氧化成无害液体和 H_2O、CO_2、N_2等小分子气体。与超临界水氧化技术不同的是，水热转化技术是在缺氧条件下使有机废弃物完全分解，生成 CO_2、H_2、CO、CH_4等气体和生物油、固体焦炭等。水热过程工艺参数的选择直接决定了目标产物的组成和比例，根据其目标产物的不同，生物质水热可以分为水热碳化、水热液化以及水热气化（图 5.5），本节将对这三种主要水热技术的特点及应用进行系统的分析。

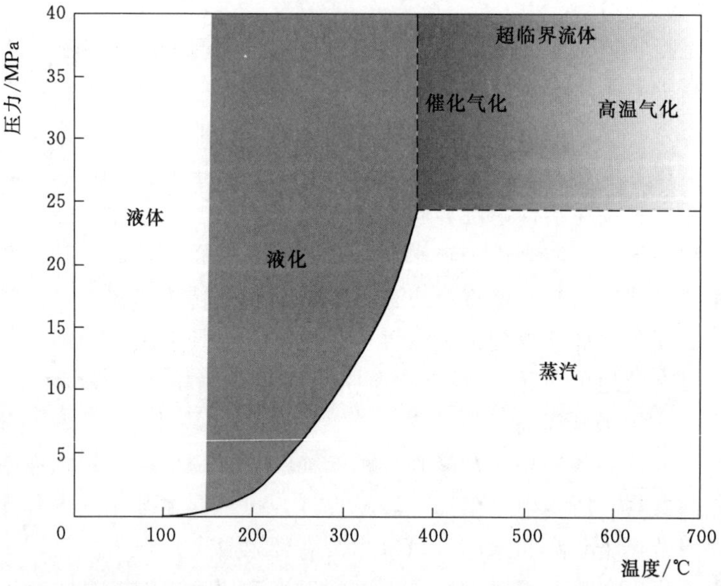

图5.5　以水的压力—温度相图为参考的水热处理

5.3.2　水热气化技术与应用

5.3.2.1　水热气化基本概念

水热气化是指生物质与超临界水在400～700℃、16.5～35MPa和长停留时间条件下反应，生成以H_2、CH_4、CO和CO_2为主的气体以及少量的液态产物。气态产物进一步催化转化为以H_2、CH_4和CO_2为主的气体（图5.6），合成气经干燥、CO_2脱除和压缩后用于制备天然气或燃料电池，实现生物质制氢等高品位洁净能源的转化；液态产物中则含有酚类化合物、羟甲基糠醛、糠醛、有机酸和少量醇类物质，通过脱盐净化处理实现轻质油和无机矿物分离，轻质生物油进行品味提升后再利用，无机矿物则可作为N、P、K肥料施用。

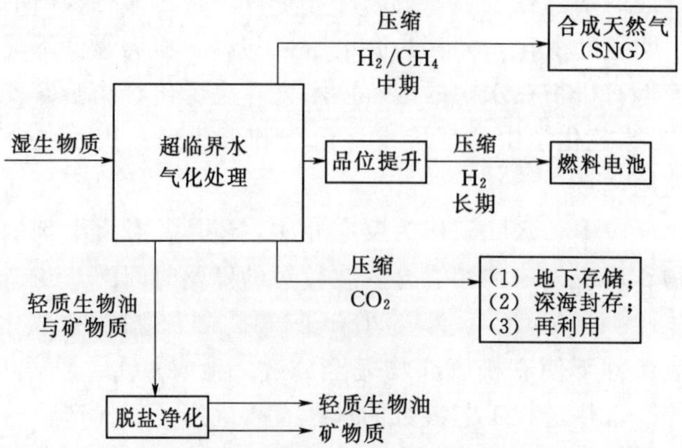

图5.6　生物质超临界水热气化系统流程图

5.3.2.2 水热气化原理

水热气化的化学反应机理非常复杂，在气化过程中发生的化学反应可能有热裂解反应、水解反应、蒸汽重整反应、水—气转换反应以及甲烷化反应等。生物质的超临界水热气化大致包含以下三个反应：

$$CH_xO_y+(1-y)H_2O = CO+\left(\frac{x}{2}+1-y\right)H_2$$

$$CO+H_2O = CO_2+H_2$$

$$CO+3H_2 = CH_4+H_2O$$

第一个反应是热裂解反应，热裂解产生的挥发分是一种非常复杂的混合气体，至少包括数百种碳氢化合物，其中 CO 和 H_2 是挥发分中含量较多的气体；第二个反应称为 CO 变换反应，是制取 H_2 为主要成分的气体燃料的重要反应，也是提供甲烷化反应所需 H_2 源的基本反应；第三个反应为甲烷化反应，生物质燃气中的甲烷一部分来自原料热裂解的产物，另一部分是此反应的结果。

5.3.2.3 水热气化装置的类型

目前的生物质水热气化技术主要有间歇式、连续式和流化床三种工艺形式。其中，间歇式工艺最简单，易于操作，但内部反应机理复杂，升温速度慢，适合于产量低的小规模生产；连续式工艺对物料混合均匀、反应时间短，适合产业化发展，但易堵塞和结渣；流化床工艺能得到较高的气体转化率、降低焦油含量，但该工艺成本高、设备复杂、操作不易掌握。目前，世界上已有三套中试规模试验，分别为德国 VERENA 和荷兰的连续式装置以及美国 PNL 研究的移动式超临界水热气化反应装置。

5.3.3 水热液化技术与应用

5.3.3.1 水热液化基本概念

生物质水热液化是生物质样品在亚临界水（温度为 280～380℃，压力为 7～30MPa，停留时间为 10～60min）中进行热分解得到液态产物的过程，其反应过程如图 5.7 所示。液态产物主要由轻质组分和重质组分两部分组成。轻质组分溶于水，主要由有机酸、醇类和醛类等物质构成，呈黄褐色，发热量较低，为 19～25MJ/kg；重质组分主要由二丁基羟基甲苯和邻苯二甲酸二丁酯等组成，在水热液化后通过溶剂萃取获得，发热量较高，约为 30～35MJ/kg。

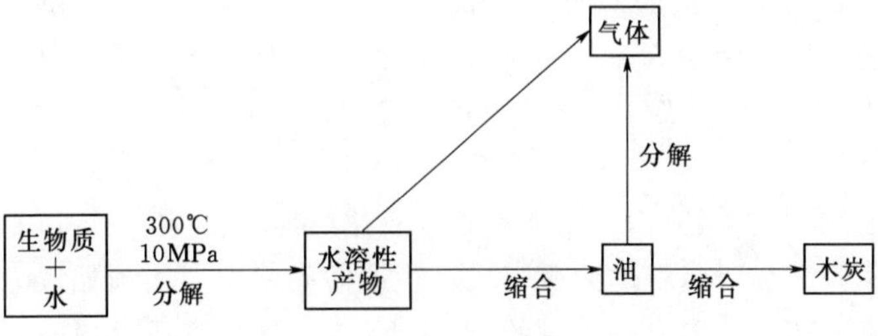

图 5.7 水热液化反应过程

5.3.3.2 水热液化原理

由于生物质的定义非常广泛，且各种生物质的组成极其复杂，所以关于各类生物质组分在水热液化制油中的反应机理，就目前来说未必有统一而明确的认识，这也是国内外众多学者的研究热点。

总体来说，生物质水热液化过程大致可分为两个步骤：生物质在溶剂中溶解，生物质主要化学成分（纤维素、半纤维素和木质素）解聚为单体或寡聚物；单体或寡聚物经脱羟基、脱羧基、脱水等过程形成小分子化合物，小分子化合物再经过缩合、环化而形成新的化合物。目前研究较多的是生物质主要组分的解聚过程，以及单体或寡聚物的脱氧机理。相对来说，人们对纤维素和半纤维素的解聚过程认知度较高，这是由于这两种组分均为五碳糖或六碳糖的聚合体，自古就是食品业和造纸业中常用的原料，人们已对其进行了深入的研究。而对木质素以及其他一些有机大分子组分的解聚过程则知之甚少。

5.3.3.3 水热液化国内外研究进展

20世纪70年代初，Appell等人对生物质的液化进行了大量开创性的研究，成为了这一研究领域的先行者。多种生物质（包括城市生活垃圾、木材、印刷品和牛粪）被作为液化实验的原料。他们以 Na_2CO_3 为催化剂，以蒸馏水或高沸点溶剂（葱油、甲酚等）为介质，在充入CO或 H_2 的条件下对原料进行液化。该反应的温度范围为300～350℃，压力可达到14～24MPa，反应时间为1h，反应的转化率为95%～99%（产物占原料的质量百分比），以苯萃取的生物质粗油的产率为40%～60%。

在Appell的研究基础上，进一步发展了生物质的液化技术，将木质纤维素类物质完全转化，得到了生物质粗油，Appell与他的合作者开发出了一套在高压热水（T=300℃，P=10MPa）中仅用 Na_2CO_3 催化剂而不使用氢气和一氧化碳等还原性气体的液化技术。为了使液化反应更易进行并得到较高的转化率和油产率，要对原料进行预处理以便能获得浓度高、流动性好的浆料。而最早使用物理、化学方法对欲液化原料进行预处理的是LBL小组。他们以木屑为原料，于180℃下弱酸性水解（pH值为1.8）45min，再以胶体磨处理并最终获得了浓度为20%～30%的木浆。继LBL小组之后，Bouvier也采用高压水解的方法预处理木材。其反应温度也为180℃，但反应时间缩短为10～15min，这样做的好处是避免了因反应时间过长而引起的缩聚反应的发生。预处理过后，原料损失了5%～10%水溶物，其所含半纤维素也部分降解，最终获得了被软化的、高活性的木浆。Vanasse等于1986年发明了一种利用溶解作用和均一化阀（homogenizing valve）的高剪切效应的预处理过程。所用原料为含水分4%～8%的杨木粉末，溶剂为矿物油或乙烯乙二醇。将两者于室温下混合搅拌12h后加入预处理釜，釜温为170～240℃。釜、泵和均一化阀以回路相连，回路上流体的线速度为105cm/s。处理前后物料颗粒的电镜照片显示木材纤维经预处理后得以有效分离，并且其溶解性也得以提高，这归因于各纤维彼此充分分离，总表面面积大大增加。

为了研究木馏油和乙烯乙二醇两种溶剂对液化反应的影响，Vanass等以美洲黑杨为原料进行了液化实验。在对原料的分析完成后，他们先使用上述预处理方法获得了浓度为14%～18%的木浆，随后再混合一定量的 H_2 或 N_2 一并加入高压反应釜。反应釜采用熔融盐热浴的方式加热，温度保持在320～350℃，压力约为4～7MPa。此反应的反应时间较短，仅需4～6min，这是因为浆料直接由预处理釜泵入主反应釜，加热时间被大大缩短，其影响也被减至最低程度。实验的分析结果显示，分别以木馏油为反应介质和以乙烯乙二醇为反应介质时，无论是转化率还是粗油产率前者都要高于后者，而残留物的产率则正相反。另外，两种条件下获得的残留物的电镜照片表明，前者的产物中已无纤维态物质而后者中还含有大量纤维态物质。进一步分析后证明后者的产物中92%～97%为纯纤维素。这可能是由于乙烯乙二醇的存在使得纤维素在高温下避免了水解和碳化。Schuchardt 等的实验旨在重点考察催化剂和溶剂密度对反应的影响。该实验的原料为水解桉树木质素，反应温度为400℃，压力可达30MPa左右，使用的溶剂有二甲苯、异丙醇、环己醇和四氢化萘，采用的催化剂为硫或二硫化碳。实验结果表明在非供氢溶剂体系中，催化剂的使用可提高转化率，而在供氢溶剂体系中催化剂的影响作用则很小。但对所有溶剂体系来说，当溶剂密度小于0.30g/mL时，溶剂密度的增加能较为显著地提高粗油产率。

20世纪90年代中后期，Maldas 以苯酚或水为溶剂，在加入 NaOH 的条件下于250℃下液化白桦木。他研究了温度、时间、原料/溶剂配比和催化剂的浓度对残留物产率和液化产物 pH 值的影响。Minowa 在300℃和10MPa的反应条件下对印尼的10种生物质进行了液化实验，实验结果显示虽然残留物产率和液化产物的热值与原料木质素含量密切相关，但所得粗油的元素组成和热值十分接近。Yamada 则以碳酸乙烯酯（EC）和聚碳酸酯（PC）为溶剂，以97%硫酸为催化剂，在150℃下液化白桦木、日本柏木和日本雪松。实验结果表明 EC 和 PC 这些碳酸环醇对硬木的液化速率是常用的多羟基醇的10倍。但是，当液化对象变为软木时，其转化率会大大降低，这被归因于碳酸环醇的存在造成了不溶的木质素衍生物的生成。不过，通过使用 EC 和乙烯乙二醇（EG）混合溶剂可较好地解决此问题。

近两年来，我国的科研人员开始进入生物质液化这一研究领域。以木屑为反应原料，YanYongjie 等系统地研究了反应温度、反应时间、反应釜内氢压和溶剂对生物质液化的影响。另外，人们开始将研究的注意力转移到以前少有涉及的领域，其中一个是生物质和煤的共液化。如 Karaca 等对褐煤和木屑的共液化进行了研究，发现两者共液化的油和气体产量要高于两者分别液化时各产物产量的数学平均值；而 Islam 根据实验数据回归计算出了甘蔗渣和煤共液化的最佳反应条件，考察了溶剂、反应温度、反应时间、冷氢压和甘蔗渣对共液化的影响。

5.3.3.4 水热液化的反应器

对生物质水热液化的研究多采用高压釜间歇式操作，间歇操作釜式反应器的优势在于操作方便，可以不需要高压流体泵装置，而且对于污泥等含有固体的体系有较强的适应性，但难以实现大规模工业化生产。因此，连续流动式的高压液化研究更具有实际意义。图5.8和图5.9所示分别为典型的间歇式反应器和连续式反应器简图。

5.3.3.5 水热液化的液体产物

水热液化产物组成非常复杂，目前主要的表征手段有 GC-MS（气-质联用仪）、NMR（核磁共振）、FTIR（傅里叶变换红外光谱）、HPLC（高效液相色谱）以及 DSC（差示扫描量热法）、TG（热重分析）等热分析技术。

通常来说，生物质水热液化液相产物中主要含有烷烃、烯烃、芳香化合物、酚类和羧酸等，含氧量为10%～20%，热值为30～36MJ/kg，再经一定的催化工艺可以获得品质较高的生物油。然而，针对水热液化的反应时间较长、反应器盐沉积和腐蚀严重、运行费

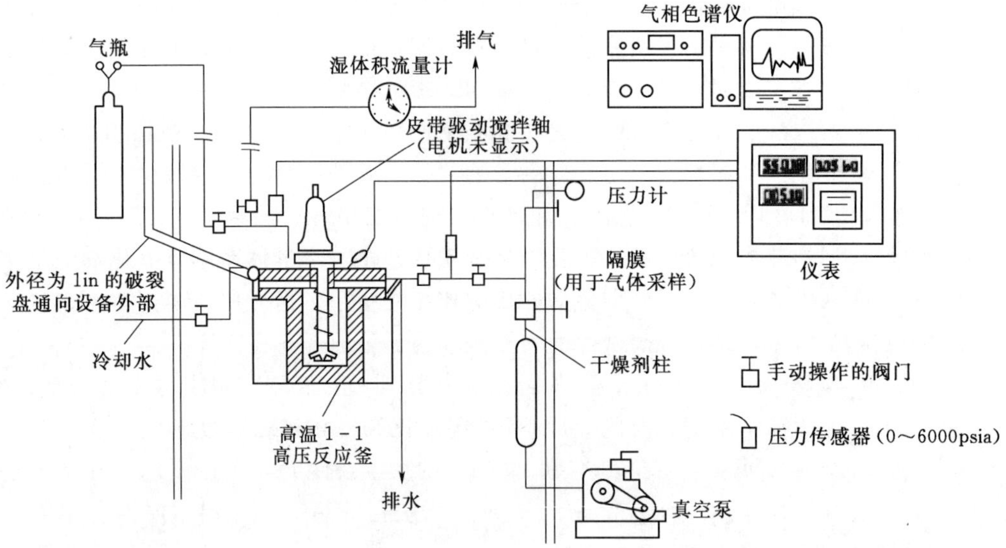

图 5.8　典型间歇式反应器

(1psia=1b/in²≈0.68N)

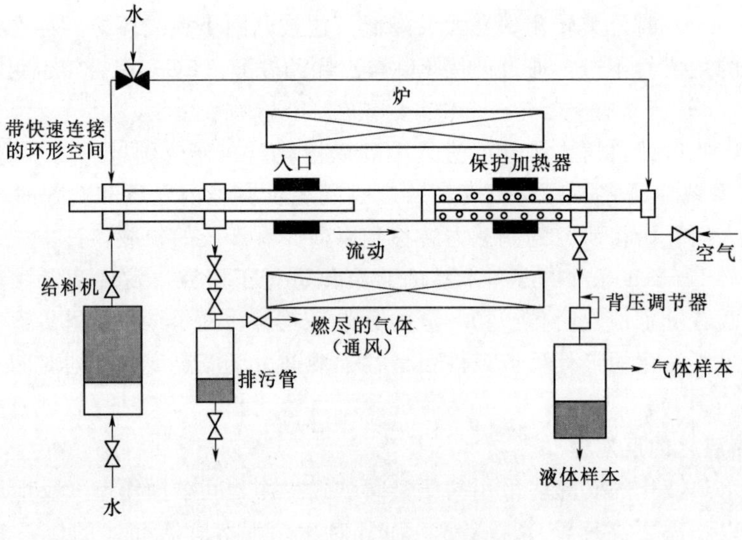

图 5.9　典型连续式反应器

用高等问题，还需进一步研究，以推动生物质水热液化的高效性和经济性。与水热气化相比，水热液化方面的研究进展相对缓慢，大多集中在实验室机理的研究层面，主要为生物质原料的种类、反应温度、压力、停留时间和升温速率等对生物质的转化率以及所得生物油的物化特性产生的影响等方面，现举例说明不同工况对水热液化产物特性的影响。

Elliott 等采用 1L 间歇式反应釜分析了褐藻、水葫芦、紫狼尾草和高粱四种含水率较高的生物质水热液化过程，发现四种原料的油产率分别可达到 19.2％ 、26％ 、34.4％ 和 26.6％，说明含水率较大生物质同样可以作为液化原料。又通过比较了生物质水热液化和快速热解液化各自生物油的水分、元素、热值和黏度等物化特性，发现水热油的品质明显优于热解所产生物油，这主要是因为传统生物油中含有大量的亲水性有机化合物（如有机酸、醇、酮等）造成油中水含量较高，热值较低，因此，相对而言，水热油更易于用作液体燃料。

Karagöz 等利用间歇式反应釜分别研究锯末、稻壳、木质素、纤维素在 280℃，停留时间为 15min 时的水热液化特性，研究表明，纤维素的转化率最大，达 70%；木质素最低，约为 40%；锯末和稻壳居中，分别为 58.3% 和 56.6%。采用气相色谱与质谱分析仪对重质油和轻质油组分进行分析，发现稻壳和锯末中重质油组分相似，主要是 4-甲基-苯酚和 2-甲氧基-苯酚，而纤维素和木质素液化油中此类化合物很少，而 2-甲氧基-苯酚、棕榈酸和十八烷酸等较多。稻壳中的轻质油含有较多苯二酚和苯酚衍生物，这主要是由于稻壳中硅含量较高，促进热降解，从而生成上述产物。此外，在 180℃、250℃和 280℃及停留时间为 15min 和 60min 时，随温度升高液化转化率逐渐升高，随着停留时间的延长（15～60min），其液体产率有所降低，在 280℃，停留时间为 15min 时，松木屑转化率为 58%，产油率达到最大，为 8.5%。

Yuan 等研究了麦秆在 200～310℃温度区间下产物的分布特性，发现麦秆中的纤维素和半纤维素液化主要发生在 200℃左右，而木质素分解发生在 205～300℃。纤维素和半纤维素水解易生成轻质产物，如葡萄糖、左旋葡聚糖、羟甲基糠醛，而木质素主要生成二丁基羟基甲苯和邻苯二甲酸二丁脂等重质组分。综上所述，水热生物油主要在 200～300℃范围内形成，不仅包括纤维素和半纤维素的水解，还涉及木质素的分解与聚合。

Yin 等对牛粪在亚临界水的热解过程进行研究，发现在 310℃、停留时间为 15min、CO 气氛下水解时，牛粪的产油量最大，可达 48.38%，所含成分与汽油和柴油所含成分相似，主要为甲苯、乙苯和二甲苯，油的平均热值为 35.53MJ/kg。

Huang 等在 350℃，停留时间为 20min 条件下对麦秆、微藻和污泥的水热特性进行了研究，污泥中虽然有机物的含量较低，但其生物油的产率达到 39.5%±1.16%，热值为 36.14MJ/kg，明显高于麦秆（21.1%±0.93%）和微藻（34.5%±1.31%）。GC-MS 结果表明麦秆生物油中主要含有酚类化合物，而污泥和微藻中则以脂类化合物为主。

Akalin 等在 200℃、250℃和 300℃的反应温度以及 0min、15min 和 30min 的停留时间下对樱桃壳进行水热处理。在 250℃和 300℃，0min 下获得较高的油产率，为 28%。固体残渣产率则随着温度的提高和停留时间的缩短而逐渐降低，轻质油和重质油的热值分别为 23.86MJ/kg 和 28.35MJ/kg。轻质油中主要检测到糠醛、酚类和香草醛；重质油中亚油酸的浓度在 250℃和 300℃下达到最大。

Zhang 等选取水葫芦为原料，在 240～340℃范围内对其进行水热试验，产物的分布和特性分别利用 GC-MS 和元素分析进行研究。结果表明，液体产物产率随着温度的升高而增加，当达到 320℃时呈下降趋势；在低温阶段时，水葫芦主要分解为小分子化合物，当温度超过 280℃时，发生二次聚合反应。生物油成分随着温度的变化而不同，成分复杂，发现高温下可以获得高品位的化合物，如酚类和酮类。

5.3.4 水热碳化技术与应用

5.3.4.1 水热碳化基本概念

水热碳化是以固体产物焦炭为目标产物，将生物质与水按一定的比例完全混合放入反应器中，在一定的温度（180～250℃）、反应时间（4～24h）和压力（1.400～27.6MPa）下进行的水热反应。与水热气化和水热液化相比，水热碳化所需要的温度和压力都较低，条件相对温和。从能量密度上而言，水热焦炭品质接近于泥炭和褐煤，可作为复合固体燃料直接燃用。除此之外，将原料经过一定的水热交联碳化处理后，可以得到尺寸均一、形貌较好的炭，通过合成改质可以作为高效稳定、具有纳米尺度的碳功能材料，并广泛应用于电极材料、燃料电池等领域。

5.3.4.2 水热碳化原理

水热碳化反应是一个典型的放热过程，其主要通过脱水和脱羧反应来降低原料中O、H的含量，但其具体反应过程非常复杂，其间会发生一系列副反应，再加上水热反应是在密闭体系中进行，故目前难以实现对该化学过程的精确检测和控制，对其机理也尚需做更进一步的研究。目前，Sevilla等提出的水热碳化反应机理被大多数研究者所接受，认为水热碳化反应过程主要分为：①前驱体水解成单体，体系pH值下降；②单体脱水并诱发聚合反应；③芳构化反应导致最终产物的形成。以纤维素为例，当温度高于220℃时，水自电离产生的水合氢离子将催化纤维素水解而产生低聚物（如纤维二糖、纤维三糖、纤维五糖等）和葡萄糖。其中葡萄糖通过异构化反应转变成果糖，果糖分解产生有机酸，且这些酸产生的自由氢离子将对后续反应起催化作用。初始阶段产生的低聚物则水解成不同单体，单体再通过脱水和碳架裂解反应生成可溶性产物，如1,6-脱水葡萄糖、赤藓糖、糠醛类复合物等，其中糠醛类复合物的分解也产生酸醛和酚类物质。接着，体系中通过分子间脱水或醛醇缩合反应进一步诱发聚合或缩聚反应，形成可溶聚合物。与此同时，聚合物发生芳构化反应，且当溶液中的芳香簇达到饱和临界值时，爆发式的形核便产生，并随着扩散过程的进行而最终形成表面含有丰富活性氧基团的碳材料。

5.3.4.3 水热碳化产物的用途

水热碳化工艺历史悠久，但直到最近几十年才受到足够的重视。目前，对该方法的研究主要集中在制备具有特殊性能的碳材料和碳复合材料，以及不断扩大和延伸其在不同领域的应用等方面。以下就该方法在一些主要领域的应用情况进行介绍。

1. 锂离子电池电极包覆材料

传统的锂离子电池正负极材料存在易膨胀、循环寿命短、表面副反应多等特点，限制了锂离子电池的广泛应用。碳材料由于具备较强的结构稳定性和化学稳定性，故以其作为锂离子电池正负极包覆材料时，将有望改善锂离子电池的性能。

2. 超级电容器电极材料

碳材料是超级电容器常用的电极材料，目前，提高碳材料比表面积和对碳材料进行元素掺杂是改善超级电容器性能的两大重要途径。水热碳化法可制备多孔碳材料，并易于实现碳材料元素掺杂，故其是制备超级电容器电极材料较为理想的方法。

3. 有机合成反应催化剂

费托合成反应是合成液态燃料的主要方法之一，目前，研制合适的催化剂以提高反应效率，减少过程中副产物的形成是费托合成反应的研究重点。铁基催化剂因其储量丰富和价格低廉受到了广泛关注，但该类催化剂在反应中以碳化铁和氧化铁两种形式存在，而真正起作用的却只有碳化铁，若要优化该催化剂的性能，就要减少其中氧化铁的含量。Yu

等指出，将葡萄糖在含有硝酸铁的水溶液中80℃水热处理24h后，可获得嵌有高度分散Fe_xO_y纳米颗粒的Fe_xO_y/C球形结构，费托合成反应催化性能研究表明，Fe_xO_y周围的碳能促进铁碳化物的形成，并能抑制活化和反应阶段铁碳化物的聚集、生长，故该催化剂具备较强的稳定性及选择性。

4. 水体净化材料

水中重金属离子或放射性元素的存在会对水生生物及人类的安全与健康造成严重的危害，故如何有效治理该类污染已成为不少研究者的关注热点。水热处理获得的碳材料表面含有大量的含氧基团，这使得碳表面带负电，有利于吸附正电荷金属离子。此外，水热碳化过程及后续的化学处理均可实现对碳材料表面的改性，通过调控表面官能团来实现对重金属离子或放射性元素更为有效的吸附。

5. 药物载体

水热法生产的碳材料具有较好的生物相容性和荧光性，且其表面丰富的含氧基团还有利于靶向物质的均匀固定，故以其作为药物载体时，不需要进行额外的荧光标记就能实现它在细胞内的追踪，并能成功地将细胞不渗透的分子运输到细胞内部。Fang等也指出，水热法制备的有序介孔碳球具备较好的生物相容性和较高的药物吸收容量，其对有机溶剂中布洛芬的最大吸附量可达30mg/g。

6. 气体存储材料

水热碳化处理后获得的碳微球在KOH溶液中高温活化处理后，能极大提高碳材料孔隙率及比表面积，从而使其具备较强的气体储存容量。Sevilla等用该方法制备了活性炭，并对其储氢性能进行了研究。结果表明，当压力为0.1MPa时，该活性炭储氢容量为2.1%～2.5%（质量分数），压力为2MPa时，储氢容量提高到4.2%～5.6%（质量分数），优于同等条件下其他方法生产的活性炭。

7. 催化剂载体

碳材料优异的化学稳定性是其作为催化剂载体的必要前提。水热碳化处理获得的碳材料表面含有丰富的含氧基团，能实现对催化剂更为均匀、稳定的固定。Kong等以水热碳球为基底，通过表面自还原和化学还原法先后在其表面沉积了Pd和聚苯胺，并研究了该三层球状复合体系对H_2O_2的电化学检测行为。结果表明，该体系对H_2O_2具有较强的活性，检测极限达5.48μmol/L，且其抗干扰性较好，能实现对低浓度H_2O_2的灵敏检测。Wen等用模板法水热合成了碳纳米管阵列，并通过化学还原法在碳纳米管内外壁均沉积了Pt纳米颗粒，合成了Pt-CNT-Pt复合材料，并指出该复合材料对甲醇的催化活性优于商用Pt-XC72催化剂。

8. 制备金属氧化物空球

金属氧化物微纳米结构具有独特的物理化学性质，在电学、催化、光学、气体传感器等方面具有广阔的应用前景，而中空球壳结构具备密度低、比表面积大、表面渗透性高等优点，故如将该结构用于金属氧化物领域，有望更进一步提高金属氧化物的性能。大量研究表明，水热碳化法易于实现这两者的完美结合。Titirici等在碳水化合物溶液中引入不同的金属盐溶液水热法制备了Fe_2O_3、NiO、Co_3O_4、CeO_2、MgO和CuO空球。Qian等、Sun等以葡萄糖水热碳化获得的均匀碳球为模板，分别通过表面沉积去模板法和超声处理去模板法制备了多种氧化物空球。

5.4　生物质催化转化

随着社会的不断发展，人类对能源的需求越来越大，环境污染问题也越来越突出，伴随着化石能源日益减少，人类对再生资源技术的发展越来越重视。目前，世界各主要发达国家纷纷建立了可再生的新能源研究机构。由于农林废弃物料来源广泛，对纤维素类的物质较早进行了研究，植物秸秆进行裂解获得液体碳氢化合物是一个非常重要的途径，然而由于该液体燃料氧化安定性较差、含氧量较高、亲水性较强、黏度较高、气味较重等显著的缺点，严重限制了该液体在其他方面的应用，因此很有必要对此进行进一步加氢脱氧精制以获得烃类物质。在可再生的碳氢燃料方面，利用植物油脂进行酯交换获得可再生的生物柴油目前相对成熟，已获得大面积推广，该技术主要用均相或者多相的酸、碱、或者酶催化剂。碱催化的酯交换的技术目前已经很成熟，并在欧美多国开展了工业化生产，但是该技术对油料来源要求非常高。生物柴油具有相对高的氧含量、较差的低温流动性以及较差的热和氧化稳定性，限制了它在柴油发动机的直接应用，因此需要加氢脱氧精制技术开发下一代烃类绿色燃料。同时，由于油酸碳分子数与柴油碳分子数接近，国内外很多研究人员也从油酸出发直接催化加氢或者催化裂解获得相应的碳氢化合物。本节概要介绍国内外在生物质转化碳氢燃料技术领域所取得的主要进展及存在的主要问题。

5.4.1　纤维类生物质催化转化

由于纤维素类化合物含氧量高，裂解产物含氧量也较大，致使生物质油稳定性较差，黏度较大，同时具有很强的亲水性等缺点，因此对该类生物质油进行提质是必经之路。加氢脱氧（HDO）被认为是最有效的生物质油提质的方法，而该方法的核心是催化剂，下面主要从催化剂角度进行概述。典型的酚类衍生物加氢反应过程如图5.10所示。

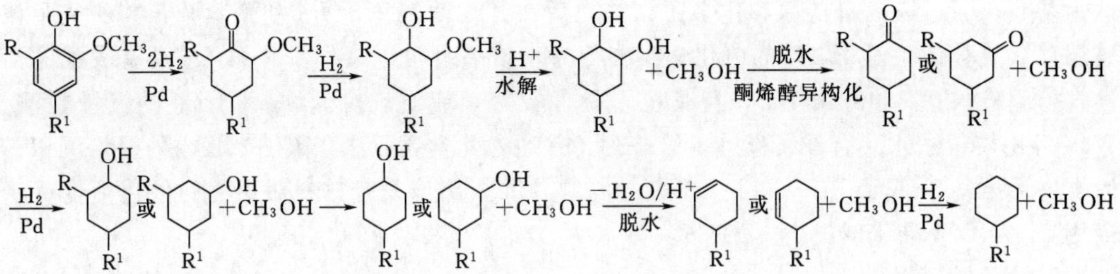

图5.10　典型的酚类衍生物加氢反应过程

5.4.1.1　催化剂

1. 单金属催化剂

早在20世纪80年代，钼的相关化合物如氧化钼、硫化钼、氮化钼和碳化钼被作为催化剂用来催化木质素和相关模型化合物的催化加氢。在氧化钼催化木质素化合物中，发现氧化钼有限裂解酚类化合物中的甲氧基，相似的结果也发生在碳化钼催化茴香醚加氢脱氧过程。不同负载方法显示负载物能改变活性位置的特性，因此改变了催化剂的选择性。但是硫化钼的负载在碳上作为木质素加氢脱氧催化剂，硫化钼活性位置依赖不同碳材料的结构和化学特性。Smith 等人比较了低比表面未负载的钼基催化剂，即硫化钼、氧化钼、磷化钼，催化活性点转化数按照 $MoP > MoS_2 > MoO_2 > MoO_3$ 顺序降低，反应活化能按照 $MoP < MoS_2 < MoO_2 < MoO_3$ 增加。过度金属 Ni_2P、Fe_2P、Co_2P 也被用于催化木质素类衍生物的加氢脱氧反应。相对于贵金属，这些过渡金属的优势是有更好的选择性。考虑到硫化铁常常含有较低的反应活性，在芳核加氢过程中，Rinaldi 等将它负载活性炭、SBA-15、二氧化硅和三氧化铝催化二苯酯和甲苯，产率几乎 100%。同时，用不同负载的镍基催化剂也被用在生物质油加氢脱氧反应中，特别是在低温下添加铜促进氧化镍的还原，同时降低了结焦形成速率。相应地，铜提高了溶胶凝胶法镍催化剂在邻甲氧基苯酚加氢脱氧过程的催化性能。另外，铜混合的氧化物催化剂有弱的酸性、低加氢脱氧反应和很强的氢化作用，因此认为在加氢脱氧反应中是很好的催化剂。为改善贵金属催化剂的催化活性，Wang 等人合成了纳米 Pd 负载在介孔掺杂氮的碳上，该催化剂在催化加氢脱氧反应中显示了很好的催化活性，在 2-甲氧基-4 甲基苯酚反应中近乎 100%的转化率和 100%的选择性。

2. 双金属催化剂

相比于单金属催化剂，双金属催化剂是一个更有发展的策略，为改进催化特性和设计对某种特殊产物具有高选择性的催化剂提供了更大的可能性。目前，已经有很多双金属催化剂用于加氢脱氧反应中的报道，这些双金属催化剂使加氢脱氧反应的选择性有了很大的提高。早在 20 世纪 80 年度，钴钼催化剂对苯酚催化显示了很好的催化特性。最近的研究显示镍或者钴混合钼催化剂催化苯酚化合物加氢脱氧都有很好的催化性能。

增加一个第二金属的催化剂主要有三个方面的优势：①增加催化的活性；②提高催化剂的稳定性；③改善催化剂的选择性。这些优势通过催化剂几何体效应、电子云效应、协同效应和双官能团效应等微观方面体现，在后面两个效应中可能生成新的反应路径。需要指出的是，虽然双金属催化剂具有显著的优势，仍然有很多问题需要去克服。首先，碳沉积在催化剂在加氢脱氧过程中是一个大问题，随着催化剂酸性增强，结焦也提高。其次，硫化物催化剂很容易失活，因为生物质油中有很高的氧硫比，含氧化合物的特性和负载物的表面特性是催化剂中毒的关键因素，为解决这个问题，Yan 等发展了一系列无定型的钴、镍-钼、钨为基的催化剂，在加氢脱氧过程中该催化剂的氧化钼或者氧化钨作为 B 酸位点，镍或者钴起一个加氢作用。再次，催化剂之间的相互作用和纯度影响目前尚不清楚，该问题对于很多杂质的实际原料显得非常关键，因此很多基础研究需要建立起结构和催化性能的关联性。

3. 双功能催化剂

含有金属和酸组分的双功能催化剂为解决催化剂失活而发展起来。Kou 等人报道了 Pd/C、Pt/C、Ru/C 及 Rh/C 可以选择性催化苯酚类化合物的加氢脱氧反应到环烷烃和甲醇。在反应过程中，金属催化加氢和酸催化水解脱水被认为是一起进行的。系统的动力学研究揭示双催化功能是必不可少的，酸催化步骤决定了总的加氢脱氧反应，因此高浓度的酸位是需要的。Kou 等用金属纳米微粒和 B 酸替换了 Pd/C 和无机酸，结果显示该催化剂具有更有效的、更少能量消耗的提质过程。固体 B 酸在加氢脱氧过程中被认为是有效的双功能催化剂，特别是 HZSM-5 显示了很高的反应速率和更低的表观活化能。此外，Pd/C 和 HZSM-5 复合催化剂不仅仅能用来催化苯酚组分的加氢脱氧，也能用来苯酚二聚体的加氢脱氧。后者需要一个金属—酸—催化剂裂解 C—O 键和一个完整的加氢脱水反应。苯酚的加氢是一个速率控制步骤在 Ni/HZSM-5 和 Ni/Al_2O_3-HZSM-5 体系中，因此高镍浓度在有效的催化剂中是必要的。

5.4.1.2 加氢反应

最近零价金属催化剂可以在常温常压下催化生物质油中的羰基，提高生物质油的化学稳定性。作为一个非贵金属催化剂，发现 Mo_2C/C 高活性加氢萘到四氢化萘，选择性达 100%。虽然价格昂贵，目前贵金属仍然是更有效的加氢催化。基于贵金属的本质活性和操作条件，Vispute 等发展了一个串联催化过程，该过程将生物质裂解油转化为普通化工原料。在该系统中，Ru/C 和 Pt/C 催化剂催化生物质裂解油为多元醇和乙醇，然后将加氢产物转化为轻烯烃和芳烃碳氢化合物。相对于传统催化剂，电催化加氢是生物质转化的一个新技术，目前已经有报道将其作为一个稳定和提质的生物质衍生油催化剂。Saffron 等最近报道了有效的阴极催化剂在苯酚化合物电催化加氢和部分加氢反应中，反应条件相对温和。在加氢反应中，很多研究人员还研究了不同的氢源和氢转移等技术在温和条件下实现生物质油的提质过程。

5.4.2 油脂类生物质催化转化

目前，关于油脂类的生物质转化技术有好几类，如直接催化裂化、加氢脱氧、加氢转化和氢裂等，其中催化裂化和加氢脱氧研究得最为广泛。

5.4.2.1 催化裂化技术

均相催化的油脂酯交换反应通常对原料的纯度很敏感，一般酸值较高，地沟油或者其他高酸值的油脂很难用直接酯交换法制备生物柴油，高酸值的油脂在反应过程中很容易进行皂化反应，同时产物的最终分离也很复杂。催化裂化或高温分解可以克服这些缺点来转化各种来源的生物油脂。催化裂化通常是指将大分子油脂碳氢化合物催化裂解为小分子产物的过程。最早的热裂解植物油过程可以追溯至20世纪20年代，催化裂化的催化剂，早期有酸催化剂（如 Al_2O_3，$AlCl_3$）和碱催化剂（如 MgO，CaO，NaOH），反应于400～500℃下进行；新一代催化剂包括分子筛（如 HZSM-5，HUSY 等）以及介孔硅铝酸盐（如 SAPO-5，SAPO-11）。不同孔径 HZSM-5、HBeta 和 HUSY 分子筛在固定床反应器上催化转化棕榈油，比较这三种分子筛发现，HZSM-5 抗积炭能力最好，HBeta 次之。酸性较强、孔结构与孔体积较独特的 HZSM-5 更倾向于生成汽油组分的烃类，尤其是芳烃中的苯和甲苯；HUSY 有利于生成煤油和柴油组分，而 HBeta 则产生较少的柴油组分。当提高 HZSM-5 的硅铝比，汽油和煤油的产率会上升，而气相产物和柴油的产率会下降，同时芳烃含量也会下降。对比 HZSM-5 和 KZSM-5 作为催化剂造成产物分布的不同，发现催化剂的酸性在芳构化以及低聚、脱氧反应上起了重要的作用；同时催化剂的酸密度和强度与有机液相产物的收率成反比。此外，高温将降低有机液相产物的收率，当反应温度由450℃升至500℃时，HZSM-5 催化的有机液相收率由54%降至40%。研究显示，MCM-41 在450℃表现出对脂肪酸混合物和棕榈油较高的转化率和对直链烃类的高选择性；同时提高 HZSM－5 在复合催化剂中的比例也会提高棕榈油的转化率，当复合催化剂中含有 70%～90% HZSM－5 时，汽油组分的产率最高（达 44%），这可能形成了在介孔 MCM－41 的初级裂化和微孔 HZSM－5 的二级裂化之间的平衡。对于酸性相对温和的无定形硅铝（ASA），除了产生芳烃外，还产生大量脂肪烃。SAPO－5 和 SAPO－11 易生成 C_6～C_9 的芳烃；无酸性的磷酸铝会产生几乎等量的脂肪烃与芳烃。氧化物催化剂如 Co_3O_4、V_2O_5、MoO_3、NiO、ZnO 及碱催化剂 KO 催化能力相对较差，有机液相收率为 20%～50%。不饱和脂肪酸的 C═C 双键首先在 HZSM－5 作用下被质子化，质子化电荷在脂肪酸的碳链上迁移，之后 C—C 键的断裂导致脂肪酸裂化。环化和芳构化导致形成丙烯基苯和苯基丁烯中间产物，最后烯烃和碳正离子中间体反应生成苯、甲苯、二甲苯。另外，油酸通过脱羰和脱羧反应分别产生 CO 和 CO_2，直链烷烃或烯烃的中间产物也会裂解产生低链烃类。HZSM－5 的孔道效应也易使低碳链烯烃（C_2～C_4）在催化剂孔道内环化生成芳烃化合物，而产生的芳烃一部分可从催化剂中扩散出来，剩余的易残留在催化剂的孔道内形成积炭。分子筛催化裂化的主要产物是直链型和环状烷烃与烯烃、醛、酮、羧酸、水和气态产物。产物组分多、积炭严重、含氧组分高阻碍了其直接应用为液态燃料。在植物油高温下催化裂化的产物中（在最优化条件下），汽油组分仍大于柴油组分，且汽油组分中有很大比例的芳香族化合物。芳烃的存在虽然提高了产品的辛烷值，但其直接使用仍然受到限制。催化裂化技术最大的优势是普适性高且不需要氢气气氛，但是缺点是选择性差、液态产物收率低、催化剂结焦严重。催化裂化技术的局限性将迫使研究者们寻找其他更优路径来高选择性地转化生物油脂为液态燃油。目前催化裂解油脂获得烷烃、烯烃、芳烃以及含氧有机物是一种简单有效的快速处理油脂的方法。另外脂肪酸的加氢脱氧也是一种有效地获得烷烃或者烯烃的方法，图 5.11 所示为脂肪酸催化裂化以及其他可能的反应。目前关于油脂处理催化裂化还有很多问题需要研究，不过总的来说，碱性催化剂更为有效，这可能与油脂的催化裂解机理有关，关于催化裂化机理尚不完善，尤其是关于含氧化合物的生成尚缺少相关研究。

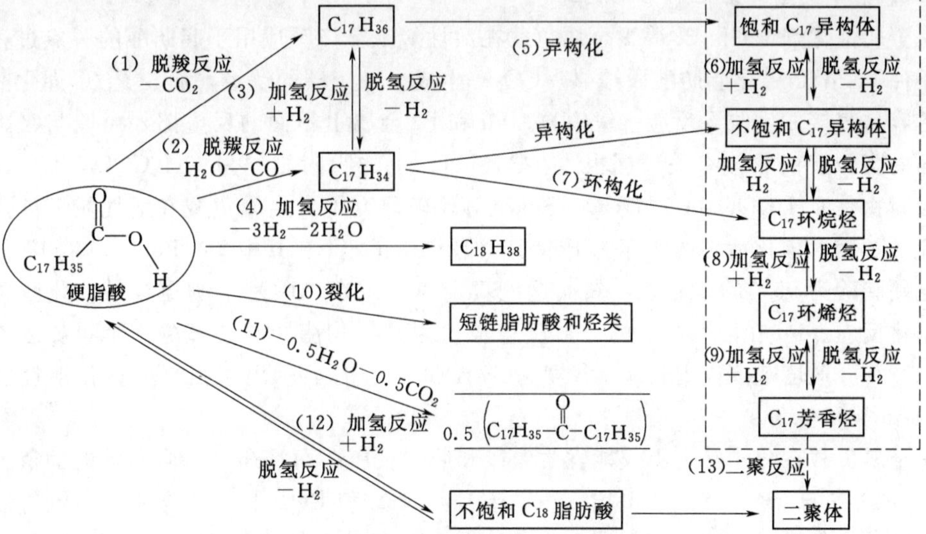

图 5.11　脂肪酸催化裂化以及其他可能的反应

5.4.2.2 加氢脱氧技术

1. 含硫的负载金属催化剂催化

传统的硫化金属催化剂被广泛地应用于石油的精炼过程中用以除S、N、O，而此类催化剂主要是含硫化物的金属Ni、Co、W、Mo等，在氢气气氛条件下催化脱氧脂肪酸和油脂为长碳链的直链烷烃（反应温度为350～450℃，氢气压力为4～15MPa）。Kubička和Kaluža比较了单金属（Ni或Mo）和双金属（Ni和Mo）负载在Al_2O_3的硫化催化剂对植物油的脱氧反应，发现双金属的催化剂活性比单金属高，催化活性的次序依次是$NiMoS/Al_2O_3 > MoS/Al_2O_3 > NiS/Al_2O_3$，其中$NiS/Al_2O_3$主要催化油脂脱羰，$MoS/Al_2O_3$催化剂主导加氢脱氧反应，而$NiMoS/Al_2O_3$催化产物为加氢和脱羰基共存。Şenol等探究了$H_2S$和$H_2O$对硫化催化剂的脂肪酸酯加氢脱氧的影响，他们发现水能够抑制NiMoS和CoMoS催化剂的脱氧，其中主要是影响脱羧作用，而水抑制NiMoS催化剂的加氢作用，但对CoMoS的氢化无影响。H_2S被加入到反应体系中能够有效地补偿H_2O的抑制作用，并能影响最终的产物分布。由于油脂的加氢脱氧过程必然会产生H_2O，所以硫化物的加入对保持金属硫化催化剂的活性非常必要。负载在SiO_2、Al_2O_3、分子筛载体上的NiMoS、NiWS、CoMoS催化剂在固定床反应器350～360℃下，基本都能定量地转化麻风树油为C_{15}～C_{18}的长链烃类产物。中国石化采用自主开发的硫化物金属催化剂对棕榈油、大豆油、菜籽油、乌桕油、椰子油、微藻油、餐饮废油等多种原料进行了加氢处理，反应尾气中除了未反应的氢气外主要包括丙烷、CO和CO_2，所得精制油的收率为77%～89%，沸程为65～521℃。棕榈油、大豆油、菜籽油、乌桕油、微藻油、餐饮废油加氢处理得到的精制油主要由C_{15}～C_{18}的正构烷烃组成，椰子油加氢处理得到的精制油主要由C_{11}～C_{14}的正构烷烃组成。这种新研制的催化剂具有耐水性和稳定性好的优点。对加氢处理后的精制油进行降凝处理，液态烃收率可达90%～94%；相对于初始原料油，生物航煤质量收率可达35%～45%，同时产出7%～11%的柴油馏分和23%～29%的石脑油组分，且生物航煤的密度、闪点、凝固点和沸程满足航煤ASTM D7566－11标准要求。

2. 非硫负载金属催化剂催化脱氧

贵金属催化剂Pd和Pt等贵金属负载在活性炭上被广泛应用于脂肪酸的脱氧过程，在无氢条件下Pd/C催化脂肪酸脱羧（$—CO_2$）生成少一个碳的烷烃，而在Pt/C催化剂上脂肪酸更容易直接发生脱羰反应（—CO）。Pd和Pt金属上不同的反应路径可能与吸附在金属表面的脂肪酸前驱体有关。据报道，Pd(111)上的吸附物种为CH_3COO，而Pt(111)上的吸附物是CH_3COO和CH_3CO。Snåre等比较研究了贵金属负载在活性炭上催化脂肪酸脱氧的过程，催化活性的顺序为Pd>Pt>Rh>Ru>Os。其中5% Pd/C在300℃能够完全转化硬脂酸为95%的十七烷，然而这些贵金属负载在Al_2O_3上则更容易催化脂肪酸发生酮基化反应。Pd在活性炭上的分散度也被认为是影响脂肪酸脱氧的一个重要因素，在18%～72%分散度范围内Pd的分散度为47%和65%时显示出了很高的催化活性，TOF分别为76/s和109/s。

贵金属负载在分子筛上不仅能发生脱羧和脱羰反应，而且还进行脂肪酸的加氢脱氧反应。Pt负载在HZSM－5、HMOR、γ-Al_2O_3、USY和Beta上对植物油和麻风树油进行加氢反应的加氢结果显示，在相同反应条件下，Pt负载在其他分子筛上C_{10}～C_{20}的产率依次是 Pt/USY(6.3)>Pt/USY(5.1)>Pt/HZSM-5(23)>Pt/FER(20)>Pt/HZSM-5(30)>Pt/Y(5.1)>Pt/HBeta(5.1)>Pt/HMOR(18.3)。且B酸强度显著影响脂肪酸氢化，B酸越强则越有利于脂肪酸的氢化。Re改性的PtRe/HZSM-5在270℃下麻风子油转化率达到100%，C_{15}～C_{18}烃类的选择性为79%，且当油和催化剂质量比升高至10时，催化剂PtRe/HZSM-5依然保持着很高的活性，如油脂的转化率为80%，C_{18}的选择性为70%。

3. 非贵金属催化剂

贵金属催化剂昂贵的价格限制了其在工业中的应用，因此发展具有高选择性、高催化活性、廉价易得的非贵金属催化剂是必然的趋势。Peng等首次发展了一种以Ni为活性中心酸性HBeta分子筛为载体的双功能催化剂直接定量催化转化粗海藻油为C_{18}为主的烃类。Ni/HBeta催化转化海藻油的过程为：首先，加氢微藻油的不饱和C=C，所得的饱和脂肪酸酯在Ni活性中心上发生氢解生成脂肪酸和丙烷，然后，脂肪酸进一步氢化为脂肪醛，其中少部分的脂肪醛脱羰生成C_{17}烷烃，大部分的脂肪醛继续加氢为脂肪醇，最后，经脱水加氢生成最终产物C_{18}烷烃。Song等通过改进催化剂的制备方法进一步研究了Ni粒子尺寸和分散度对微藻油和硬脂酸加氢脱氧反应的影响。相比传统的浸渍法，沉积沉淀法和Ni纳米粒子法制备的Ni的粒子尺寸为3nm左右，反应速率提高了5倍，且经过了4次催化循环后，小颗粒且均匀的Ni纳米粒子催化剂依然保持着较高的催化活性和金属分散度。因此，一定意义上金属的粒子尺寸控制反应的活性，而粒子的均匀程度直接影响催化剂的寿命。Peng等发现，纯的ZrO_2载体本身就能吸附和转化硬脂酸，因而硬脂酸在Ni/ZrO_2上的转化有两条途径：①硬脂酸直接在Ni活性位上加氢成脂肪酮和脂肪醛，随后脂肪醛脱羰基被转化为C_{17}；②羧酸基团被ZrO_2上的氧空缺位吸附形成羧化物，紧接着脱去α-H生成烯酮中间物，烯酮中间物在Ni金属中心上加氢成脂肪醛，最终脂肪醛脱羰基后转化为C_{17}烃类。Peng等探究了不同气氛、不同金属中心、不同载体对棕榈酸转化反应路径的影响。在有氢气条件下，棕榈酸在Ni活性中心上被氢化为棕榈醛，而在无氢条件下，棕榈酮与相邻的羧酸盐在ZrO_2发生酮基化反应生成软脂酮。在不同Ni催化剂的载体上，脂肪酸转化速率顺序为(Ni/HBEA,Ni/HZSM-5)>Ni/ZrO_2>(Ni/Al_2O_3,Ni/SiO_2)。Gosselink等将负载在碳纳米纤维上的钨基催化剂应用于油脂的脱氧反应。在惰性气氛下随着处理温度的升高，钨的化合物形态由WO_3转变为W_2O。低温处理后得到的WO_3/CNF催化反应得到的主要产物是C_{17}，而以W_2C为活性中心的加氢脱氧反应，产物分布中C_{18}的选择性较高。Mo_2C/CNF在350℃下能催化油酸82%的转化，且产物主要是煤油组分；在相同条件下显示出比W_2C/CNF具有更高的活性和稳定性，而后者催化的主产物为长碳链的烯烃产品。

Fe是一种廉价绿色的金属，但活性相对低，Kandel等将Fe负载在介孔纳米SiO_2上转化微藻油为燃料油。整个反应过程包含催化剂的表面活性位转换，即0价的Fe被羧基氧化和铁的氧化物被氢气还原。氢气压对产物组分的分布也有很大的影响，低氢压使反应停留在羧基脱氧生成醛基过程生成较多的C_{17}；而较高的氢压有利于醛基进一步的加氢生成脂肪醇，这是由于表面的FeO吸附更多的氢，因此主产物也由低氢压下的C_{17}变为C_{18}烷烃。Kandel等将Ni纳米粒子负载在介孔纳米SiO_2(MSN)上对油酸进行加氢，随后又用氨丙基（AP）对载体 MSN 进行官能团化比较改性前后活性的差异。Ni/MSN 相比，AP—Ni/MSN 抑制了催化裂化反应，使得低碳数的选择性由 72%降低到 11%，加氢脱氧的产物 C_{18}烃类从 3%增长到 13%，提高了反应的碳原子经济性。而且随着引入的氨丙基量的增加，油酸的加氢脱氧能力逐渐增强，这可能是因为脂肪酸和氨基之间强的相互作用阻止了中间产物的迁移。因而修饰的 AP—Ni/MSN 由加氢裂化催化剂（Ni/MSN）转变为加氢催化剂，而且 AP—Ni/MSN 能有效地从微藻油中提取脂肪酸并将其转化为碳氢化合物，这种 AP—Ni/MSN 催化的途径能够被运用到富含脂肪酸的可再生能源为原料的转化精炼过程。Yang 等制备出纯硅 SBA-15 分子筛上负载的 Ni_2P 活性中心，并用此材料催化油酸甲酯脱羰和加氢脱氧主要生成 C_{17}和 C_{18}烷烃。金属中心 Ni 衍生的 Ni/SBA-15 催化剂倾向于油酸甲酯的裂化获得了碳数分布更广泛的烷烃。Ni_2P 均匀地封装在 SBA-15 的介孔孔道内，平均粒径小于 7nm。通过调节反应条件可以控制加氢脱氧和脱羰反应，降低温度和低空速以及提高压力能够促进油酸甲酯的加氢脱氧反应使得 C_{18} 选择性达到 60%，因此 Ni_2P/SBA-15 也被认为是一种很有前途的转化油脂为绿色燃料的催化剂。

5.4.3　脂肪酸或脂肪酸皂化裂解

目前，对油脂类物质的裂解已经进行了广泛的研究，但是对油酸类及其衍生物方面的裂解研究相对较少。脂肪皂是通过脂肪酸与碱金属与碱土金属反应获得的盐类。Hartgers 等研究了棕榈酸钠盐、油酸钠盐和亚油酸钠盐在 770℃条件下的裂解，结果发现在棕榈酸盐中得到碳数最大到 15 的正烷烃和正烯烃产物，在油酸和亚油酸钠盐中形成直链的最大碳数为 11 的烯烃和直链的 C_{11}～C_{17}的烷烃，棕榈酸钠盐产物中没有检测到芳香烃产物。Lappi 和 Alen 研究了硬脂酸、油酸和亚油酸钠盐在 450～600℃的裂解特性，其结论与 Hartgers 类似，同时他们也分析了氧化物的形成。

Lappi 和 Alen 研究了棕榈油、橄榄油、菜籽油和蓖麻油钠盐在 750℃的裂解特性，发现了类石化油品的汽油和柴油成分还有含氧化合物。Santos 等报道了大豆油皂在 350～400℃的裂解，发现产物中有 30%有机液体产物，30%其他产物和 16%残渣，同时对液体产物进行蒸馏分析。Doll 等在 525℃条件下研究油酸的连续裂解。Maher 等研究了在 350～500℃硬脂酸间歇式热裂解，转化率在 32%～97%，转化率严重依赖反应条件，主要产物是低分子量的饱和与不饱和的烷烃和烯烃以及不饱和羧酸和芳烃化合物。目前，南昌大学利用微波裂解的方法对脂肪酸以及脂肪酸盐的裂解进行了详细的分析，并对脱羧成烃机理进行了分析。加拿大 Alberta 大学对脂肪酸的裂解进行了详细深入的分析，并对脱羧机理进行了探讨。总体来说，对脂肪酸或者脂肪酸皂进行热裂解方面的研究相对油脂裂解来说要少得多。

5.4.3.1　脂肪酸加氢转化

脂肪酸加氢转化主要包含两种途径：一种是脂肪酸直接加氢，通过引入氢将氧转移获得直链烷烃的技术途径；另一种是脂肪酸在氢气气氛中同时结合热裂解的技术特点进行脱羧获得碳氢化合物的技术途径。相对而言，对单纯加氢过程的研究相对较少，因此本书在此不进行总结，后一种技术优势较大，近年来发展特别迅猛，因此重点对此进行分析。

影响因素主要包括负载金属催化剂类型、原料、反应温度、反应时间、反应气氛、停留时间等。

(1) 催化剂类型影响。Pd、Pt 、Ni 负载在 $\gamma-Al_2O_3$ 上已经进行广泛的研究，发现 $Pd/\gamma-Al_2O_3$ 催化活性比 $Pt/\gamma-Al_2O_3$ 强，同时对 C_{17}和 C_{15}类柴油碳氢化合物有更多的选择性，原因在于 $Pd/\gamma-Al_2O_3$ 催化剂有更多的活性 Pd。在上述三种催化剂中，$Ni/\gamma-Al_2O_3$ 催化剂含有更多的活性 Ni，但是它显示了获得 C_{17}和 C_{15}类柴油碳氢化合物最差的反应活性，这归结于 Ni 具有最大的尺寸，在 $Ni/\gamma-Al_2O_3$ 催化剂中 Ni 的平均尺寸是 8.2nm，Pd 和 Pt 只有 4.6nm 和 5.4nm。同时相比于 Pd 或者 Pt 负载在介孔碳上，发现 Ni 负载在介孔碳上有更多的催化活性和选择性，原因在于活性金属含量更高。另外，不同的镍功能化介孔二氧化硅泡沫材料（NiMCF）也被开发作为催化剂在脂肪酸脱羧反应中使用，发现对于脂肪酸脱羧反应获得碳氢燃料，NiMCF 催化剂含有最高的活性镍含量、最小的微粒尺寸、最大的反应活性和选择性。总之，提高金属催化剂的反应活性对于该反应具有主要的作用。

(2) 原料类型。研究发现饱和脂肪酸（山俞酸和硬脂酸）以及硬脂酸乙酯用 Pd/C 催化剂进行脱氧反应，在开始阶段硬脂酸反应速率高于山俞酸，而硬脂酸乙酯又略高于硬脂酸，但是对 Pd/C 催化剂失活情况，则硬脂酸乙酯比硬脂酸要严重得多。延长到 6h 的反应时间后，硬脂酸抑制的收率仅仅 38%，但是硬脂酸的收率为 60%，严重的失活主要是因为硬脂酸乙酯中脱氧产物含有大量的不饱和产物。此外，棕榈酸脱氧与硬脂酸脱氧进行比较，发现催化剂为 Pd 负载在介孔碳上，棕榈酸脱氧反应速率发现与硬脂酸脱氧速率一致，结果和十七酸、硬脂酸、十九酸、花生酸和山俞酸结果一致，棕榈酸和硬脂酸催化脱氧主要产物分别为正十五烷和十七烷。

(3) 反应气氛。月桂酸催化脱氧过程中分别用氩气和纯氢气作为气氛时，Pd 负载在介孔碳上作为催化剂，反应气氛的影响用收率和选择性产物（正 11 烷烃和 11 烯烃）体现，在第一个 100min 内，惰性气气氛收率比氢气气氛高；在 100～300min 内，惰性气气氛低于氢气气氛。第一个 100min 内，氢气气氛收率低是因为形成了大量的中间产物，该中间产物逐步转变为目标化合物。同时，在惰性气体中反应目标化合物的形成是通过脱羧或者脱羰反应得到的。氢气气氛中的脂肪酸脱氧反应途径是脂肪酸先形成脂肪醛，接着转化成脂肪醇，结脱水后形成烷烃，而惰性气气氛中脂肪酸直接脱羧形成碳氢化合物。

5.4.3.2 脂肪酸脱氧研究进展

早期，Snare 等人研究脂肪酸脱氧在半间歇反应中用十二烷作溶剂贵金属作为催化剂，发现在硬脂酸脱氧反应中 Pd 负载的介孔碳具有最大的反应活性，5%的催化剂将 98%的硬脂酸转化成十七烷烃。连续的硬脂酸酯脱氧试验也进行得很成功，转化率接近 100%。自此以后，大量的文献对此方面进行了报道。Maki - Arevela 等人研究了不同脂肪酸及其衍生物用 5%Pd/C 催化剂在不同的操作条件下在半间歇反应器中的反应 5h。研究结果发现，在硬脂酸脱氧反应中十七烷获得了很高收率，此外，为了考察催化剂的失活和稳定性，Maki - Arevela 等人使用 1%Pd/C 催化剂研究了饱和脂肪酸如月桂酸在连续化反应过程中的脱氧反应。在用三甲基苯和十二烷做溶剂时，催化剂失活被认为是最重要的问题，气体产物中的 CO 和 CO_2 以及结焦物使催化剂中毒是催化剂失活的关键原因。另外，5% Pd/C 催化剂也被用于不饱和脂肪酸脱氧反应（如油酸和亚油酸）以及用于将不饱和脂肪酸酯在半连续或者连续反应器中进行研究。研究发现，不饱和脂肪酸以及脂肪酸酯也能被成功地转化为类柴油的碳氢燃料。Arend 等研究油酸在超过 2%Pd/C 催化剂无溶剂氢气气氛中连续反应器中进行反应。该催化剂也被成功地证明能顺利地实现妥尔油脂肪酸和月桂酸碳氢化合物的转化。钯负载的 SBA－15 介孔硅也被作为研究硬脂酸脱氧的催化剂，并实现了 94%的转化。另外，还证明钯在不同负载物上作为活性催化剂对于硬脂酸催化脱氧也是很有效的催化剂。Immer 等人用钯负载碳作为硬脂酸脱氧的催化剂，在半连续反应器中的收率达 98%的选择性。此外，用该催化剂还研究了其在连续反应器中的表现，即在不同的气氛中，用该催化剂在无溶剂连续化反应器中转化硬脂酸到碳氢化合物。由于钯为贵金属，很多研究人员也研究了其他低成本催化剂，如 Ni 等。油酸无溶剂无氢体系脱氧反应用 MgO/Al_2O_3 作为催化剂，结果证实，随着油酸脱羧的进行，MgO 的皂化反应也开始进行，主要发生在 300℃，油酸脱氧反应在 350℃或者 400℃具有很低的选择性。Roh 等研究油酸脱氧，催化剂为 20%Ni 负载在 MgO 和 Al_2O_3 催化剂上，油酸转化率为 26%～31%。这些研究证明脂肪酸作为原料生产可再生能源的碳氢化合物是可行的。

5.5 生物质间接液化技术

5.5.1 概述

生物质间接液化法是指首先将生物质热解或气化得到合成气，其次合成气进行催化合成，得到液体燃料和化学产品。生物质间接液化的工艺流程如图 5.12 所示。其中主要的合成技术为甲醇合成、费托合成（Fischer－Tropsch synthesis）、甲烷合成、羰基合成、有机加氢合成等。相比其他液化技术，生物质间接液化具有以下优势：

（1）气化环节。气化技术成熟、原料适应性好、生产成本低、气化效率高。

（2）合成环节。费托合成技术成熟、调控 H_2/CO 比例定向生产燃料、燃料纯度高、可进一步开展化工生产。

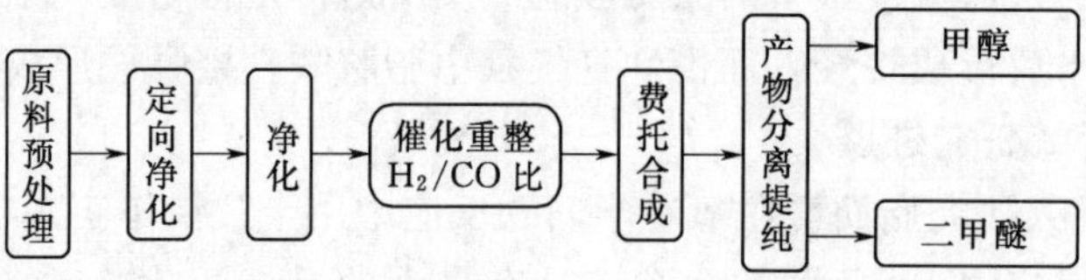

图 5.12 生物质间接液化的工艺流程

从 20 世纪 80 年代开始，生物质间接液化技术就已经在发达国家展开，尤其在美国、日本和欧洲等国已经取得了很大进展。如美国国家可再生能源实验室已成功地实现了生物质气化制甲醇、二甲醚、汽油等技术，并且生物质和气化合成醇醚燃料的技术已达中试规模。日本三菱重工已建成生物质合成醇醚液体燃料示范工程。此外，还有瑞典利用造纸黑液进行间接液化制取液体车用燃料的 BLGMF 项目等。

5.5.1.1 费托合成的原理

费托合成是煤间接液化技术之一，可简称为 FT 反应，它以合成气（CO 和 H_2）为原料在催化剂（主要是铁系）和适当反应条件下合成以石蜡烃为主的液体燃料的工艺过程。费托合成的反应原料虽然只是简单的 CO 和 H_2，但反应本身却是一个复杂的体系，其反应产物多达百种以上。在不同的条件和不同的催化剂下，反应产物的分布也各不相同。因此，目前提到费托合成时，除合成汽油为主要产物的反应外，还泛指由 CO 氢化而合成其他产物为主的反应。主要的化学反应是烷基、烯烃、醇类、醛类生成反应和积炭反应，这些反应虽都有可能发生，但其发生的概率随催化剂和操作条件的不同而变化，因此给反应过程的控制留下很大空间。经典 FT 反应机理见表 5.5。

表 5.5　经典 FT 反应机理

机理	提出者	机理内容	中间体	参考文献
碳化物机理	Fisher & Tropsch	CO 在催化剂表面上先离解形成活性炭化物，该物质和氢气反应生成亚甲基后再进一步聚合生成烷烃和烯烃	M—C	[26]
含氧中间体缩聚机理	Stroch & Anderson	链增长通过 CO 氢化后的羟基碳烯缩合，链终止烷基化的羟基碳烯开裂生成醛或脱去羟基碳烯生成烯烃，而后再分别加氢生成醇或烷烃	M—C(OH)(R)	[27]
CO 插入机理	Pichler & Schulz	CO 和 H_2 生成甲酰基后，进一步加氢生成桥式亚甲基物种，后者可进一步加氢生成碳烯和甲基，经 CO 在中间体中反复插入和加氢形成各类碳氢化合物	M$(CO)_n$(CH_3)	[28]
双中间体缩聚机理	Nijs & Jacobs	同时考虑了碳化物机理和含氧中间体缩聚机理，认为甲烷的形成经碳化物机理而链增长按中间体缩聚机理	M—C；M—C(H)(OH)	[29]

费托合成过程中涉及的主要化学反应如下：

反应生成直链烷烃的化学式为

$$(2n+1)H_2+nCO \longrightarrow C_nH_{2n+2}+nH_2O$$

$$(n+1)H_2+2nCO \longrightarrow C_nH_{2n+2}+nCO_2$$

反应生成烯烃的化学式为

$$2nH_2+nCO \longrightarrow C_nH_{2n}+nH_2O$$

$$nH_2+2nCO \longrightarrow C_nH_{2n}+nCO_2$$

反应生成醇、醛等含氧有机化合物的化学式为

$$2nH_2+nCO \longrightarrow C_nH_{2n+1}OH+(n-1)H_2O$$

$$(2n+1)H_2+(n+1)CO \longrightarrow C_nH_{2n+1}CHO+nH_2O$$

水煤气变换反应的化学式为

$$CO+H_2O \longrightarrow CO_2+H_2$$

费托合成反应的主要副反应是甲烷化反应和 CO 歧化反应，其化学式为

$$CO+3H_2 \longrightarrow CH_4+H_2O$$

$$2CO \longrightarrow C+H_2O$$

不难看出，费托合成反应产物的种类繁多，是一个非常复杂的反应体系。其反应产物主要遵从典型的 ASF（Anderson - Schulz - Flory）分布规律，由 C_{1-200}不同烷、烯的混合

物及含氧化合物等组成，单一产物的选择性低。

5.5.1.2 费托合成的影响因素

实践表明，影响费托合成反应的因素有很多，其中较为重要的包括温度、压力、氢碳比（H_2/CO）以及空塔气速、催化剂、不同反应器等，以下就这些因素进行一一分析。

1. 温度

费托合成属于放热反应，如果从化学平衡角度进行考虑，则提高反应温度便不利于化学反应向正方向进行，但是当温度低于一定值时，也会降低反应速度，导致费托合成反应不彻底；当反应温度太高时，又会在一定程度上导致催化剂出现积碳现象而失去活性。因此，合适的反应温度对于反应十分重要，实践表明最适合的反应温度一般在250℃以下。徐文旸制备了以Silicalite-2为载体的催化剂，研究了合成气制备低碳烯烃，发现在200～250℃范围内，C_2～C_4烯烃选择性随温度升高而增加，在250～300℃范围内C_2～C_4烯烃选择性随温度上升而降低。KÖlbel和Tillmetz研究了催化剂制备低碳烯烃，在320～375℃范围内，增加温度烯烃选择性从57%增加到65%。

2. 压力

压力影响实质上是指CO和H_2的分压影响，费托合成反应属于体积减小的化学反应，所以压力增大不仅能够促使反应向正方向进行，同时还能够在一定程度上抑制结焦反应的发生，达到保证催化剂的活性，延长其使用寿命的效果。值得注意的是，并不是压力越大越好，一旦压力超过了一定范围，便会让高碳烃聚集在催化剂的内部或者表面，而影响催化剂自身的活性。实践表明，一般情况下压力应该控制在2.0～3.0MPa之间。Farias等人研究了FTS操作压力对$FeCuK/SiO_2$催化剂液体产物分布的影响，结果表明，当K/Fe的比例较低时，压力较高时（2.5～3.0MPa）有助于蜡相产物的生成，而较低的压力（2.0MPa）更倾向于生成液体产品；当K/Fe的比例较高时，有利于生成液体产品，且产物中烃类的平均碳数有所增大。

3. 氢碳比（H_2/CO）

实践表明，当费托合成反应的产物为烃类和水时，其H_2/CO的化学计量比恰好为2，而当产物是烃类和二氧化碳时，H_2/CO的化学计量比为0.5。对于不同的催化剂而言，其对原料气H_2/CO的化学计量比要求是不同的。当催化剂为同一催化剂时，原料气中H_2/CO的化学计量比的增加会导致硬蜡产率的下降，而在一定程度上提高甲烷产率。Boelee、Hua等人研究认为，改变H_2/CO的化学计量比将影响H_2和CO的分压，增加H_2的分压将促进铁氧化物的还原，同时抑制WGS反应；增加CO的分压将促进还原后的铁物种的炭化，并且促进催化剂的积炭。Sculz等人通过实验研究证明，增加H_2的分压、降低CO的分压，将会降低链增长概率。Ding等人研究了H_2/CO的化学计量比对FeMn催化剂体相和表面组成的影响，发现在不同H_2/CO的化学计量比条件下，新鲜FeMn催化剂中的Fe_2O_3相先转化为Fe_3O_4相，然后进一步转化为FeC_x相；还原过程中，较低H_2/CO的化学计量比促进了催化剂表面碳化铁和碳化物中的形成；反应过程中，较低H_2/CO的化学计量比促进了碳化铁的形成，尤其是χ-Fe_5C_2，从而提高了催化剂的活性，并且促使产物分布倾向于重质烃的生成。

4. 空塔气速

就空塔气速对反应的影响而言，其主要分为：

(1) 当气速小于0.1m/s时，不仅会出现催化剂沉降现象，同时还会让反应器底部催化剂的浓度增高，而最终导致反应温度沿轴向分布不均匀。

(2) 当空塔气速大于0.4m/s时，由于此时的气体流速太快，便有可能造成气体严重带液现象的出现。实践表明，最为理想的空塔气速范围为0.25～0.35m/s。Arsalanfar等人针对Fe—Co—Mn/MgO催化剂研究了空速对CO转化率和产物选择性的影响，发现增加空速，CO转化率有所下降；产物的停留时间减少，导致链增长概率的降低，减少了产物在催化剂表面发生再吸附的概率，因此产物当中C_5^+的比例降低；产物中的乙烯和丙烯先随着空塔气速的增加而增加，而当空塔气速超过一定值后，乙烯和丙烯的选择性则随着空塔气速的增加而减小。同时还发现，CH_4的选择性也在该空塔气速值时达到最小值，CH_4随空塔气速变化的趋势正好与低碳烯烃相反。

5. 催化剂

费托合成主要运用的是Fe催化剂和Co催化剂。铁催化剂有很好的时空产率，但是由于水的抑制效应，Fe会逐渐失活，导致其选择性和反应速率降低，而钴催化剂则没有这种影响。但是运用钴催化剂，要获得合适的选择性，必须在低温下操作，使反应速率下降，同时产品中烯烃含量较低。与钴催化剂相比，铁催化剂对操作条件缺乏灵敏性，它的使用寿命短且活性低，但决定铁催化剂运用如此广泛的主要是其相对廉价，储量丰富。较理想的催化剂应是兼有铁催化剂和钴催化剂两者的优点。Pham H N等将Fe—Cu催化剂制备成耐磨的费托合成催化剂，并研究了它的微观结构。结果发现，制备好的Fe—Cu催化剂没有同类喷雾干燥法制备的催化剂耐用，喷雾干燥提高了催化剂的耐磨性。张成华等研究表明，Cu加入Fe—Mn /SiO_2催化剂中使催化剂的还原性能提高，促进H_2的吸附，在一定程度上提高了费托合成的反应活性，缩短了反应诱导期，但对烃产物分布的影响不明显。石玉林等对沉淀铁催化剂的配方和制备工艺进行了研究，开发了一种低温浆态床费托合成Fe基催化剂，创新性地提出以Fe—Cu—K为基本元素，添加Si提高结构稳定性和抗磨性，添加少量Co与Fe形成“主一次双活性中心”，提高催化剂的活性和化学稳定性。张辉等考察了贵金属Ru对Co基催化剂催化性能的影响，发现贵金属助剂的添加能够降低Co基催化剂的还原温度，提高催化剂的活性钴中心数，在费托合成反应中表现出优异的CO加氢活性和较高的C_5^+长链烃选择性。

6. 不同反应器

用于费托合成反应的反应器先后有固定床、流化床等。不同反应器所用的催化剂、反应条件和工艺的不同，最终得到的产物也会有很大差别，所以反应器的选择和研究具有重要的意义。

(1) 固定床反应器。反应温度较低，不易发生催化剂失活，同时反应器尺寸较小，操作简便，但其结构复杂，价格昂贵。一旦选择的催化剂使用周期较短，频繁更换会使操作和维修十分困难，不利于连续性生产。

(2) 流化床反应器。

1) 循环流化床反应器。其外传效率高，控制温度好，催化剂可连续再生，单元设备生产能力大，结构比较简单，但是运用于生产时会出现放大效应。

2）固定流化床反应器。固定流化床反应器是在循环流化床的基础上取消了催化剂循环系统，使得加入的催化剂量少而且利用率高，维修费用较低，产品的转化率较高，操作简单，分离效果好，并且磨损问题基本不用考虑。

3）浆态床。浆态床是一种气、液、固三相的流化床，由于反应在液相中进行，温度压力容易控制，同时传热传质效果好。由此带来的效果是操作弹性大，单程转化率高。催化剂在液相中不会因挤压而破裂，载荷均匀。但其缺点是由于液体的阻力大，传递速度小，催化剂活性小。

Jung 等人研究了 FeCuK/SiO_2在浆态床鼓泡塔反应器（SBCR）中的费托合成性能及其动力学，在 265℃、2.5MPa、H_2/CO 的化学计量比为 1 的条件下 CO 转化率达到 88.6%，C_2～C_4 和 C_5^+ 的选择性分别为 10.4%和 36.85。Yang 等人针对费托合成的固定床反应器的质量传递做了研究，得出较大的催化剂颗粒会表现出更高的 C_5^+ 选择性。Park 等人在双层固定床反应器中探讨了合成气直接制低碳烯烃，分别采用了 Fe—Cu—Al 费托合成催化剂和 ZSM-5 分子筛催化剂，实验结果表明其 C_2～C_4 烃的选择性达到了 50%。此外，国内的张敬畅对连续加压浆态床反应器做了相关研究。

5.5.1.3　费托合成典型工艺过程

1. 南非 SASOL 公司的费托合成技术

南非于 20 世纪 50 年代初成立 SASOL 公司建设煤间接液化合成油厂，最初采用的是德国的铁催化剂固定床费托合成技术，但随后逐渐开发出自己的费托合成催化剂和费托合成技术。经过半个世纪的发展，SASOL 公司现已成为世界上最大的工业化合成油生产商和间接液化技术开发商。南非 SASOL 公司共掌握有五种费托合成技术，即低温铁系催化剂固定床费托合成技术、低温铁系催化剂浆态床费托合成技术、高温铁系催化剂循环流化床费托合成技术、高温铁系催化剂固定流化床费托合成技术和低温钴系催化剂浆态床费托合成技术。

2. 荷兰 Shell 公司的费托合成技术

Shell 公司最早于 20 世纪 70 年代开始费托合成催化剂的研究，其开发的费托合成工艺称为 Shell 中间馏分油合成工艺，该工艺采用的是钴系催化剂和固定床反应器。目前 Shell 公司已成功开发出三代工业化催化剂。

3. 美国 Rentech 公司的费托合成技术

Rentech 公司创建于 1981 年，专门从事煤制液体燃料和天然气制液体燃料的技术开发。Rentech 公司开发的是低温铁系催化剂浆态床费托合成技术。Rentech 公司开发的费托合成技术的特点之一是适应于 H_2/CO 的化学计量比为 0.67～3.5 的各种原料气，如以石油焦、煤、沥青、工业废气、天然气为气头的合成气等；其特点之二是虽然使用浆态反应器，催化剂却采用无黏结剂或载体的沉淀铁。目前，Rentech 公司致力于推广其以废煤和生物垃圾为原料生产合成气并经费托合成生产喷气机燃料和柴油燃料的工艺技术。

4. 美国 Syntroleum 公司的费托合成技术

美国 Syntroleum 公司成立于 1984 年，其业务目标是“以比原有合成方法更为简单的技术”开发费托合成技术。其开发的自热重整（ATR）工艺和所用的钴系催化剂于 1997

年在流化床中试装置上通过验证，随后又研制出了用于浆态床反应器的钴系催化剂。2005年，Syntroleum 公司与 Eastman Chemical 公司开始联合研究将其开发的钴基催化剂用于以煤为气头的费托合成过程的催化性能和工业放大可行性；2007 年 11 月，Syntroleum 公司完成了钴基费托浆态床催化剂应用于煤制油过程的 2500h 试验验证，成为首个宣布其钴系催化剂可用于以煤为气头的费托合成过程的专利商。但值得一提的是，从公布的试验结果来看，虽然经净化后的煤制备合成气拥有一定的操作空间，但受合成气中有毒物质含量波动所致的催化活性变化还是较大。2008 年，Syntroleum 公司与中国石油化工股份有限公司（简称“中国石化”）签署了技术转让协议，许可中国石化在国内实施和转让其费托合成技术，同时将中试装置转让给了中国石化。目前，Syntroleum 公司致力于开发生物质项目，生物质项目利用其 Bio-SynfiningTM 专利技术，将动物脂肪和植物油转化为柴油和喷气机燃料。

5. 中国中科合成油技术有限公司的费托合成技术

中国中科合成油技术有限公司是 2006 年中国科学院山西煤炭化学研究所联合内蒙古伊泰集团有限公司、神华集团有限责任公司、山西潞安矿业（集团）有限责任公司、徐州矿务集团有限公司等共同投资组建的高新技术公司。自 20 世纪 70 年代末开始，中国科学院山西煤炭化学研究所一直从事间接液化技术的开发，其研究可以分为 1997 年以前与 1997 年以后两个阶段。1997 年以前主要是对铁基固定床工艺进行研究，但随后依据铁催化剂生产成本和固定床合成油的试验结果，中国科学院山西煤炭化学研究所进行了煤制油各种万吨级规模的全流程工艺方案设计和技术经济分析，结论是催化剂性能和寿命需提高、催化剂生产成本偏高、固定床技术生产效率偏低、产品结构需调整优化，提出和规划了开发以廉价铁催化剂和先进的浆态床技术为核心的煤间接液化产业化思路。因此，1997 年以后主要致力于铁基浆态床工艺的研究开发，并取得了令人瞩目的成绩。

6. 中国山东兖州矿业集团的费托合成技术

山东兖州矿业集团于 2002 年 12 月在上海组建上海兖矿能源科技研发有限公司开展煤间接液化技术的研究与开发工作。截至目前，其共开发有两种系列的费托合成技术，分别为低温铁系催化剂浆态床费托合成技术和高温铁系催化剂固定流化床费托合成技术，并分别于 2004 年和 2007 年完成了 5000t/a 油品的低温和高温费托合成中试装置长周期运转试验，打开了通向工业化应用的大门。值得一提的是，其开发的高温固定流化床费托合成催化剂制备工艺与在 SASOL 公司实现工业化应用的高温费托合成催化剂制备方法有较大差别，SASOL 公司采用的是融铁催化剂，而上海兖矿能源科技研发有限公司开发的是沉淀铁催化剂，从而具有更多的活性表面。

7. 中国神华集团有限责任公司

神华集团有限责任公司（简称“神华集团”）于 2006 年开始进行煤基费托合成反应铁系催化剂的研发工作，经过四年左右的时间，完成了催化剂试验室小试配方研制、公斤级催化剂中试放大制备、吨级催化剂工业化放大生产、80t/a 费托合成中试装置及运转的自主研发工作，开发出了满足工业化应用条件的煤基浆态床铁系催化剂及其应用工艺。2010年 3 月，神华集团开发的“煤基浆态床费托合成催化剂及工艺”成功通过国家级专家组的技术鉴定，目前正在进行百万吨级费托合成工艺生产装置工艺包的编制。此外，神华集团

18 万 t/a 低温浆态床费托合成工业示范装置也于 2009 年运转成功，标志着神华集团基本掌握了低温浆态床费托合成技术。

5.5.2 二甲醚间接合成

5.5.2.1 二甲醚的性质和用途

二甲醚又称为木醚、甲醚，由于其英文名为 dimethyl - ether，故通常简称为 DME。常温下二甲醚是一种无腐蚀性、无毒，且对臭氧层无损害作用的具有轻微醚香味、无色、可燃的气体。根据相似相溶原理，二甲醚易与石油、四氯化碳、氯苯等有机溶剂相溶。在加入少许助溶剂后，二甲醚与水能以任意比例互溶，一般情况下，100mL 水中能溶解 3700mL 二甲醚。二甲醚在常温下其蒸汽压约为 0.6MPa，易液化，且与液化石油气具有相似的物理性质，在大气的对流层中容易降解。二甲醚优良的燃烧性能及其良好的物理化学性质，其被誉为“21 世纪的清洁燃料”。二甲醚应用广泛，主要用作气雾剂、制冷剂、发泡剂以及燃料等。二甲醚的种种特性使二甲醚对解决能源问题与环境问题之间的矛盾具有相当重要的作用。

5.5.2.2 典型的二甲醚合成工艺

除了传统方法，目前，二甲醚的主要生产工艺有二步法合成二甲醚和一步法合成二甲醚两种。

1. 二步法合成 DME

二步法合成 DME 的基本原理是先由合成气合成甲醇，然后将甲醇加热气化后通过固体催化剂，发生非均相催化反应脱水制得 DME，其反应方程式为

$$2CH_3OH \longrightarrow CH_3OCH_3 + H_2O$$

此工艺的反应在高温下进行，并且为放热过程，常用的催化剂有 Al_2O_3、ZSM - 5 型沸石及结晶硅酸铝等，DME 的选择性达到 99%以上，产品规格达到气雾级（>99%）。此工艺具有技术成熟简单、操作控制简便、可连续生产、规模大、无腐蚀、三废污染少的优点，是目前世界上生产 DME 最主要的方法之一。

德国联合莱因褐煤燃料公司和美国杜邦公司分别具有 6 万 t/a 和 1.5 万 t/a 的生产装置，另外，中国西南化工研究设计院有限公司等单位都研制出了千吨级生产装置。但是，此工艺因含有甲醇合成、精馏、脱水和 DME 精馏等多个工艺，具有流程长、设备投资大的缺点，且生产受甲醇市场波动的影响比较大。

2. 一步法合成 DME

合成气法又称为一步法，是将合成气制甲醇以及甲醇脱水制二甲醚两个反应在一个反应器内完成。此外，整个反应体系中还同时发生水气变换等反应。一步法合成 DME 采用复合催化剂（具有甲醇合成和甲醇脱水功能），合成气合成的甲醇通过甲醇脱水反应不断被消耗转化成 DME，打破了反应平衡，使整个反应向着产物的方向移动，甲醇的生成反应不再受热力学的限制，大幅度地提高了 CO 的单程转化率，使原料得到充分利用，也有利于产物的生成。该工艺所用的催化剂包括两部分，即甲醇合成催化剂和甲醇脱水催化剂。甲醇合成催化剂包括 Cu—Zn—Al 氧化物催化剂，如 BASF、ICI51 - 2 等，甲醇脱水催化剂有氧化铝、丝光沸石等。一步法合成 DME 的工艺流程如图 5.13 所示。

合成气可由多种途径制得，如天然气转化，煤及渣油、重油气化等，所以原料来源广泛经济，更符合我国富煤、贫油、少气的国情特点。一步法合成 DME 的工艺技术操作非常灵活，可通过调节操作条件、催化剂组成（甲醇合成与甲醇脱水催化剂的比例）、原料气组成等来改变产品中 DME/CH_3OH 的比率来满足市场的需求。此外，一步法合成 DME 还具有 CO 转化率高、流程短、设备投资少、能耗低的优点，因此成为世界学者研究的重点。

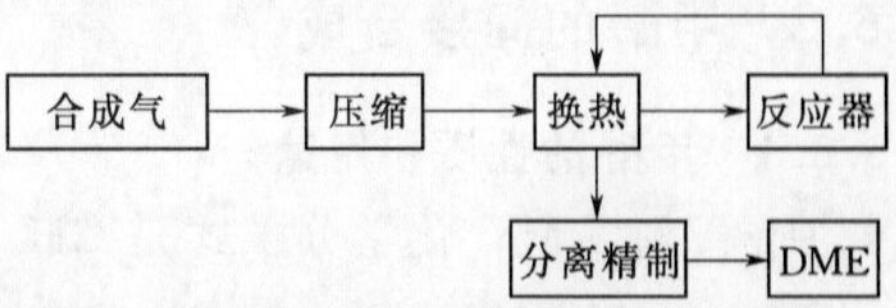

图 5.13　一步法合成 DME 的工艺流程

3. *传统方法*

甲醇液相脱水法是生产 DME 最早的传统方法，原料甲醇在催化剂浓硫酸的作用下先生成了硫酸氢甲酯，然后再与甲醇生成 DME。反应方程式为

$$CH_3OH + H_2SO_4 \longrightarrow CH_3HSO_4 + H_2O$$

$$CH_3HSO_4 + CH_3OH \longrightarrow CH_3OCH_4 + H_2SO_4$$

该工艺可生产纯度大于 99.6%的 DME 产品，用作纯度要求不高的气雾抛射剂，其优点是选择性好（>98%）、操作温度低（<100℃）且具有较高的转化率（>80%）。但由于使用浓硫酸作为脱水剂，存在设备腐蚀严重、废酸污染环境、操作条件恶劣和中间产品有毒性等缺点，此工艺在竞争过程中已逐渐被新工艺取代。我国目前只有武汉硫酸厂采用此工艺生产 DME，其工艺流程如图 5.14 所示。

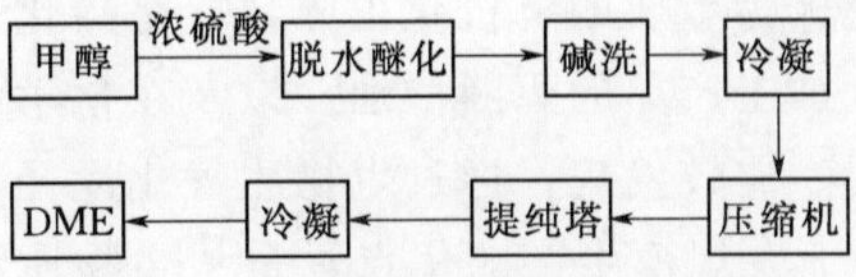

图 5.14　甲醇液相脱水法生产 DME 的工艺流程

5.5.2.3　二甲醚在能源利用中的前景

DME 作为汽车燃料时可以替代柴油、汽油。丹麦 HaldorTopsoe 对 DME 燃料在中型汽车运行时的尾气排放试验表明，CO、碳氢化合物、氮氧化物含量与美国加州颁布的中小汽车尾气排放标准相比分别低 55%、83%、4%。西安交通大学研究表明，柴油机燃料采用 DME 后发动机功率提高 10%～16%，热效率提高 2%～3%，噪声降低 10～15dB，CO、NO_x 等排放量明显下降，气缸中最高压力相应减小。上海已实现第一台 DME 改造汽车，目前上海市政府已经把 DME 汽车产业化列为清洁燃料汽车攻关项目。目前，国际油价不断攀升导致液化石油气价格大幅上涨，而在液化气中掺入 DME 具有良好的燃烧效果，因此 DME 可作为城镇燃气。DME 的储存、运输等比液化石油气安全；其在空气中的爆炸下限比液化气高一倍，因此比液化气安全；其自身含氧，在燃烧过程中所需空气量低于液化气，其预混合热值与理论燃烧温度均高于液化气；在液化气中掺入 20%左右 DME，其混合气燃烧性能良好，可减少残液和燃烧排放的黑烟。DME 具有良好的发电前景。经过英国石油公司和美国通用公司的联合证明，DME 可作为燃气轮机的优质燃料，燃烧性能和排放性能近似于天然气，优于柴油。印度和英国石油公司将在印度建设七个 DME 发电厂，总装机容量为 248MW，年消耗 DME4.8 万 t。我国神华宁夏煤业集团公司、云南瑞气化工有限公司等对使用 DME 发电表现积极。

5.5.3　甲醇的间接合成

5.5.3.1　甲醇的性质和用途

甲醇又称木醇，化学分子式是 CH_3OH，常温下是无色、有酒精味、易挥发的液体，能溶于水和众多有机溶剂；易燃，完全燃烧后生成 CO_2 和 H_2O；毒性强烈。

甲醇是一种重要的有机化工原料和优质燃料，其深加工后可作为一种新型清洁燃料加入汽油燃烧，其发展前景越来越广阔。甲醇燃料替代传统汽油作汽车燃料，不但清洁环保，而且来源丰富，是理想的石油替代品。甲醇还可直接用于发电站或柴油机。徐国强等经过大量的研究工作，选出甲醇与柴油性能较好的配比，并对其进行了汽油尾气排放和节油效果分析，结果表明，甲醇作为柴油的替代燃料可节油和减少污染物的排放，从而起到缓解能源危机和降低环境污染的作用。甲醇的经济效益显而易见而且是非常可观的，不仅体现在生产，还体现在使用方面。随着现代化科技的发展和进步，甲醇作为燃料，其经济性和实用性更加明显。同时，大力推广甲醇燃料的应用，可减少 60%上汽车尾气污染物的排放，具有良好的环保特性。在基本有机化工产品中，甲醇是 C_1 化工的关键性产品，同时也是一种由天然气或煤炭生产其他化工产品或合成油的重要途径。发展煤为原料生产甲醇，可优化能源结构，减少环境污染，具有特殊的现实意义和战略意义。

5.5.3.2　甲醇的合成工艺

生物质是可持续发展的重要能源之一，在其生产和利用过程中可以显著降低 CO_2 的排放。随着石油、天然气储量的逐渐减少以及近年来环境保护的压力，利用热化学方法从生物质中获取液体燃料的研究日益受到重视。甲醇是极为重要的有机化工原料，是碳化工的基础产品，同时又是一种洁净燃料。随着甲醇深度加工产品的不断增加，以及在化学研究领域的不断开拓，在国民经济中的地位已更显重要。比较发现，通过生物质气化途径合成甲醇（即间接液化法），具有效率高、成本低和易于大规模生产的优点，是从生物质制取液体燃料的最有前景的方法之一。由生物质气化合成甲醇包括以下主要过程：生物质预处理、热解气化、气体净化、气体重整、H_2/CO 比例调节，甲醇合成及分离提纯等。为了提高整个系统的效率，降低甲醇产品的成本，还可利用以上过程中产生的余热、废气等实行热电联供。综合国外生物质制甲醇研究成果得到生物质合成甲醇的工艺流程如图 5.15 所示。

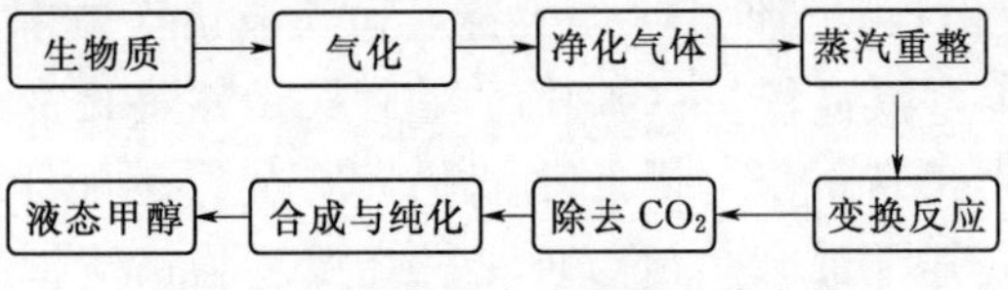

图 5.15　生物质合成甲醇工艺流程

图 5.15 所示工艺流程的反应条件为高温高压和高温中压。反应装置为固定床反应器、流化床反应器、加压流化床反应器、循环流化床反应器。试验选用的催化剂种类为 ZSM－5、DN－34、RE－1A、RE－2A、$Ni/A1_2O_3$、Ni/SiO_2、$Pt/A1_2O_3$、Pt/SiO_2、$Ni/A1_2O_3/SiO_2$、$Pt/A1_2O_3/SiO_2$、ICI. 46－1、$Cu/A1_2O_3$、$Cu-Mo-Ni/A1_2O_3$、CuO/ZnO、Na_2CO_3/K_2CO_3 等。合成甲醇选用的实验原料为甘蔗渣、碎白杨木屑、稻草球、松树皮、微藻类生物质。合成甲醇发生的关键化学反应为

$$CO+2H_2 \xlongequal{} CH_3OH$$

$$CO_2+3H_2 \longrightarrow CH_3OH+H_2O$$

$$CO_2+H_2 \longrightarrow CO+H_2O$$

$$CH_4+1/2O_2 \longrightarrow CO+2H_2 \rightarrow CH_3OH$$

$$CH_4+CO_2 \longrightarrow 2CO+2H_2 \rightarrow CH_3OH$$

5.5.3.3 甲醇生产技术发展趋势

虽然气相合成工艺技术的研究还在不断进行，同时也取得了阶段性的成果，但因受化学热力学平衡和反应动力学的限制，到目前为止还无法解决其转化率低和压缩功耗高的问题。从20世纪60年代至今，甲醇气相合成工艺除在催化剂的研究及反应器的放大制造研究方面有些进展外，在其他方面基本上没有太大的成果。可以说，甲醇气相合成工艺技术研究已经达到了顶峰。在不久的将来，液相中醇合成法将成为甲醇气相合成法强有力的竞争对手，最终将逐渐取代甲醇气相合成工艺，成为最先进的合成工艺。从所需的反应设备本身来看，浆态床反应器与固定床反应器相比具有结构简单，制造成本低，便于操作及易于加压，放大，提高了生产能力等优点。针对浆态床反应设备，目前需要解决攻克的难题就是浆态床反应器内所发生的气—液—固三相反应以及操作过程中液相性质的改变。此外，三相所引起的更为复杂的问题还有液相循环所需的辅助系统等。目前，国内甲醇装置规模与国际上甲醇生产规模相比还有很大差距，国内最大生产规模为60万t/a，而国际上已达到了170万t/a。生产装置的规模效益是非常显著的，规模生产可以大大降低生产成本，增强市场竞争力，因此必须树立大甲醇概念。在国内，对甲醇合成反应设备反应原理的研究已很深入，管壳恒温绝热反应设备在我国也得到了广泛应用，且国内甲醇合成催化剂的研究以及生产技术也很成熟，已有多个甲醇合成催化剂成熟品牌可供选择，尤其是C307催化剂在国内多个生产装置上的成功应用，已经取得良好口碑，为大型甲醇合成塔的研究制造提供了良好的技术基础。只有大型化浆态床和超界临相工艺的甲醇合成反应设备才能充分体现它的优越性，因此应尽快实现超临界相工艺的产业化，为我国甲醇工业开创一个新的领域。

在甲醇新工艺研究开发方面，我国在大规模新型气化工艺的基础上提高单系统产能为目标，确定未来技术发展的重点是甲醇合成节能流程及高效合成催化剂的研究，提高CO的单程反应率。国内各大科研院所不管是通过跟踪还是改进国外技术或是进行独立研究，总之是在甲醇合成工艺方面进行了一系列理论研究和应用研究。其中，中国科学院山西煤炭化学研究所深入研究了浆态床一体化低温合成甲醇的工艺，在催化剂的作用下，控制反应温度为80～180℃，甲醇与合成气中的CO羰基化生成甲酸甲酯，再氢解生成甲醇。据研究数据统计表明，合成气的单程转化率能达到90%，甲醇的选择性达到94%～99%。

目前，甲醇合成工艺的研究热点是CO_2加氢合成甲醇技术。我国碳排放总量排名世界第二，CO_2的大量排放，对环境的影响非常严重，随着社会的进步以及对环保的高度重视，研究利用富含CO_2的排放废气作为原料来代替CO加氢合成甲醇的技术，变废为宝，已成为目前及未来甲醇合成催化反应过程的主要趋势。要将CO_2加氢合成甲醇，其关键就是高活性、高选择性的催化剂的研制。当前有多所大学和研究院对CO_2加氢合成甲醇工艺进行了研究，实验室阶段取得了一定成功，预计在今后的进一步深入研究和试验中将会取得更多成果，此项目的成功无论是在甲醇生产工业上还是在环境领域上都有着优良的应用前景，这必将会深刻地影响未来社会的能源结构和化工原料来源。

思 考 题

1. 论述在多种热化学转化过程中选择的标准，并说明适合热化学转化的生物质组分。

2. 试述甲醇作为现代化工业中常见的试剂有什么优点，并说明是否可以采用其他的试剂来代替甲醇。

3. 试述在生物质热裂解制油工艺中，加催化剂的目的，并说明其好处。

4. 试述在多种制备生物油工艺中，你认为各种方法分别适合什么物料，并说明原因。

参 考 文 献

[1] Catrinescu C. Handbook of Heterogeneous Catalysis [M] //Handbook of Hetero geneous catalysis. VCH，1997：290-291.

[2] 徐如人. 分子筛与多孔材料化学 [M]. 北京：科学出版社，2004.

[3] Mulder G J. Untersuchungen über die Humussubstanzen [J]. Joural Für Parktische Chemie 1840，21 (1)，203-240.

[4] Ji N，Zhang T，Zheng M，et al. Direct catalytic conversion of cellulose into ethylene glycol using nickel-promoted tungsten carbide catalysts [J]. Angewandte Chemie International Edition，2008，47 (44)：8510-8513.

[5] 邢其毅. 基础有机化学 [M]. 3版. 北京：高等教育出版社，2005.

[6] 陈广飞，冯向鹏，赵苗，等. 废油脂制备生物柴油技术 [M]. 北京：化学工业出版社，2015.

[7] 舒庆，余长林，熊道陵. 生物柴油科学与技术 [M]. 北京：冶金工业出版社，2012.

[8] 刘梦琪. 钙基非均相碱催化酯交换生产生物柴油的性能与机理研究 [D]. 济南：山东大学，2015.

[9] Peterson A A，Vogel F，Lachance R P，et al. Thermochemical biofuel production in hydrothermal media：A review of sub-and supercritical water technologies [J]. Energy&Environmental Science，2008，1 (1)：32-65.

[10] Frank Fiedler，Svante Nordlander，Tomaspersson，et al. Thermal performance of combined solar and pellet heating systems [J]. Renewable Energy，2006 (31)：73-88.

[11] 史仲平，华兆哲. 生物质和生物能源手册 [M]. 北京：化学工业出版社，2007.

[12] 朱炳辰. 化学反应工程 [M]. 北京：化学工业出版社，2001.

[13] 刘荣厚，牛卫生，张大雷. 生物质热化学转化技术 [M]. 北京：化学工业出版社，2005.

[14] 米铁，陈汉平，唐汝江，等. 生物质半焦气化的反应动力学 [J]. 太阳能学报，2005，26 (6)：766-771.

[15] Paulus U A，Schmidt T J，Gasteiger H A，et al. Oxygen reduction on a high-surface area Pt/Vulcan carbon catalyst：a thin-film rotating ring-disk electrode study [J]. Journal of Electroanalytical Chemistry，2001，495 (2)：134-145.

[16] Hameed B H，Din A T M，Ahmad A L. Adsorption of methylene blue onto bamboo-based activated carbon：kinetics and equilibrium studies [J]. Journal of hazardous materials，2007，141 (3)：819-825.

[17] Yang Z，Yao Z，Li G，et al. Sulfur-doped graphene as an efficient metal-free cathode catalyst for oxygen reduction [J]. ACS nano，2011，6 (1)：205-211.

[18] Elliott D C. Product analysis from direct liquefaction of several high-moisture biomass feedstocks

[M]. Pyrolysis Oils from Biomass Producing，Analyzing，and Upgrading，1986：179－188.

[19] Karagöz S，Bhaskar T，Muto A，et al. Low－temperature hydrothermal treatment of biomass：effect of reaction parameters on products and boiling point distributions [J]. Energy & fuels，2004，18 (1)：234－241.

[20] Yuan X Z，Tong J Y，Zeng G M，et al. Comparative studies of products obtained at different temperatures during straw liquefaction by hot compressed water [J]. Energy & Fuels，2009，23 (6)：3262－3267.

[21] Yin S，Dolan R，Harris M，et al. Subcritical hydrothermal liquefaction of cattle manure to bio－oil：effects of conversion parameters on bio－oil yield and characterization of bio－oil [J]. Bioresource Technology，2010，101 (10)：3657－3664.

[22] Huang H，Yuan X，Zhu H，et al. Comparative studies of thermochemical liquefaction characteristics of microalgae，lignocellulosic biomass and sewage sludge [J]. Energy，2013 (56)：52－60.

[23] Akalim M K，Tekin K，Karagöz S. Hydrothermal liquefaction of cornelian cherry stones for bio－oil production [J]. Bioresource technology，2012 (110)：682－687.

[24] Zhang L，Li C J，Zhou D，et al. Hydrothermal liquefaction of water hyacinth：Product distribution and identification [J]. Energy Sources，Part A：Recovery，Utilization，and Environmental Effects，2013，35 (14)：1349－1357.

[25] 曹峥. 生物质加工和转化中的绿色化学 [M]. 北京：机械工业出版社，2015.

[26] FischerF，Tropsch H. Synthesis of petroleum at atmospheric pressures from gasification products of coal [J]. Brennstoff－Cheme，1926 (7)：97－104.

[27] RBAnderson Z. Thefisher－tropschsysthesis [M]. Academic Press，New York，1984.

[28] Pichler H，Schulz H. NeuereErkenntnisse auf dem Gebiet der Synthese von Kohlenwasserstoffenaus CO und H_2 [J]. ChemieIngenieur Technik，1970，42 (18)：1162－1174.

[29] Nijs H H，Jacobs P A. ChemInformabstract：new evidence for the mechanism of the fischer－tropsch synthesis of hydrocarbons [J]. Journal of Catalysis，1981，12 (12)：401－411.

[30] http：//www. shell. com/home/content/aboutshell/our _ strategy/major _ projects _ 2/pearl/

[31] 吴创之，马隆龙. 生物质能现代化利用技术 [M]. 北京：化学工业出版社，2003.

[32] 章思规. 精细有机化学品技术手册 [M]. 北京：科学出版社，1991.

第6章 生物质其他转化技术

生物质能源与生物质利用的方向是改变农业的产业化结构，加快农村“三生”（生产、生态和生活）工程、循环经济、绿色经济和社会主义新农村建设，使农业从传统领域向外拓展的可靠途径。根据各种生物质资源的结构与化学特性，开展其应用研究，重点研究实现生物质材料高效综合利用的生物技术、化学改性技术、复合技术、合成技术及树脂化技术；以系统工程的组织形式，围绕未来全球市场和科技发展趋势以及中国可供资源特点，以拓展资源的高附加值产出为根本目标，以资源培育与加工关系研究为起点，重点在农业生物质资源高效利用和替代补充化石资源等层面上开展多学科的综合基础性应用研究。

国际上生物质能利用主要是把其转化为电力、液体燃料、固化成型燃料。在一定范围内减少和替代矿物燃料的使用，发展目标是发展高效、清洁、低污染、低成本的生物质气化发电、液化等技术。我国的生物质能源消耗的比例一直比较大（约15%），特别是在农村（约30%以上），但是生物质利用技术水平较低，开发新型能源的成本较高，限制了技术设备的推广利用。我国未来生物质能利用技术主要在能源作物的开发、沼气技术、生物质热转化与利用技术、生物质材料的利用上实现突破。2005—2020年为我国生物质技术的开发和发展阶段，部分技术进入到商业应用，2020—2050年，随着生物质技术成熟和生物质能源体系的完善，生物质将成为主要的能源进入到商业化示范和全面推广阶段。

生物质事业迎来绿色化、规模化、产业化发展机遇。城镇化进程加速及能源供给紧张使生物质综合利用有望成为重要发展方向。美国生物质直接燃烧技术已居于世界领先地位，欧盟生物质综合利用产业发展迅速。生物质综合利用事业能够在适宜地区快速发展，生物质项目选址的重要考虑因素包括当地天然气价格。预计我国生物质成型燃料行业将走绿色化、规模化、产业化发展道路。

6.1 生 物 炼 制

1982年，生物炼制的概念在《*science*》上被首次提出。生物炼制就是以生物质为基础的化学工业，充分利用原料中的每一种组分，将其分别转化为不同的产品，实现原料充分利用、产品价值最大化和土地利用效率最大化。目前，生物炼制已经成为世界各国研究的热点，主要内容包括生物材料、生物基化学品、生物能源、生物基原料、生物炼制平台技术等。

生物炼制以可再生生物资源为原料生产能源、食品、医药与化工产品等的新型工业模式，通过开发新的化学、生物和机械技术，大幅提高可再生生物资源的利用水平，是降低化石资源消耗的一个有效途径。利用生物炼制实现主要能源和化工产品的生产路线转移，发展以生物炼制为核心加工手段的生物经济，逐步替代以化学炼制为核心加工手段的石油经济，是保障全球经济可持续发展的重要手段之一。

生物炼制概念提出之前，已有大规模利用可再生的生物资源加工生产各类产品的实例，如纸浆、人造丝、微晶纤维等；同时也建立了各种生物质加工技术，如糖精炼技术、淀粉加工技术、榨油技术、蛋白分离技术等。随着现代发酵技术的发展，一大批生物过程技术应用于化工产品的开发，如乙醇、乙酸、乳酸和柠檬酸等，形成了生物转化平台。热化学处理是生物炼制的另一个重要技术平台，主要包括生物质气化、热解、液化和超临界萃取等技术，衍生出多种化学品和液体燃料，如直链烷烃、生物油、芳香族化合物等。近年来，基因组学、蛋白质组学等生物技术的飞速发展大力推动了生物炼制技术在生物能源（乙醇、生物柴油、丁醇等）、化工产品、生物材料（聚乳酸、木塑复合材料等）等领域的应用。

6.1.1 生物炼制的主要框架

与石油炼制类似，生物炼制以生物质（如淀粉、半纤维素、纤维素等）为原料，通过热化学、化学或生物方法等，将其降解成为中间平台化合物，如生物基合成气、糖类（如葡萄糖、木糖等），然后经生物或化学方法加工成为平台化合物，如乙醇、甘油、乳酸等。

生物质包括纤维素和半纤维素等原料经过热裂解气化产生生物质合成气，也可以通过沼气发酵产生生物质气体。热裂解的生物质合成气主要成分有 H_2、CO 等。生物质经过发酵产生的沼气组分主要是 CH_4、H_2 和 CO_2 等，这种沼气和合成气还有一定差距，和热裂解气体混合调质后可以作为合成气制备化学品（如甲醇）。

生物质经过发酵产生的 C_2 化合物主要是乙醇，乙醇是重要的可再生液体燃料，同时又是制备乙烯的主要原料，经过催化剂（如氧化铝分子筛等脱水）可直接转化得到乙烯。用生物基生产的主要 C_3 平台化学品包括甘油、乳酸、丙酸、1,3-丙二醇等。甘油是非常重要的中间平台化合物，可用于生产许多产物，甘油经过生物转化可得到 1,3-丙二醇，再加工为高分子材料聚三亚甲基对苯二酸酯（PTT）。C_4 平台化合物包括琥珀酸、富马酸、天门冬氨酸等。琥珀酸可以合成多种化工产品。C_5 平台化合物包括谷氨酸、木质酸、糠醛等。C_6 平台化合物包括柠檬酸、赖氨酸、葡萄糖酸等。

通过生物炼制可以构筑新的化学工业产品，产生新的生物基化学品结构。这个结构主要是在利用生物质生产新的平台化合物上与传统的化学工业有区别外，其他没有本质区别。

6.1.2 生物炼制技术研究进展

众所周知，由纤维素、半纤维素和木质素三部分组成的木质纤维素是地球上最丰富的生物质资源，约占植物生物质总量的 70%。木质纤维素中包含了五碳糖、六碳糖及芳香类化合物等多种结构单元，这种结构组分的化学多样性为从木质纤维素生产不同的化学产品提供了可能。要实现这一可能，首先需要利用有效的预处理技术打破纤维素、半纤维素及木质素之间牢固的相互作用，实现木质纤维素各组分的分级分离，然后再根据各组分的物理性质和化学特性分别进行有针对性的转化利用。目前，各国研究人员已经开发了多种生物质预处理的工艺，如酸水解法、蒸汽爆破法及热水抽提法等。但是，由于木质纤维素稳固的结构特性，经济有效地实现木质纤维素材料的分级分离仍然还比较困难。例如，在以玉米秸秆为起始原料通过生物化学途径生产燃料乙醇的工艺中，仅原料的预处理就贡献了总生产成本的 19%。生物质原料的预处理是制约生物炼制发展的瓶颈问题之一，因此目前亟待开发经济有效的预处理技术或工艺。白蚁作为自然界中分解纤维素类物质的成员之一，其高效的木质纤维素类物质降解机能引起诸多关注。目前已经发掘部分白蚁共生系统的纤维素酶的功能基因，期望通过彻底阐明白蚁利用纤维素的理化途径以及纤维素酶在白蚁体内的分泌机制和纤维素类物质的降解机制，为人类高效利用木质纤维素开辟一条新途径。另外，新开发的固体碱/弱碱盐-活性氧组分分离法亦是具有较大潜力的组分分离手段之一。

6.1.2.1　生物液体燃料

1. 燃料乙醇

生物质能源的典型代表是燃料乙醇，是汽油的理想替代品。和化石燃料（石油和煤）相比，燃料乙醇具有很多优势：① 是可再生能源，可促进人类可持续发展；② 通过农产品转化和加工生产燃料酒精，能增加农民收入；③ 能有效降低二氧化碳排放；④ 能减少石油消耗量，加快经济发展转型。另外，发展燃料乙醇可以减少生物质秸秆和农林业废弃物量，有效缓和环境污染。目前，国际石油价格的不断攀升和大众环保意识的增强为燃料乙醇产业的发展带来了良好的机遇。世界燃料乙醇的生产主要集中在美国和巴西，两国燃料乙醇产量占世界总产量的 90%左右，美国现已超越巴西成为世界最大的燃料乙醇生产国。据联合国环境项目统计，2006 年全球在可再生能源方面的投资是 1000 亿美元，其中生物质用运输燃料方面的投资超过 1/4，达到 260 亿美元。目前燃料乙醇已在全球范围蓬勃兴起，发展势头强劲。第二代生物乙醇技术，即纤维乙醇技术，是利用各种生物废弃物，包括甘蔗渣、各种植物纤维、秸秆以及其他农产品加工业的废弃物生产纤维乙醇。当前，由于纤维素燃料乙醇成本高、技术不成熟等原因，全世界燃料乙醇的原料还是集中在各种淀粉质作物和糖料作物。虽然，世界各国都在加大对纤维素燃料乙醇的研发投入，到目前为止，大多数研究成果还处于中试或者示范阶段。我国正加快燃料乙醇的发展，到 2015 年年底，以陈化粮和木薯等为原料的燃料乙醇年产量约 250 万 t，木薯乙醇生产技术已基本成熟，甜高粱乙醇技术取得初步突破，纤维素乙醇技术研发取得较大进展，建成了若干小规模试验装置。表 6.1 为近年来纤维素燃料乙醇研究进展。

表 6.1　近年来纤维素燃料乙醇研究进展

国家	规模/($t\cdot a^{-1}$)	原料	成本/(美元·t^{-1})	公司
美国	60	玉米芯	783	Poet
加拿大	3000	麦秸	1100	Logen
丹麦	4000	不详	—	Inbicon
瑞典	140	锯木或其他	605～778	Etek
中国	500	玉米秸秆	—	中粮

通过木质纤维素预处理技术将纤维素和半纤维素转化为糖类物质，进而可以以微生物或者酶等催化过程大规模生产人类所需的化学品、医药、能源、材料等。传统的预处理技术相对于其他阶段工艺，所占的成本比例较大，已成为整个木质生物质生物炼制工业化流

程的瓶颈。目前研究的重点集中在酸法水解（超低酸水解、弱酸电解水水解、混合酸水解等）、蒸汽爆破法、热水抽提法等、高温液态水水解、蒸汽爆破法以及固体碱/弱碱性盐-活性氧蒸煮法等。

2. 生物柴油

以动植物油脂、微生物油脂以及废餐饮油脂等为原料，通过酯交换工艺制成的甲酯或乙酯燃料称为生物柴油。制备生物柴油的方法可以归为物理法、化学法、生物酶法以及超临界法四类，国内外已有很多文献概述了各种生物柴油生产技术的优缺点及其研究进展。通常，合成生物柴油需要经过含油生物质的干燥、油脂提取以及催化合成等步骤，其中生物质收集干燥和提取步骤都是高能耗步骤。有文献提到，微藻的收集过程成本占到整个过程成本的20%～30%。为了简化工艺、降低成本，有人发明了超临界同步提取催化合成生物柴油的新方法。超临界条件下，甲醇直接液化含水量达90%的微藻，催化微藻中所含的磷脂、游离脂肪酸和甘油三酯为生物柴油。同时，超临界法操作条件温和，研究证明超临界法用植物油合成生物柴油的投入为传统酯化法的一半。因此，超临界法同步提取催化非常值得期待。

3. 生物丁醇

丁醇是一种重要的有机化工原料，广泛应用于喷漆、炸药、塑料、制药、植物抽提取及有机玻璃、合成橡胶等工业。同时，丁醇还是一种极具潜力的新型生物燃料。与乙醇相比，丁醇有更长的碳链，使其具有更高的热值和沸点，与汽油的混合比例高于生物乙醇，使生物丁醇展示了良好的发展前景。目前在建的大型生物丁醇公司及生物丁醇研究进展见表6.2。

表6.2 在建的大型生物丁醇公司生物丁醇研究进展

国家	规模/($m^3 \cdot a^{-1}$)	原料	公司
英国	420000	小麦	BP、Dupont
美国	3800	纤维素	Gevo
中国	250000	木薯	联海生物科技有限公司

提高丁醇产量首要考虑的方法是改良菌种。随着代谢工程、基因工程技术的迅速发展及丙酮丁醇梭菌基因组测序研究的完成，构建高转化率、遗传稳定的基因工程菌成为研究热点。目前，菌种改良的途径可以概括为以下两类：

（1）提高菌种对有机溶剂的耐受性。Tomas 等在 Clostridium acetobutylicum 824 中高表达 groESL 操纵子基因，结果菌种的总溶剂浓度提高了40%；李寅等通过对重要工业微生物溶剂耐受相关的生理功能进行了深入研究，提出通过微生物生理功能工程技术对高有机溶剂耐受性菌种进行筛选的方法。

（2）降低菌种在丁醇发酵过程中的溶剂副产物。Heap 等利用 Lactococcus lactis 的基因 ltrB 中的 Clos Tron Group Ⅱ内含子建立了一种适用于所有梭菌宿主的基因敲除新方法，并在 Clostridium acetobutylicum 中得到了运用。

可见，任何生物转化过程的核心，都是开发适合工业生产需要的超级生物催化体（图6.1）。

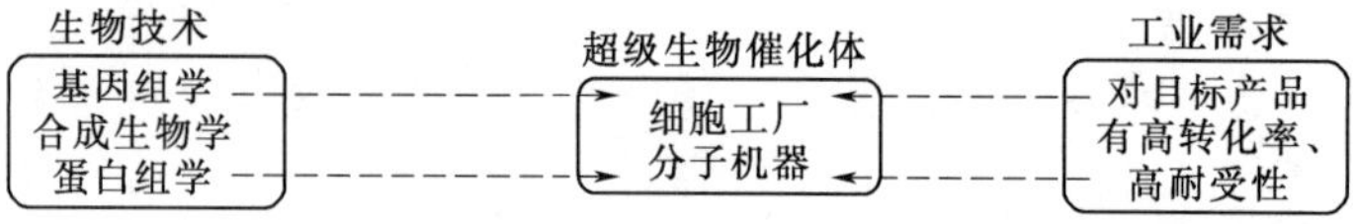

图 6.1　开发超级生物催化体是生物转化的核心

从工艺角度出发，发酵分离耦合技术是降低丁醇等有机溶剂对菌体毒害，提高丁醇得率和产量的有效途径。在运用这项传统的技术工艺中，江南大学课题组首次提出了以生物柴油为萃取溶剂，在实现丁醇有效分离的同时，得到了生物柴油。丁醇混合液体燃料有效提高了单一生物柴油的性能。Qureshi 等采用渗透汽化技术，利用 silicalite - silicone 膜的选择性从发酵液中移除挥发性成分与发酵体系耦合。

目前很多研究正在尝试利用草、稻草、麦秆、玉米秆等木质纤维素类物质的水解液取代谷物、小麦、甘蔗等为原料生产丁醇，这也将大大降低丁醇生产成本，使生物丁醇更具有竞争力。中国科学院青岛生物能源与过程研究所用玉米芯水解液为原料，发现在 Clostridium acetobutylicum 824 无法正常生长代谢的情况下，Clostridium beijerinckiiY3 在发酵 72h 后，丙酮、丁醇和乙醇分别为 6.1g/L，1.1g/L 和 8.8g/L，溶剂产量为 15.6g/L；Qureshi 等以麦秆稀酸水解液为原料，经 Clostridium beijerinckii P260 发酵后，总溶剂浓度为 7.09g/L。北京化工大学用甜高粱茎秆渣乙酸水解液为原料，经 Clostridium acetobutylicum 发酵后，丁醇和乙醇分别为 9.34g/L 和 2.5g/L，溶剂产量为 19.21g/L。

6.1.2.2　热化学转化

1. 生物质气化技术

生物质气化技术是以植物生物质为原料，采用热解法及热化学氧化法在缺氧条件下加热，使其发生复杂的热化学反应的能量转化，变成 CO、CH_4、H_2 等可燃性气体分子。这些气体可以集中用于供气、发电，从而可在某些情况下替代现有的煤电以及天然气。比直接焚烧秸秆对环境造成的污染更小，秸秆利用效率更高。生物质气化及发电技术在发达国家已受到广泛重视，如奥地利、丹麦、芬兰、法国、德国、挪威、瑞典和美国等均已开展了生物质气化发电方面的研究工作，并已经推进到了商业化进程。

生物质气化过程中研究的核心技术与设备是气化炉，目前使用的生物质热解气化技术主要有固定床、移动床、流化床和喷流床四种工艺形式。其中固定床和移动床工艺在气化过程中由于气化剂和固体间受热不均匀导致产生大量的焦油和灰分，容易造成管路堵塞，且后期除焦油、除尘压力大。流化床工艺可以保证充分的混合，气固接触也充分，因而提高了反应速率和转化率，综合经济性好，非常适合于大型的工业供气系统。在利用生物质气化发电方面，美国处于世界领先地位。生物质气化除用于发电之外，还可以用于间接合成制备便于运输和储存的液体燃料，如二甲醚、氨、甲醇等。

2. 生物质热裂解技术

生物质热裂解制备的生物油是另一类生物柴油，该过程指生物质在隔绝氧气或有少量氧气的条件下，采用高加热速率、短产物停留时间及适中的裂解温度，使生物质中的有机高聚物分子迅速断裂为短链分子，最终生成焦炭、生物油和不可凝气体的过程。该工艺简单，装置容易小型化，所得油品基本上不含硫、氮和金属成分，便于运输和存储，是一种绿色燃料。快速热裂解技术是指在较低的温度（450～550℃）、很快的加热速率（1000℃/s）下，反应1～2s的热裂解过程。应用该技术处理生物质原料后，通常可以得到很高的生物油得率（占原料的70%左右）。然而这种油成分复杂，主要含有水、羧酸、碳水化合物和木质素衍生物等成分，因此，必须采用主要包括催化裂化、加氢脱氧、乳化等的升级工艺，较大程度地提高生物油的成分和性能，将来才有可能作为燃料替代碳氢化合物。我国开展快速热解相关研究始于“十五”时期，中国科学院广州能源研究所、中国科学技术大学、东南大学、厦门大学和山东科技大学等高校和科研机构相继开发出具有独立自主知识产权的生物质快速热裂解工艺，逐步走向中试产业化进程，与发达国家的技术差距正逐渐缩小。尽管生物质快速热裂解工艺发展较为迅速，但生物油产品成分复杂，酸性较强、黏度较高、热不稳定性等缺点，极大地限制了生物油的应用范围，因此，相关的催化裂解、催化加氢等生物油精制提质研究工作更加关键。通过ZSM-5型分子筛等作为脱氧催化剂，能够明显降低生物油氧含量，提高多环芳烃含量。使用廉价的碱金属，如CaO、MgO、$ZnCl_2$等作为生物油催化脱氧催化剂，催化效果良好。此外，以生物油的水相制氢，在Pd/C、Rh/C等催化剂条件下，对生物油的油相进行加氢后可制备高品质液体燃料。然而，目前这些生物油精制提质技术，或因催化剂的耐久性不够理想，或因成本较高等因素，尚未实现商业化。进一步开发成本低廉、活性较高、耐久性较好的生物油脱氧催化剂是该领域将来的研究重点。

6.1.2.3 生物质化学催化衍生品

如图6.2所示，生物质经过化学或生物催化转化可以得到一系列含有不同碳原子数的平台分子，进而以这些平台分子为原料可以合成其他高附加值的化学品、燃料及复合材料。

纤维素和半纤维素经过酸催化水解可以分别逐步得到5-羟甲基糠醛（5-Hydroxymethylfurfural）、糠醛（Furfural）、乙酰丙酸/酯（Levulinate acid/Ester）等平台分子，乙酰丙酸进一步加氢可以制备新型生物基平台分子γ-戊内酯（γ-valerolactone）。γ-戊内酯经过一系列增链反应和加氢脱氧反应可以合成C_8～C_{18}的直链或支链液体烃类燃料及聚合材料单体，以及多种高附加值化学产品，如戊酸、1,4-戊二醇、胺类化合物及苯环类芳香化合物等。一方面，半纤维素中的木聚糖经水解和脱水依次可以得到木糖和糠醛，糠醛再经加氢和水解、开环后可得乙酰丙酸。另一方面，纤维素经酸催化水解可得到葡萄糖单元，一般认为葡萄糖在催化剂作用下可进一步异构化为果糖，其在水相中容易发生酸催化脱水并降解制备中间产物5-羟甲基糠醛。厦门大学建立了国内首套生物质糖制备乙酰丙酸/酯及γ-戊内酯100t中试生产线。该工艺涵盖生物质三大组分的分离、水解和产品分离纯化等环节。以上提及的平台分子中，糠醛和糠醇已是市场化非常成功的生物基化学品，并具有成熟的生产工艺及下游应用市场。

生物醇类已在化工行业中广泛应用。中国科学院大连化学物理研究所张涛教授研究组2008年在世界上首次报道了纤维素高选择性催化转化为乙二醇的新反应过程，被认为开辟了纤维素转化制化学品的新途径。大成集团是全球第一家具有商业化规模的植物基丙二醇、乙二醇生产厂。生物醇类属生物、绿色新型产品，既具有石化产品的性能，替代石化产品，又表现出石化产品所不具备的许多优良特性。乙烯工业是衡量一个国家石油化学工

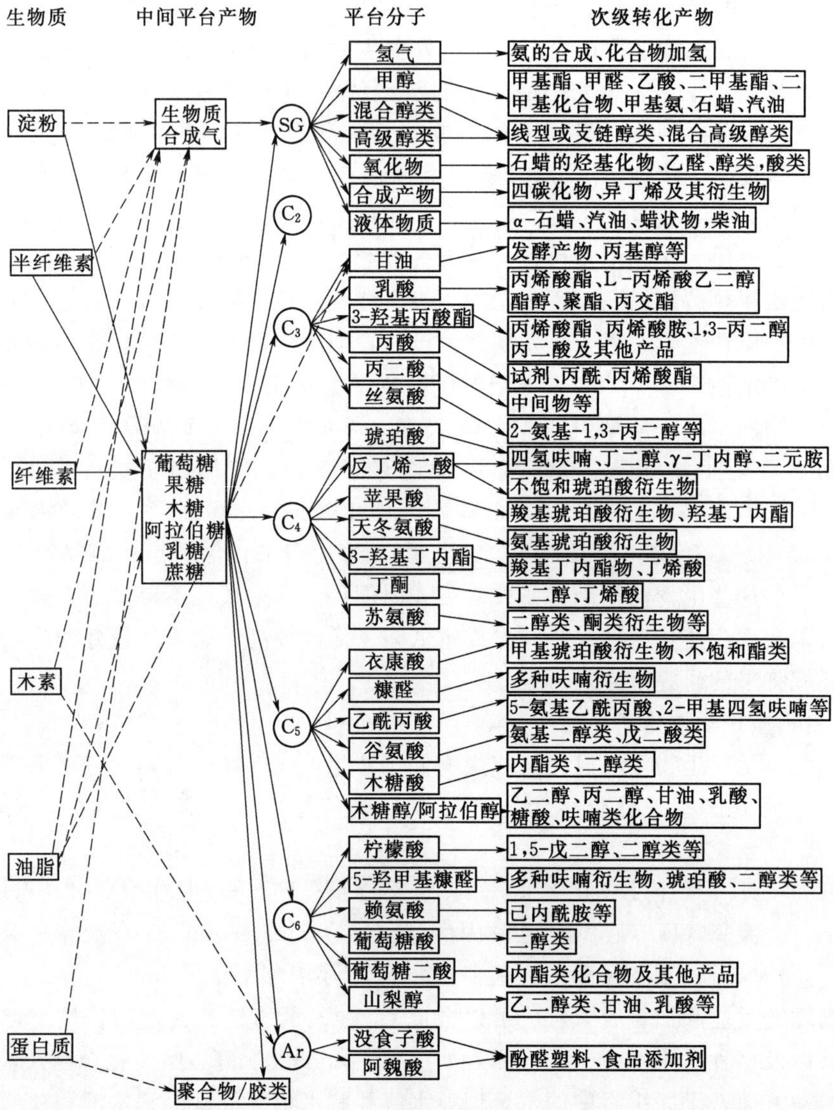

图 6.2　转化各类生物质原料生产平台分子

业发展水平的标志之一。南京工业大学有关团队联合中国石油化工集团公司，将生物质发酵生产乙醇的生物过程与乙醇脱水制乙烯的化工过程有机结合起来生产生物乙烯，是生物炼制技术的一个典范。核心技术主要包括生物乙醇生产技术、乙醇脱水生成乙烯的催化技术以及过程耦合一体化工艺技术。

由美国能源部（DOE）资助与空气产品和化学品公司开发的液相制备甲醇工艺于2010年7月28日转让给生物燃料生产商Woodland生物燃料公司，该公司将采用这一技术以木质碎屑来生产甲醇。由BioMCN公司建设的世界上最大的生物甲醇装置于2010年6月29日正式投产，这套位于荷兰代尔夫宰尔的装置生产生物甲醇能力为2.5亿L/a，原料为来自于动植物脂肪加工而产生的可持续的副产物粗甘油。

6.1.2.4 生物基材料技术

2009 年，全球石油基塑料年产量为 1.65 亿 t。在全球石油资源供给日趋紧张，石油为原料的合成塑料所引发的环保问题日益突出，消费者环保意识不断增强的刺激下，利用生物质资源通过工业生物技术过程生产的生物材料替代三大合成高分子有机碳材料，既显得迫切又具有广阔的市场前景。欧洲生物塑料协会（European Bioplastics）表示，全球生物塑料产量将有巨大的提升空间。

目前，以淀粉基生物降解塑料、聚乳酸（PLA）、聚丁二酸丁二醇酯（PBS）生物降解塑料等降解塑料为主的产品更多地出现在包装、薄膜、购物袋、移动电话和饮料瓶等领域，其中淀粉基树脂和聚乳酸（PLA）约满足 2008 年全球生物降解型塑料需求的 90%。在药物控制释放材料和骨固定材料及人体组织修复材料等方面也将是生物可降解材料未来主要开发的市场。

高密度聚乙烯（HDPE）是一种绿色的聚合物，广泛应用于弹性包装领域的树脂。聚对苯二甲酸丙二醇酯（PTT）是具有良好发展前景的工程塑料，该聚合物纺织的纤维兼有一般聚酯 PET 的耐污性（耐化学品污染）和锦纶的回弹性，此外它还具有易于印刷着色、较好的抗紫外线变色性能、不易起静电、吸水较少等优点。1,3-丙二醇是合成对苯二甲酸丙二醇酯（PTT）的重要原料，它与对苯二甲酸（PTA）反应聚合得到 PTT，将具有极为广阔的市场潜力。

木塑复合材料是指将经过预处理的植物纤维或粉末（如木粉、竹粉、花生壳、秸秆等）以及纤维素燃料乙醇和造纸过程中产生的木质素类作为填料与高分子基体复合而成的一种新型材料。它是当代工业基础材料废物利用的最佳科研成果在工业生产中的应用，有“合成木材”之名，在建筑、交通、轻工等部门具有广阔的应用前景。为了提高木塑复合材料中木材组分与树脂基体的界面结合力，从而提高木塑复合材料的力学性能，科学家们尝试了多种物理化学方法。最新研究成果表明，通过预处理降低木材组分中的半纤维素和木质素含量，可以降低纤维间的黏合力，从而提高纤维在复合材料中的分散性；采用双螺杆挤出和注射模型成形的方法合成木塑聚羟丁戊酸复合材料，微观结果表明纤维在基体中分散均匀；中国林业科学研究院添加生物油（生物质液化产物）等黏合剂可以有效地提高木粉和基体之间的相容性。这些经济有效的处理手段明显提高了木塑复合材料的力学和热学性能。

6.1.2.5 生物质利用平台技术

生物炼制是未来生物产业的核心，生物转化和热化学转化是生物炼制的两个基本平台。基因组学、蛋白组学及合成生物学构成了未来生物转化技术发展的学科基础，生物质气化技术、热裂解技术和化学催化技术是热化学主要技术手段。基于上述讨论的生物质原料，工业生化分离技术是改变原有生物质单纯生产单一产品的生产利用模式，充分利用原料中的每一种组分，将其分别转化为不同的产品，实现原料充分利用、产品价值最大化的真正意义上的生物炼制过程的基础。以微生物细胞或者酶的手段，通过一系列的生物化学途径，高效转化各类生物质原料为燃料、材料或平台化合物等各类化学品是生物炼制过程的核心。分子机器、细胞工厂是实现强化这一过程的技术核心。借助基因组学、系统生物学和合成生物学等学科基础，构建分子机器或者细胞工厂，可以提高自然界中的微生物或酶对生物质资源的利用能力和产物转化效率，从而满足工业生产的需要。生物质热化学技术可将生物质最大限度地作为原料转化为液体燃料、合成气、化学品等，借助催化裂化以及加氢等化学手段，可以将这些产物进一步加工为高品位、高附加值的化工产品和燃料。

生物炼制是利用可再生生物质资源为原料，通过生物转化过程生产化学品、材料、能源的新兴工业模式。它覆盖了包括食品、服装、药品、材料、燃料、纸制品、化工产品等诸多领域，转变了人类依赖石油炼制的生活模式，将为人类社会解决目前面临的资源、能源与环境等诸多重要问题做出巨大的贡献。面对严峻的粮食问题，避免生物炼制工业与人类生活之间的冲突，利用边际土地和废弃资源提供多样化的生物质原料是保证生物炼制长远发展的基础。借鉴石油炼制的概念，深入发展生物转化技术（如合成生物学）和热化学转化技术，开发经济高效的过程集成过程技术，实现多组分综合利用是生物炼制长远发展的关键。

生物炼制的深入发展，将有力地推动国家实现产业结构升级、经济结构战略性调整，有力地巩固了“十二五”节能减排取得的成果，进而促进资源节约型、环境友好型社会的建设，为国家“十三五”规划的顺利实施提供有力的保障。

6.2 生物质制氢

氢能被誉为 21 世纪的绿色能源。H_2 的燃烧只产生水，能够实现真正的“零排放”。相比于目前已知的燃料，氢的单位质量能量含量最高，其热值达到 143MJ/kg，约为汽油的三倍，并且氢的来源广泛。鉴于化石能源的不可再生性及其造成的环境污染问题，特别是石化资源渐趋枯竭，利用可再生能源制氢已成为当务之急和氢能发展的长久之计。目前，“氢经济”已引起世界很多国家的高度重视，并已被纳入发展计划。

常规的制氢方法中，水电解法制氢约占世界产氢量的 4%，其余则采用热裂解法。前者需要消耗大量的电能，后者则需利用大量的天然气、煤和石油等化工燃料，两种方法都存在制取成本高、在生产过程中产生大量污染物等缺点，不能从根本上解决能源和环境污染问题，已不适应社会发展的需求。生物制氢技术是解决上述问题的有效方法。生物制氢是利用某些微生物代谢过程来生产 H_2 的一项生物工程技术，所用原料可以是有机废水、城市垃圾或者生物质，来源丰富，价格低廉。其生产过程清洁、节能，且不消耗矿物资源，正越来越受到人们的关注。

不同于风能、太阳能、水能之处在于生物质制氢技术不仅可以有“生物质产品”的物质性生产，还可以参与资源的节约和循环利用。例如，气化制氢技术可用于城市固体废物的处理；微生物制氢过程能有效处理污水，改造治理环境；微生物发酵过程还能生产副产品，如重要的工业产品辅酶 Q；微生物本身又是营养丰富的单细胞蛋白，可用于饲料添加剂等。

6.2.1 技术概述及研究进展

生物质制氢技术可以分为两类：一类是以生物质为原料利用热物理化学原理和技术制取 H_2，如生物质气化制氢、超临界转化制氢、高温分解制氢等，以及基于生物质的甲烷、甲醇、乙醇转化制氢；另一类是利用生物途径转换制氢，如直接生物光解、间接生物光解、光发酵、光合异养细菌水气转移反应合成 H_2，暗发酵和微生物燃料电池技术。基于生物质发酵产物的甲烷、甲醇、乙醇等简单化合物也可以通过化学重整过程转化为 H_2。目前，生物质制氢的研究主要集中在如何高效而经济地转换和利用生物质。高温裂解和气化制氢适用于含湿量较小的生物质，含湿量高于50%的生物质可以通过细菌的厌氧消化和发酵作用制氢。有些湿度较大的生物质亦可利用超临界水气化制氢。

6.2.1.1 生物质/废物气化制氢

1. 热化学气化制氢

生物质热化学气化制氢是在高温（600～800℃）下对生物质进行加热并部分氧化的热化学过程。伴随水气转换（water-gas-shift）的气化制氢是目前应用最广泛的生物质制氢技术。目前，针对此项技术的研究主要集中于设备的设计与改进、催化剂的选择以及反应参数的确定。Hanaoka 等报道了利用 CaO 作为 CO_2 的吸附剂，采用蒸汽气化技术从木本生物质中制氢的方法，试验表明加入 CaO 时产物中无 CO_2，[Ca]/[C]=2 时产氢量最大，说明 [Ca]/[C] 的这种比例对于产氢量最适宜，木质生物质气化制氢时的气压明显低于煤炭和重油等其他含碳物质制氢的，氢气的产量随反应温度的升高而增加。

2. 直接太阳能气化

直接太阳能气化制氢是指以生物质或固体废物为原料，直接以太阳能为气化时的供热能的制氢技术。Nath 等在其文章中提到 1976 年 Antal 等对太阳能加热气化有机固体废料制氢技术进行了可行性试验，是最早关于此技术的正式报道。Matsunami 等用废旧轮胎和塑料为原料，利用集中太阳能供热气化技术制造合成气（$CO+H_2$）。近年来报道直接太阳能气化制氢技术的研究比较少。

3. 生物质转化成合成气

生物质转化成合成气的技术将生物质通过各种方式转化为污染较小的含氢合成气，从而制取 H_2 或直接用于燃料电池。一种方法是海绵铁/水蒸气反应，先由生物质气化制取燃气，然后使燃气中的 CO 与 Fe_3O_4 反应，将铁还原成纯铁，纯铁再与水蒸气反应，生产 H_2 和 Fe_3O_4。Wang 等报道了基于鼓泡床生物质气化发生器的生物质空气—蒸汽气化技术，该技术以 NiO—MgO 为催化剂，通过沼气和富含氢气的合成气共重整制取生物质合成气。研究发现，与传统的已商业化的基于镍催化剂的气化工艺相比，NiO—MgO 催化剂具有更好的高温（>750℃）催化效果及抗焦炭化能力。此外，近年来其他一些新颖的混合生物质气化制氢技术也时有报道。Asadullah 等报道了以 $Rh/CeO_2/SiO_2$ 作为催化剂的生物质高效低温（823～973K）催化气化技术，此技术要求的温度明显低于常规气化技术且转化效率高。

6.2.1.2 生物质超临界转化制氢

流体的临界点在相图上是气-液共存曲线的终点，在该点气相和液相之间的差别刚好消失，成为均相体系，这是介于气体和液体之间的一种特殊状态。在超临界状态下，通过调整压力、温度来控制反应环境，具有增强反应物和反应产物的溶解度、提高反应转化率、加快反应速率等显著优点。将生物质原料与一定比例的水混和，在超临界或接近超临界的条件下制取 H_2 不同于普通气化技术，反应无固体废物或焦油产生。袁振宏等在其书中提到，Modell 等于 1985 年最早将超临界水气化工艺用于生物质制氢。此后这项技术的研究在各国广泛开展。由于在超临界水气中所需的温度和压力对设备要求比较高，这方面的研究目前还主要停留在小规模的实验研究阶段。Calzavara 等对超临界水气化制氢技术进行了评估，其结果显示此技术作为生物质制氢是适宜的。

6.2.1.3　基于生物油碳水化合物组分重组的生物质高温分解热裂解制氢

生物质热裂解是在高温和无氧条件下生物质发生反应的热化学过程。热裂解包括慢速裂解和快速裂解。生物质快速裂解制取生物油再重整制氢是目前此项技术研究的热点。美国可再生能源实验室（NREL）率先在此方面做了一系列研究，并取得了积极的成果，最近 Czemik 等对生物质快速裂解油的应用做了系统的总结和介绍。热裂解效率和产量的提高依赖于设备和工艺的改进、催化剂的选择及反应参数的优化，这也是研究的重点所在。目前国内外的生物质热裂解反应器主要有机械接触式反应器、间接式反应器和混合式反应器。Demirbas 等利用不同生物质原料研究了高温分解的产氢量与温度的关系，发现两者存在线性关系。随后，他又报道了以 Na_2CO_3 作为催化剂，农作物残余物高温分解制氢技术，发现 Na_2CO_3 以及温度对产氢量的影响因原料的种类及结构的不同而不同。

6.2.1.4　基于生物质的甲烷转化制氢

基于生物质的甲烷转化制氢是指利用废物及生物质为原料厌氧消化制取甲烷，再转化制氢。甲烷制氢是制氢技术中研究最多的技术之一，但目前大部分研究针对天然气的甲烷转化制氢，厌氧消化产生的甲烷与天然气共同重整的研究也有报道。甲烷催化热裂解制氢和甲烷重整制氢是主要的两种方式。近年来，各国研究者进行了大量甲烷制氢的研究，采用各种新技术以提高甲烷的转化率，如利用等离子体提高反应温度、采用新的催化剂、确定最优的反应参数以及改进设备等。已研究了 Ni、Co、Pd、Pt、Rh、Ru、Ir 等多种过渡金属和贵金属负载型催化剂。Oehoa 等通过吸附动力学和反应器模拟发现在甲烷蒸气重整技术中以 Li_2ZrO_3 作为吸附剂能够增加氢气的产量。

6.2.1.5　基于生物质的甲醇转化制氢

基于生物质的甲醇转化制氢是指通过微生物发酵将生物质或废物转化为甲醇，然后通过重整制氢。主要技术有甲醇裂解制氢和甲醇重整制氢。近期的研究主要是改进催化剂的结构以及新型催化剂的选择。Huber 等在 Science 杂志发表了对基于生物质的碳氢化合物催化制氢的研究，发现在产氢效果类似的情况下以雷尼镍和锡（Raney Ni/Sn）这种非稀有金属作为催化剂不仅比铂金更经济，锡还能够降低甲烷生成量，提高氢产量。Mastalir 等报道了以 $Cu/ZrO_2/CeO_2$ 为催化剂的甲醇蒸气重整的动力学研究，发现甲醇转化率最高、CO 释放量最小时的温度是 523～543K，催化剂中 Cu 的量对降低活化温度有重要影响。近年来，还有研究者进行水相中甲醇重整的研究，Boukis 等研究甲醇在超临界水中重整制氢，结果显示主要产物为 H_2 以及少量的 CO_2，在不加催化剂的情况下甲醇的转化率达到 99.9%，并发现是镍合金内壁对反应有影响，事先氧化内壁可以增加反应速率并减少 CO_2 的浓度。

6.2.1.6　基于生物质的乙醇转化制氢

基于生物质的乙醇转化制氢是指通过微生物发酵将生物质或废物转化为乙醇，然后通过重整制氢。乙醇催化重整制氢是目前制氢领域研究较热门的技术之一。将乙醇制成氢气不仅对环保有利，亦可增加对可再生能源的利用，但目前此技术仍处于实验室研发阶段。当前，乙醇催化重整制氢的研究主要集中于催化剂的选择和改进方面。乙醇转化效率和产氢量因不同的催化剂、反应条件以及催化剂的准备方法而有很大差异。目前正在研究的乙醇蒸气重整催化剂很多，其中 Co/ZnO、ZnO、Rh/Al_2O_3、Rh/CeO_2 和 $Ni/La_2O_3-Al_2O_3$ 效果较好，无 CO 副产物。低温高温转移反应结合技术是当前此领域热点研究之一。Ru/ZrO_2、Pt/CeO_2、Cu/CeO_2、Pt/TiO_2、Au/CeO_2 和 Au/Fe_2O_3 催化效果较好，对于商业化应用，Cu/ZnO 适用于低温反应，Fe/Cr_2O_3 主要应用于高温反应。Benito 等提出了 $ICPO_5O_3$ 作为催化剂的基于生物质的乙醇重整制氢机制，催化剂 $ICPO_5O_3$ 催化效果稳定，并提示此催化剂重整产生的气体可能无需净化处理直接用于燃料电池。

6.2.1.7　生物制氢

1. 利用藻类氢化酶直接生物光解

直接生物光解指通过生物途径以水为原料光合产氢，将光能转化为可储存的化学能。这种方法耗能低、生产过程清洁且作为原料的水资源丰富，受到世界各国生物制氢领域研究单位的重视。Wykoff 等研究发现，当培养基中缺少无机硫时，光合作用急剧下降，呼吸作用持续，大约 22h 后 Chlamydomonas reinhardtii 在光照条件下变为具有厌氧性，并开始合成氢气。但是此技术的产业化应用还有许多困难需要克服，产物氧和氢的混合物是易爆气体，具有潜在危险性，而且氢化酶对氧气非常敏感，氢化酶相关的反应更是如此，氧气浓度太高氢化酶将不能正常发挥作用。目前还没有研制出耐氧的藻类氢化酶，Jones 等提出将微藻的氢化酶替换为对氧气耐受性更强的或至少只是可逆性失活的细菌的酶，这也许是可行的措施。

2. 间接生物光解

蓝细菌（蓝绿藻）是一种好氧的光养细菌，能够通过光合作用合成并释放氢气。蓝细菌有多种不同的光合自养微生物，绝大多数蓝细菌含有一个产氢的固氮酶系统，一类是由固氮酶催化放氢；另一类是氢化酶催化放氢。对蓝细菌产氢的研究已有 30 多年的历史，至少已对十几类蓝细菌以及多种条件下进行了研究，结果显示间接生物光解水制氢受多种因素的影响。Schutz 等对几种单细胞和丝状的固氮蓝细菌和非固氮蓝细菌的产氢情况进行了对比分析。研究表明固氮蓝细菌的产氢可能同时与固氮酶和双向氢酶有关，但主要是固氮酶的作用；而非固氮蓝细菌的产氢则只由双向氢酶负责。特别是蓝细菌在光合作用过程中放氢与直接生物光解相似，H_2 与 O_2 的混合物是易爆气体，并且固氮酶遇氧失活，因此在考虑利用蓝细菌产氢时需同时解决除 O_2 问题。未来的工作将集中在筛选具有高固氮酶活性或高产氢活性的野生菌株以及通过基因改造获得高产氢菌株等方面。

3. 光发酵

紫色非硫细菌是一类光合细菌，它能利用有机物好氧生长，在缺氮的条件下能利用光能通过固氮酶催化有机质释放 H_2。在光发酵过程中只产生 H_2 和 CO_2，不释放 O_2。目前有大量针对此类微生物放氢的研究，因为其能够利用废弃有机化合物为基质，转化光能制氢。有研究表明，将光合异氧细菌的细胞固定于固体基质中或基质上的产氢速率高于自由生长时的速率。

4. 光合异养细菌水气转移反应合成氢气

红色无硫细菌科的一些光合异养细菌能在暗环境中生长，以 CO 作为唯一碳源产生

ATP并释放H_2和CO_2。Rubrivivaxgelatinosus CBS是一种紫色非硫细菌，这种细菌通过暗环境下的CO水气转移反应，将气体中100%的CO及H_2O转化为CO_2和H_2，在光环境下，由于CO是其唯一的碳源，还能通过CO_2的固定作用吸收碳。Maness等报道了Rubrivivaxgelatinosus CBS氧化CO制取H_2的研究，发现添加电子转运解耦联剂羰酰氰间氯苯腙（CCCP）组的产氢效率比对照组高40%，而添加ATP合酶抑制剂组产氢受到抑制，暗示跨膜质子梯度驱动的反应产生ATP，但详细机理还未阐明，此发现提示研究者应对光合细菌水气转移反应长时间产氢进行深入的研究。通过进一步的研究，可以利用生物质气化技术将生物质转化为合成气，再利用无硫紫细菌实现热化学与微生物联合制氢。

5. 暗发酵

暗发酵指厌氧细菌在暗环境中利用碳水化合物生产H_2。已知的这类细菌包括大肠杆菌、杆状菌以及梭菌。不同的菌种由于其发酵途径和最终产物的差异产氢量不同。厌氧发酵的产氢量与发酵条件有很大关系，如基质pH值，水力停留时间（HRT）以及气态分压等。与直接和间接生物光分解不同，暗发酵不是产生纯H_2，而是生产一种包含CO_2的混合生物气，有些还会产生CH_4和（或）H_2S。发酵制氢技术领域我国任南琪的研究较具代表性，并完成了项目中试。固定化细胞遭到破坏以及副产物有机酸的积累是导致产氢量下降的主要原因。目前这项技术的挑战之一是如何直接将此混合气体用于燃料电池。Gavala等研究了以橄榄树浆为原料，通过嗜热菌发酵生产H_2和CH_4，研究结果显示每克橄榄树浆H_2的产能达到1.6mmol，甲烷的产能可达19mmol。

6.2.2 技术经济可行性分析及展望

气化制氢是目前比较成熟的制氢技术，适用于集中大规模地制取H_2，但其流程需要耗费化石能源，目前已有利用太阳能等可再生能源供能气化的研究。生物质高温热解制取生物油是制取可再生能源较新的技术之一，此方法不仅可以制取H_2，生物油作为液态的能量存储媒介，不仅易储存、方便运输，还能作为制造化工产品的原料。

在超临界水条件下气化生物质制氢具有高效、无二次污染等优点，是未来生物质热化学技术的重点之一，但是将此技术工业化还需要进行能量的投入产出分析。生物途径制氢是一项非常有前景的制氢途径，目前普遍认为光合生物制氢有很好的发展前景，生物光分解途径不仅可以利用丰富的水资源为原料制氢，作为能量的太阳能亦为洁净的无处不在的能源，据美国太阳能中心估算，如果光能转化率能达到10%，就可以同其他能源竞争。发酵途径在处理废水领域有很大的发展潜力，光合异养细菌水气转移反应制氢有望与生物质气化技术结合。如何解决发酵过程有机酸积累问题，是目前暗发酵技术亟待解决的关键之一。

6.3 微生物燃料电池

随着全球化石油燃料的减少和由此产生的温室效应的加剧，一种清洁高效的能源走进了人们的视野，它便是微生物燃料电池（Microbiological Fuel Cells，MFC）。MFC并非刚刚出现的一项技术，早在1910年，英国植物学家马克·比特首次发现了细菌的培养液能够产生电流，于是，他用铂作电极，将其放进大肠杆菌和普通酵母菌培养液里，成功制造出了世界第一个 MFC。

MFC 是一种新型能源生产及利用技术。MFC 的作用机制是利用微生物氧化还原有机物，将氧化还原反应中产生的电子通过电子链传递到燃料电池的电极上，从而产生电流．是一个将生物化学能转化为电能的过程。能源问题和环境问题是当今社会关注的两大焦点，利用 MFC 可以在处理污染物的同时产生电能。在转化的过程中，MFC 具有能量转化率高、燃料多样化、操作条件温和、安全无污染等优点，该技术受到研究者的广泛关注。

MFC 在实际中的应用多种多样，如工业中降解啤酒废水、甘蔗废水产电，在生活中降解生活污水、垃圾渗滤液产电等。近些年来，随着 MFC 技术的发展，可以利用底栖 MFC 的电化学活性来确定细菌的亲缘关系，用阴极酶催化 MFC 的生物电流来加强染料脱色。用超声处理的 MFC 来改变污泥中有机质的降解特性等 MFC 新技术的不断突破。MFC 技术为中国经济、社会、环境的发展带来巨大的推动力，为资源再生利用和实现可持续发展做出了贡献。

6.3.1 微生物燃料电池简介

1. 工作原理

MFC 是利用微生物作为反应主体，将燃料（有机物质）的化学能直接转化为电能的一种装置。其工作原理与传统的燃料电池存在许多相同之处，以葡萄糖作底物的燃料电池为例，其化学反应式为：

阳极反应

$$C_6H_{12}O_6+6H_2O \xrightarrow{\text{催化剂}} CO_2+24e^-+24H^+$$

阴极反应

$$6O_2+24e^-+24H^+ \xrightarrow{\text{催化剂}} 12H_2O$$

一般而言，MFC 都是在缺氧条件下通过向阳极传递电子氧化电子供体来实现的（图 6.3），电子供体可以是微生物代谢底物，也可以是人工添加的辅助电子传递中间体，这种中间体能够从微生物那里获得电子，然后将获得的电子传递到阳极。有些情况下，微生物本身可以产生可溶性电子传递中间体，或者直接将产生的电子传递到阳极表面，电子通过外电路到达阴极，有机物氧化过程中释放的质子通过质子交换膜到达阴极，而这种交换膜能限制溶氧进入阳极室，最后，电子、质子和氧气在阴极表面结合形成水。

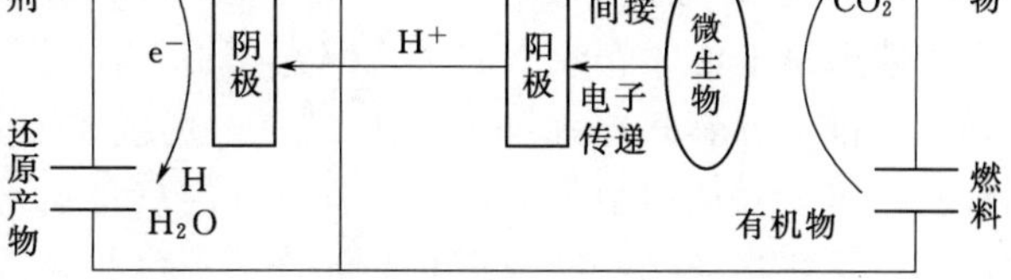

图 6.3 微生物燃料电池结构示意图

2. 分类

按采用催化剂的不同，MFC 可分为传统意义上的微生物燃料电池和酶生物燃料电池。

前者利用微生物整体作为催化剂；后者直接利用酶作催化剂。催化剂的研究过去主要集中于阳极，因阴极反应物和普通燃料电池相同。近年来，为了替代贵金属铂电极，对阴极催化剂的研究也越来越多。MFC 的阳极如图 6.3 所示。底物（燃料）在微生物或酶的催化作用下被氧化，电子经过介体的传递到达电极。

按电子转移方式的不同，MFC 又可分为直接 MFC 和间接 MFC。直接 MFC 是指燃料直接在电极上氧化，电子直接由燃料转移到电极；间接 MFC 的燃料不在电极上氧化，在别处氧化后电子通过某种途径传递到电极上来。还有一种间接 MFC 是利用生物方法制氢用作燃料电池的燃料。

3. 影响 MFC 性能的主要因素

影响 MFC 性能的主要因素有燃料氧化速率、电子由催化剂到电极的传递速率、回路的电阻、质子通过膜传递到阴极的速率以及阴极上的还原速率。由于生物催化的高效性，燃料氧化速率并非整个过程的速率控制步骤。因微生物的细胞膜或酶蛋白质的非活性部分对电子传递造成很大阻力，电子由催化剂到电极的传递速率决定整个过程的快慢。目前提高电子传递速率的方法主要有采用氧化还原分子作介体、通过导电聚合物膜连接酶催化剂与电极等。另外，为了提高质子传递速率和缩小电池体积，无隔膜无介体的生物燃料电池也成了研究热点。

4. 含介体的 MFC 的介体选择

对于含介体的 MFC，介体选择主要考虑以下几方面：①容易与生物催化剂及电极发生可逆的氧化还原反应；②氧化态和还原态都较稳定，不会因长时间氧化还原循环而被分解；③介体的氧化还原电对有较大的负电势，以使电池两极有较大电压；④有适当极性以保证能溶于水且易通过微生物膜或被酶吸附。

6.3.2　微生物燃料电池新进展

MFC 所用微生物有大肠杆菌（Escherchia coli）、普通变型杆菌（Proteus vulgaris）等。由于微生物催化反应较复杂，副产物多且难以控制，MFC 很少用于直接供电，主要用于生物传感器、处理污水或微生物的培养及性能测定等。

6.3.2.1　无介体微生物燃料电池

微生物细胞膜含有类脂或肽聚糖等不导电物质，电子难以穿过，因此 MFC 大多需要介体。Choi 等发现细胞膜上饱和、不饱和脂肪酸的比率与库仑产量成反比，介体对细胞膜的渗透能力是电池库仑效率的决定因素。由于常用介体价格昂贵，无介体生物燃料电池的出现大大推动了燃料电池的商业化进展。腐败希瓦菌（Shewanella putrefaciens）类细菌的细胞外膜上存在细胞色素，它具有良好的氧化还原性能，可在电子传递过程中起到介体的作用，且它本身就是细胞膜的一部分，不存在渗透能力问题，从而可设计出无介体高性能的生物燃料电池。Kim 等研究了野生型腐败希瓦菌 S. putrefacien MR－1、S. putrefacien1 R－1 和变异型腐败希瓦菌 S. putrefacien SR－21 的电化学活性，并分别以这几种细菌为催化剂、乳酸盐为燃料组装燃料电池，发现不用介体，直接加入燃料后，几个电池的电势都有明显提高。

6.3.2.2　高活性微生物的选择

目前 MFC 的库仑产率和电流密度都不高，因此高活性微生物的选择尤其重要。Park

等利用燃料电池来培养并富集具有电化学活性的微生物。他们从电池阳极区中分离出梭状芽孢杆菌 Clostridium EG3，并测定其电化学性能。以其为催化剂，以葡萄糖为燃料的燃料电池电流可达 0.22mA。Pham 等用同样的方法分离并研究菌株亲水性产气单胞菌 A. hydrophila PA3，以其为催化剂，以酵母提取物为燃料的燃料电池电流可达 1.8mA。值得注意的是，以上两个实验用来培养菌株的燃料电池都是以污水为燃料。前者用的是淀粉加工污水，后者用的是含醋酸钠污水，这为 MFC 的应用拓宽了空间。

6.3.3 微生物燃料电池电极材料的研究进展

6.3.3.1 阳极材料

在 MFC 中，影响电子传递速率的因素主要有微生物对底物的氧化、电子从微生物到电极的传递、外电路的负载电阻、向阴极提供质子的过程、氧气的供给和阴极的反应。提高 MFC 的电能输出是目前研究的重点，电极材料的选择对最终产能效率有着决定性的影响。对于阳极，应选择吸附性能好、导电性能好的电极材料。对于阴极，应选择吸氧电位高且易于捕捉质子的电极材料，一般选择有掺杂的阴极材料（如载铂的碳电极）。

从 MFC 的构成来看，阳极作为产电微生物附着的载体，不仅影响产电微生物的附着量，而且影响电子从微生物向阳极的传递，对提高 MFC 产电性能有至关重要的影响。因此，从提高 MFC 的产电能力出发，选择具有潜力的阳极材料开展研究，解析阳极材质和表面特性对微生物产电特性的影响，对提高 MFC 的产电能力具有十分重要的意义。在 MFC 中，高性能的阳极要易于产电微生物附着生长，易于电子从微生物体内向阳极传递，同时要求阳极内部电阻小、导电性强、电势稳定、生物相容性和化学稳定性好。目前有多种材料可以作为阳极，但是各种材料之间的差异，以及各种阳极特性对电池性能的影响并没有得到深入的研究。

1. 碳材料

碳材料如碳纸、碳棒、碳颗粒、碳毡等，被认为是最佳的阳极材料，因为它们是良好的、稳定的微生物接种混合物，电导率高，比表面积大，且廉价易得。Derek R. Lovley 等用石墨毡和石墨泡沫代替石墨棒作为电池的阳极，结果增加了电能输出。用石墨毡做电极产生的电流是用石墨棒做电极产生电流的 3 倍；用石墨泡沫产生电流密度为石墨棒的 2.4 倍。电池输出电流由大到小的顺序是：石墨毡＞碳泡沫材料＞石墨，即输出电流随材料比表面积增大而增大。这说明，增大电极比表面积可以增大吸附在电极表面的细菌密度，从而增大电能输出。增加电极的比表面积大致有两种方法：一是采用比表面积较大的材料或可以任意制造不同孔径的材料，如碳毡、网状玻璃碳纤维等；二是采用堆积的碳颗粒等。

2. 导电聚合物

导电聚合物是一种新型的电极材料，具有重量轻、易加工成各种复杂的形状和尺寸、稳定性好以及电阻率在较大的范围内可以调节等特点，一直以来是研究的热点。Niessent 等采用氟化聚苯胺作为阳极材料，氟化聚苯胺具有很高的化学稳定性，作为一个电极修饰超越常规导电聚合物的性能，改善了铂中毒的问题，提高了阳极的催化活性，所以非常适合应用于生活污水污泥等的处理。而在众多导电聚合物中，聚苯胺因为具有高电导率、掺杂态和掺杂的环境稳定性好、易于合成、单体成本低等优点，成为一种最有可能实际应用的导电聚合物。

3. 导电聚合物/碳纳米管复合材料

碳纳米管可认为是由单层或多层石墨片卷曲而成的无缝纳米管，其两端一般封闭。碳纳米管具有典型的层状中空结构特征，构成碳纳米管的层片之间存在一定的夹角，碳纳米管的管身是准圆管结构，甘六边形碳环微结构单元组成，端帽部分由含五边形的碳环组成的多边形结构称为多边锥形多壁结构。碳纳米管的管径一般在几纳米到几十纳米之间，其长度为几到几十微米，而且碳纳米管的直径和长度随制备方法及实验条件的变化而不同。由于碳纳米管的结构与石墨的片层结构相同，碳纳米管上碳原子的 P 电子形成大范围的离域 r-键，由于共轭效应显著，碳纳米管具有良好的导电性能。碳纳米管由于具有特定的孔隙结构、极高的机械强度和韧性、很大的比表面积、很高的热稳定性和化学惰性、极强的导电性以及独特的一维纳米尺度，使其极具制备电极的吸引力，成为一种十分理想的电极材料，作为燃料电池催化剂的载体有很好的应用前景。

6.3.3.2　阴极材料

阴极性能是影响 MFC 性能的重要因素。阴极室中电极的材料和表面积以及阴极溶液中溶解氧的浓度影响着电能的产出。阴极通常采用石墨、碳布或碳纸为基本材料，但直接使用效果不佳（特别是以氧为电子受体），可通过附着高活性催化剂得到改善。催化剂可降低阴极反应活化电势，从而加快反应速率。

MFC 因其操作简便、清洁高效等特点已受到广泛的关注，近年来对 MFC 电池的研究取得了很大的进展。研究者们发现 MFC 不仅可以进行污水处理，还能产生电能，不仅可作为生物传感器，还有其他应用。但目前设计出的 MFC 的输出功率离实际应用要求还有一定的距离，可以通过筛选高效的产电微生物、优化电极材料，设计出更合理的反应器来提高输出功率。随着研究的不断深入，微生物燃料电池作为一种清洁能源，必然会成为未来能源技术的核心力量。

6.4　绿　色　化　学

绿色化学又称环境无害化学（environmentally benign chemistry）、环境友好化学（environmentally friendly chemistry）、清洁化学（clean chemistry）。绿色化学即是用化学的技术和方法去减少或消灭那些对人类健康、社区安全、生态环境有害的原料、催化剂、溶剂和试剂、产物、副产物等的使用和产生。绿色化学的理想在于不再使用有毒、有害的物质，不再产生废物，不再处理废物。它是一门从源头上阻止污染的化学。它所研究的中心问题是使化学反应及其产物具有以下特点：①采用无毒、无害的原料；②在无毒无害的反应条件（催化剂、溶剂）下进行；③具有原子经济性，即反应具有高选择性，极少副产品，甚至实现零排放；④产品应是环境友好的。此外，它还应满足物美价廉的传统标准。因此，绿色化学可以看做是进入成熟期的更高层次的化学。

6.4.1　绿色化学的重要性

目前人类正面临有史以来最严重的环境危机。由于人口急剧增加，资源消耗日益扩大，人均耕地、淡水和矿产等资源占有量逐渐减少，人口与资源的矛盾越来越尖锐。此外，人类的物质生活随着工业化而不断改善的同时，大量排放的生活污染物和工业污染物让人类的生存环境迅速恶化。最近进行过的一系列检测表明，我国城市儿童中已有一半左右血铅含量超过了国际公认的铅中毒标准。在工业区内的儿童，铅中毒率高达85%（上海和沈阳等城市工业区内的儿童几乎高达100%）。在繁忙的交通要道附近的小学生，平均血铅含量甚至比铅中毒标准高3～9倍。血铅含量增高会导致智能降低和注意力缺失（引起儿童多动症）。以上数据表明：我们的子孙后代已受到智能降低的严重威胁，而关闭造成严重污染的一些工厂，可暂时缓解环境问题，但工人下岗会造成社会不稳定，且国外资本家可能乘机低价倾销，使我国的民族工业面临危机。因此，解决我国环境污染问题的根本出路是依靠科学技术的进步，我们必须找到一条不破坏环境和可持续发展的路。当前全球十大环境问题是：①大气污染；②臭氧层破坏；③全球变暖；④海洋污染；⑤淡水资源紧张和污染；⑥土地退化和沙漠化；⑦森林锐减：⑧生物多样性减少；⑨环境公害；⑩有毒化学品和危险废物。其中，①～⑤、⑧、⑨这七个问题直接与化工产品的化学物质污染有关。另外三个问题也与它们有间接关系。因此，根治环境污染的必由之路是大力发展绿色化学。

迄今为止，化学工业的绝大多数工艺都是20多年前开发的，当时的加工费用主要包括原材料、能耗和劳动力的费用。近年来，由于化学工业向大气、水和土壤等排放了大量有毒、有害的物质，因此加工费用又增加了废物控制、处理和埋放，环保监测、达标，事故责任赔偿等费用。1992年，美国化学工业用于环保的费用为1150亿美元，清理已污染地区花去7000亿美元。1996年美国Dupont公司的化学品销售总额为180亿美元，环保费用为10亿美元。所以，从环保、经济和社会的要求看，化学工业不能再承担使用和产生有毒、有害物质的费用，需要大力研究与开发从源头上减少和消除污染的绿色化学。

1990年，美国颁布了污染防止法案，将污染防止确立为美国的国策。所谓污染防止就是使得废物不再产生，不再有废物处理的问题。绿色化学正是实现污染防止的基础和重要工具。1995年4月，美国副总统Gore宣布了国家环境技术战略，其目标为：至2020年地球日时，将废弃物减少40%～50%，每套装置消耗原材料减少20%～25%。1996年，美国设立了总统绿色化学挑战奖。这些政府行为都极大地促进了绿色化学的蓬勃发展。另外，日本也制定了新阳光计划，在环境技术的研究与开发领域，确定了环境无害制造技术、减少环境污染技术和CO_2固定与利用技术等绿色化学的内容。总之，绿色化学的研究已成为国外企业、政府和学术界的重要研究与开发方向。这对我国既是严峻的挑战，也是难得的发展机遇。

6.4.2 绿色化学的特点及其研究内容

化学可以粗略地看作是研究从一种物质向另一种物质转化的科学。传统的化学虽然可以得到人类需要的新物质，但是在许多场合中却未能有效地利用资源，产生大量排放物造成严重的环境污染。绿色化学是更高层次的化学，它的主要特点是“原子经济性”，即在获取新物质的转化过程中充分利用每个原料原子，实现“零排放”，既可以充分利用资源，又不产生污染。传统化学向绿色化学的转变可以看作是化学从“粗放型”向“集约型”的转变。绿色化学可以变废为宝，可使经济效益大幅度提高，它是环境友好型技术或清洁技术的基础，但它更着重化学的基础研究。绿色化学与环境化学是既相关又有区别，环境化学研究的是对环境影响的化学反应，而绿色化学研究的是与环境友好的化学反应。传统化学也有许多环境友好的化学反应，绿色化学继承了它们；对于传统化学中那些破坏环境的化学反应，绿色化学将寻找新的环境友好的化学反应来代替它们。

目前绿色化学及其带来的产业革命刚刚在全世界兴起，这场革命将持续很久，它对我国这样新兴的发展中国家是一个难得的机遇，下面简单介绍一些目前正在研究的问题。

6.4.2.1　原子经济性

为了节约资源和减少污染，化学合成效率成了绿色化学研究中关注的焦点。合成效率包括两个方面：一是选择性（化学、区域、非对映体和对映体选择性）；二是原子经济性，即原料分子中究竟有百分之几的原子转化成了产物。一个有效的合成反应不但要有高度的选择性，而且必须具备较好的原子经济性，尽可能充分地利用原料分子中的原子。如果参加反应的分子中的原子 100%都转化成了产物，实现“零排放”，则既充分利用资源，又不产生污染，这是理想的绿色化学反应。

在目前的化学工业中，已有不少原子经济性的例子，如氢甲酰化反应、甲醇羰化制醋酸、杜邦公司将丁二烯和 HCN 合成己二腈等，但远非都如此。例如，在 Wittig 反应中，溴化甲基三苯基膦分子中仅有亚甲基利用到产物中，即 357 份质量中只有 14 份质量被利用。从原子经济性角度考虑，是很不经济的。不仅利用率只有 4%，而且还产生了 278 份质量的“废物”——氧化三苯膦。

在许多场合，要用单一反应来实现原子经济性十分困难，甚至不可能。因此可以充分利用相关化学反应的集成，即把一个反映排出的废物作为另一个反应的原料，从而通过“封闭循环”实现零排放。比如，四川联合大学化工系与银山磷肥厂开发了用磷石膏制硫酸铵并联产硫酸钾和氮、磷、钾复合肥的工艺，实现了零排放。

6.4.2.2　环境友好的化学反应

在传统化学反应中常使用有毒有害原料，如氰化氢、丙烯氰、甲醛、环氧乙烷和光气等，它们严重地污染环境，危害人类的健康和安全。绿色化学的任务之一就是用无毒无害的原料代替它们来生产各种化工产品。在这方面已经进行了不少的工作，下面举两个突出的例子。

用 CO_2 代替剧毒的光气作为原料生产有机化工原料，如氨基甲酸酯、异氰酸酯和聚和物等，已取得进展。美国异氰酸酯的产量每年为数百万吨，几乎全部用光气化学技术生产。孟山都（Mansanto）公司已经成功地开发了一种由胺类和 CO_2 直接生产异氰酸酯的新技术。在这一技术中，使用邻磺基甲酸酐作为脱水剂，生产中不使用光气也不生产盐类废料。由环氧化物和 CO_2 生产聚酯酸已由 PAC 聚合物公司工业化。由 CO_2 代替光气生产氨基甲酸酯和取代脲的技术也已开发成功，正待工业化。

草甘膦是一种广泛使用的广谱型化学除草剂，合成它需要亚铵基二乙酸钠（DSIDA）、HN（$CH_2COOH)_2$ 作为中间体。过去国际上普遍采用 Strecker 法生产 DSIDA，它需要使用氨、甲醛，氰化氢和盐酸为原料。首先，氰化氢有剧毒，工人、社区和环境都需要特殊措施加以保护；其次，此法涉及放热反应产生的不稳定的中间体，一旦失控就会出危险；

最后，它还产生大量有毒废物（7t 产品伴随 1t 废物，其中含有氰化物和甲醛），会污染环境。美国 Mansanto 公司经过长期研究，发明了 DSIDA 的绿色合成方法，其中采用氨基醇类化合物在金属催化剂作用下的脱氧反应，既安全可靠，又实现了零排放，还提高了反应总产率，是 DSIDA 的化学合成方法上的一大突破。为此，该公司获首届（1996 年）美国总统绿色化学挑战奖。

另外，科学家们也在研究如何以酶为催化剂，以生物质为原料生产有机化合物。酶反应大都条件温和、设备简单、选择性好、副反映少、产品性质优良，又不形成新的污染，因此，用酶催化是绿色化学在目前研究的一个重点。

6.4.2.3　采用环境转为友好的超临界流体作溶剂

挥发性有机化物（VOC）广泛用作化学合成的溶剂，并在油漆、涂料的喷雾剂和泡沫塑料的发泡中使用，它们是环境的严重污染源。绿色化学研究的一个重点就是用无毒无害的液体代替这些挥发性有机化合物作溶剂。在过去的 20 年中，超临界流体的物理化学已进行过大量的研究，并在诸如临界现象、溶解度和溶剂团簇等问题上取得了重大进展。超临界流体已有几种商业化或接近商业化的应用，如萃取（如用超临界 CO_2 从咖啡中萃取咖啡因）和色谱，高精度的清洗和在超临界水中的废物处理等。目前正在研究把超临界流体溶剂用于化学合成中。

当 CO_2 被压缩成液体，或超过其临界点成为超临界流体时，它具有许多优良性能，可成为一种优秀的绿色化学溶剂。它无毒、不可燃、价廉，而且可以使许多反应的速度加快和（或）选择性增加。例如，美国洛斯·阿拉莫斯国家实验室的科学家已发现，在超临界 CO_2 溶剂中进行的非对称催化反应，特别是加氢及氢转换反应，其选择性都相当于或超过使用常规有机溶剂的场合。此外，在高分子聚合反应、酶转化和均相催化等许多场合中，超临界 CO_2 也都已证明是可以使用的性能超群的溶剂。

四川联合大学皮革系试用超临界二氧化碳作皮革处理，前景令人鼓舞。采用超临界 CO_2 代替有机溶剂作为油漆、涂料的喷雾剂和泡沫塑料的发泡剂也已经取得较大进展，有的已经在工业上应用。如 DOW 公司已成功地开发了采用超临界 CO_2 代替氟氯烃作为苯乙烯泡沫塑料包装材料的发泡剂等。

研究超临界流体溶剂，不仅有可能代替挥发性有机化合物从而消除它们对环境的污染，而且正在发展在成一个化学和物理学、流体力学的交叉学科领域。

6.4.2.4　研制对环境无害的新材料和新燃料

工业的发展为人类提供了许多新材料，它们在不断改善人类物质生活的同时，也产生了大量生活垃圾和工业垃圾，使人类的生存环境迅速恶化。为了既不降低人类的物质生活水平，又不破坏环境，必须研制对环境无害的新材料和新燃料。以塑料为例，据统计，1989 年仅美国公司在包装上使用的塑料就超过 54 亿 kg，打开产品后塑料即被抛弃。这些塑料是破坏环境的一大问题：掩埋它们将使之永久保留在土地中，焚烧它们会放出剧毒。近些年来，西方大国的一些人转移污染，把塑料垃圾输往第三世界国家，我国北京和上海发现并曝光的大量美国塑料垃圾就是一例。我国也大量使用塑料包装，而且在农村还广泛地使用塑料大棚和地膜。这类塑料废物造成的“白色污染”在我国也越来越严重。解决这个问题的根本出路在于研制可以自然分解或“生物降解”的新型塑料。目前，国际上已有一些成功的方法，如光降解塑料和生物降解塑料。前者已有美国杜邦公司生产。我国“八五”科技攻关的一个重大项目就是光生物双降解塑料，目前已取得了一些进展。机动车燃烧汽油和柴油产生的废气（CO、NO_x 等）是大气污染的一大根源。一些国家为了保护环境，对汽油和柴油的质量制定了严格的规格指标。为此，汽油组成将发生深刻的变化，不仅要求限制汽油的蒸气压、苯含量、芳烃和烯烃含量等，还要求在汽油中加入相当数量的含氧化合物，比如甲基叔丁基醚（MTBE）、甲基叔戊基醚（TAME）。这种新配方汽油的质量要求已经推动了生产汽油的有关石油化学化工的发展。此外，美国有公司找到了一种新的化合物作为汽油添加剂，它能使发动机防垢和清污。由于较清洁的燃烧室滞热少，因而温度较低，导致 NO 的产率较少，从而使汽车尾气的 NO_x 排放量下降了 22%。

6.4.3　绿色化学的研究进展

近年来，绿色化学的研究主要是围绕化学反应、原料、催化剂、溶剂和产品的绿色化开展的。

6.4.3.1　开发原子经济反应技术

Trost 在 1991 年首先提出了原子经济性的概念。理想的原子经济反应是原料分子中的原子百分之百地转变成产物，不产生副产物或废物，实现废物的“零排放”。对于大宗基本有机原料的生产来说，选择原子经济反应十分重要。目前，在基本有机原料的生产中，有的已采用原子经济反应，如丙烯氢甲酰化制丁醛、甲醇羰化制醋酸、乙烯或丙烯的聚合、丁二烯和氢氰酸合成己二腈等。另外，有的基本有机原料的生产所采用的反应已由二步反应改成采用一步的原子经济反应，如环氧乙烷的生产，原来是通过氯醇法二步制备的，发现银催化剂后，改为乙烯直接氧化成环氧乙烷的原子经济反应。

近年来，开发新的原子经济反应已成为绿色化学研究的热点之一。EniChem 公司采用钛硅分子筛催化剂，将环己酮、氨、过氧化氢反应，可直接合成环己酮肟，取代由氨氧化制硝酸、硝酸离子在铂、钯贵金属催化剂上用氢还原制备羟胺、羟胺再与环己酮反应合成环己酮肟的复杂技术路线，并已实现工业化。另外，环氧丙烷是生产聚氨酯泡沫塑料的重要原料，传统上主要采用两步反应的氯醇法，不仅使用危险的氯气，而且还产生大量含氯化钙的废水，造成环境污染。国内外均在开发钛硅分子筛上催化氧化丙烯制环氧丙烷的原子经济新方法。此外，针对钛硅分子筛催化反应体系，开发降低钛硅分子筛合成成本的技术，开发与反应匹配的工艺和反应器仍是今后努力的方向。

在已有的原子经济反应如烯烃氢甲酰化反应中，虽然反应已经是理想的，但是原来用的油溶性均相铑络合物催化剂与产品分离比较复杂，或者原来用的钴催化剂运转过程中仍有废催化剂产生，因此对这类原子经济反应的催化剂仍有改进的余地。所以近年来开发水溶性均相络合物催化剂已成为一个重要的研究领域。由于水溶性均相络合物催化剂与油相产品分离比较容易，再加以水为溶剂，避免了使用挥发性有机溶剂，所以开发水溶性均相络合物催化剂已成为国际上的研究热点。除水溶性铑—膦络合物已成功用于丙烯氢甲酰化生产外，近年来水溶性铑—膦、钌—膦、钯—膦络合物在加氢二聚、选择性加氢、C—C 键偶联等方面也已获得重大进展。碳原子为 6 以上烯烃氢甲酰化制备高碳醛、醇的两相催化体系的新技术国外正在积极研究。综上所述，对于已在工业上应用的原子经济反应，也还需要从环境保护和技术经济等方面继续研究，加以改进。

6.4.3.2 提高烃类氧化反应的选择性

烃类选择性氧化在石油化工中占有极其重要的地位。据统计，用催化过程生产的各类有机化学品中，催化选择氧化生产的产品约占25%。烃类选择性氧化为强放热反应，目标产物大多是热力学上不稳定的中间化合物，在反应条件下很容易被进一步深度氧化为CO_2和水，其选择性是各类催化反应中最低的。这不仅造成资源浪费和环境污染，而且给产品的分离和纯化带来很大困难，使投资和生产成本大幅度上升。所以，控制氧化反应深度，提高目标产物的选择性始终是烃类选择氧化研究中最具挑战性的难题。

早在20世纪40年代，Lewis等就提出烃类晶格氧选择氧化的概念，即用可还原的金属氧化物的晶格氧作为烃类氧化的氧化剂，按还原-氧化（Redox）模式，采用循环流化床提升管反应器，在提升管反应器中烃分子与催化剂的晶格氧反应生成氧化产物，失去晶格氧的催化剂被输送到再生器中用空气氧化到初始高价态，然后送入提升管反应器中再进行反应。这样，反应是在没有气相氧分子的条件下进行的，可避免气相和减少表面的深度氧化反应，从而提高反应的选择性，而且因不受爆炸极限的限制可提高原料浓度，使反应产物容易分离回收，是控制氧化深度、节约资源和保护环境的绿色化学工艺。

根据上述还原-氧化模式，国外一家公司已开发成功丁烷晶格氧氧化制顺酐的提升管再生工艺，建成第一套工业装置。氧化反应的选择性大幅度提高，顺酐收率（摩尔百分比）由原有工艺的50%提高到72%，未反应的丁烷可循环利用，被誉为绿色化学反应过程。此外，间二甲苯晶格氧氨氧化制间苯二腈也有一套工业装置。在Mn、Cd、Tl、Pd等变价金属氧化物上，通过甲烷、空气周期性地切换操作，实现了甲烷氧化偶联制乙烯新反应。由于晶格氧氧化具有潜在的优点，近年来已成为选择氧化研究中的前沿。工业上重要的邻二甲苯氧化制苯酐、丙烯和丙烷氧化制丙腈均可进行晶格氧氧化反应的探索。关于晶格氧氧化的研究与开发，一方面，要根据不同的烃类氧化反应，开发选择性好、载氧能力强、耐磨强度好的新催化材料；另一方面，要根据催化剂的反应特点，开发相应的反应器及其工艺。

6.4.3.3 采用无毒无害的原料

为使制得的中间体具有进一步转化所需的官能团和反应性，在现有化工生产中仍使用剧毒的光气和氢氰酸等作为原料。为了人类健康和社区安全，需要用无毒无害的原料代替它们来生产所需的化工产品。

在代替剧毒的光气做原料生产有机化工原料方面，Riley等报道了工业上已开发成功一种由胺类和二氧化碳生产异氰酸酯的新技术。在特殊的反应体系中采用CO直接羰化有机胺生产异氰酸酯的工业化技术也由Manzen开发成功。Tundo报道了用CO_2代替光气生产碳酸二甲酯的新方法。Komiya研究开发了在固态熔融的状态下，采用双酚A和碳酸二甲酯聚合生产聚碳酸酯的新技术，它取代了常规的光气合成路线，并同时实现了两个绿色化学目标：一是不使用有毒有害的原料；二是由于反应在熔融状态下进行，不使用作为溶剂的可疑致癌物——甲基氯化物。

关于代替剧毒氢氰酸原料，Monsanto公司从无毒无害的二乙醇胺原料出发，经过催化脱氢，开发了安全生产氨基二乙酸钠的工艺，改变了过去的以氨、甲醛和氢氰酸为原料的二步合成路线，并因此获得了 1996 年美国总统绿色化学挑战奖中的变更合成路线奖。另外，国外还开发了由异丁烯生产甲基丙烯酸甲酯的新合成路线，取代了以丙酮和氢氰酸为原料的丙酮氰醇法。

6.4.3.4　采用无毒无害的催化剂

目前烃类的烷基化反应一般使用氢氟酸、硫酸、三氯化铝等液体酸催化剂，这些液体催化剂的共同缺点是对设备的腐蚀严重，对人身危害，产生废渣、污染环境。为了保护环境，多年来，国外正从分子筛、杂多酸、超强酸等新催化材料中大力开发固体酸烷基化催化剂。其中，采用新型分子筛催化剂的乙苯液相烃化技术引人注目，这种催化剂选择性很高，乙苯重量收率超过 99.6%，而且催化剂寿命长。另外，国外已开发几种丙烯和苯烃化异丙苯的工艺，采用大孔硅铝磷酸盐沸石、MCM－22 和 MCM－56 新型沸石和 Y 型沸石或用高度脱铝的丝光沸石和 β 沸石催化剂，代替了原用的固体磷酸或三氯化铝催化剂。还有一种生产线性烷基苯的固体酸催化剂替代了氢氟酸催化剂，改善了生产环境，已工业化。在固体酸烷基化的研究中，还应进一步提高催化剂的选择性，以降低产品中的杂质含量；提高催化剂的稳定性，以延长运转周期；降低原料中的苯烯比，以提高经济效益。

异丁烷与丁烯的烷基化是炼油工业中提高辛烷值组分的一项重要工艺，近年新配方汽油的出现，限制汽油中芳烃和烯烃含量更增添了该工艺的重要性，目前这种工艺使用氢氟酸或硫酸为催化剂。近年来，国外一家公司开发了一种负载型磺酸盐/SiO_2 催化剂，另外一家公司宣称开发成功了一种固体酸催化的异丁烷/丁烯烷基化新工艺。

6.4.3.5　采用无毒无害的溶剂

大量的与化学品制造相关的污染问题不仅来源于原料和产品，而且源自在其制造过程中使用的物质。最常见的是在反应介质、分离和配方中所用的溶剂。当前广泛使用的溶剂是挥发性有机化合物，其在使用过程中有的会引起地面臭氧的形成，有的会引起水源污染，因此，需要限制这类溶剂的使用。采用无毒无害的溶剂代替挥发性有机化合物作为溶剂已成为绿色化学的重要研究方向。

在无毒无害的研究中，最活跃的研究项目是开发超临界流体（SCF），特别是超临界 CO_2 作溶剂。超临界 CO_2 是指温度和压力均在其临界（311℃、7477.79kPa）以上的 CO_2 流体。它通常具有液体的密度，因而有常规液态溶剂的溶解度；在相同条件下，它又具有气体的黏度，因而又具有很高的传质速度。而且，由于具有很大的可压缩性，流体的密度、溶剂溶解度和黏度等性能均可由压力和温度的变化来调节。超临界 CO_2 的最大优点是无毒、不可燃、价廉等。

在超临界 CO_2 用于反应溶剂的研究方面，Tanko 提供了经典的自由基反应在这一新的溶剂体系中如何作用的基础和知识。他以烷基芳烃的溴化反应为模型体系，发现在超临界流体中的自由基卤化反应的收率和选择性等同或在某些情况下优于常规体系下的反应。DeSimone 的实验室广泛研究了在超临界流体中的聚合反应，指出采用一些不同的单体能够合成多种聚合物，对于甲基丙烯酸的聚合，超临界流体比常规的有机卤化物溶剂有显著的优越性。与常规溶剂体系相比，上述反应没有经历中间物，尤其在不对称加氢反应上表现出优异的性能。

除采用超临界溶剂外，还有研究水或近临界水作为溶剂以及有机溶剂/水相界面反应。

采用水作为溶剂虽然能避免有机溶剂，但由于其溶解度有限，限制了它的应用，而且还要注意废水是否会造成污染。在有机溶剂/水相界面反应中，一般采用毒性较小的溶剂（甲苯）代替原有毒性较大的溶剂，如二甲基甲酰胺、二甲基亚砜等。采用无溶剂的固相反应也是避免使用挥发性溶剂的一个研究动向，如用微波来促进固、固相有机反应。

6.4.3.6 计算机辅助的绿色化学设计

在设计新的绿色化学反应时，既要考虑产品性能好，又要价格经济，还要产生最少的废物和副产品，而且要求对环境无害，其难度之大可想而知。因此，化学家们在设计绿色化学反应时，要打开思路去考虑。

20 多年前，Corey 和 Bersohn 就开始探索用计算机辅助设计进行有机合成。现在这个领域已经越来越成熟。做法是首先建立一个已知的有机合成反应尽可能全的资料库，然后在确定目标产物后，第一步找出一切可产生目标产物的反应；第二步把这些反应的原料作为中间目标产物找出一切可产生它们的反应，依此类推下去，直到得出一些反应路线，它们正好使用预定的原料。在搜索过程中，计算机按制定的评估方法自动地比较所有可能的反应途径，随时排出适合的产物，以便最终找出价廉、物美、不浪费资源、不污染环境的最佳途径。要得到真正实用的计算机辅助绿色化学设计软件，还需进行大量工作。首先，要把迄今已知的所有化学反应整理输入资料库，工程浩大；其次，要制定正确适用的评估程序也非易事。这个问题已经成为绿色化学的基础课题之一。

6.4.3.7 绿色能源的生物学方法

在设计绿色化学反应时要打开思路，不仅需要上述计算机辅助设计绿色化学反应，还需要充分利用其他学科的成就，例如，未来的能源之一就将依靠生物学的方法。地球上的植物通过光合作用可以捕获到约 1%的太阳辐射能，如果能更有效地利用它们，就可以解决人类的能源需求。目前生物学家们正在用基因工程方法改进植物品种，使它们成为燃烧值更高的燃料。例如，改进油菜的品种，使菜籽含的油有更高的燃烧值，以便将来代替汽油。

6.4.3.8 造纸工业中的生物化学方法

造纸工业是国民经济不可缺少的重要部分。但是，造纸工业是我国环境污染最严重的三大产业之一，每年有毒有害废水的排放量高达 50 亿 t，约占全国废水总量的 1/6，其中制浆黑液和漂白废水的总负荷占 90%以上。

我国制浆造纸工业的原料主要是麦（稻）草，不是国外普遍使用的木材，因此，其污染问题不能通过简单地引进技术与装备来解决，必须发展新的无（少）污染制浆新技术，发展无（少）污染制浆漂白，从根本上消除废液污染源。无（少）污染制浆技术包括机械法制浆技术和生化法制浆技术。生化法制浆得浆率高、能耗低、污染很少，国内外均在加速研究。其主要过程是从众多的微生物中筛选出能高效、专一的分散纤维的菌种，经过各种生物技术处理，使之适应工业化大规模生产的水平。其中有浸渍法制浆和酶法制浆。浸渍法是将细菌直接接种于纤维原料中，细菌在生长繁殖的同时分泌产生大量的酶，在酶的催化作用下使纤维分散。这种方法简单，但需要大型发酵设备。酶法是在一定设备条件下培养某种细菌，使其产生大量的酶，经一定生物技术处理，将酶浓缩后加到纤维原料中，通过酶解作用使纤维分散。这两种制浆方法均有使用。生化法制浆目前离大规模生产还有一定距离，另外，还存在占地面积大的缺点。无污染漂白的技术是用 ClO_2，或不含氯的物质如 O_2、H_2O、O_3 等代替 Cl_2 作为漂白剂对纸浆在中高浓度条件下进行漂白，以代替目前我国造纸厂还在使用的严重污染环境的低浓纸浆氯化漂白和次氯酸盐漂白。

以上仅简单介绍了绿色化学中的一些方面，不难看出，绿色化学的根本目的是从节约资源和防止污染的观点来重新审视和改革传统化学，从而使人们对环境的治理可以从治标（即从末端治理污染）转向治本（即开发清洁工艺技术，减少污染源头，生存环境友好产品）。随着全球性环境污染问题的日益加剧和能源、资源急剧耗竭对可持续发展的威胁以及公众环境意识的提高，一些发达国家和国际组织已经认识到，进一步预防和控制污染的有效途径是加强产品及其生产过程的环境管理。绿色化学是环境管理体系中一个关键的环节和重要组成部分。可以预见，绿色化学的发展将不仅对环境保护产生重大影响，而且将为我国的企业尽快与国际接轨创造条件。化学不实现绿色化，化学工业就不能实现现代化，化工产品就不会有国际市场。

思考题

1. 简述什么是绿色化学及发展绿色化学的重要性。
2. 简述“原子经济性”的概念及绿色化学目前研究哪些问题。
3. 简述绿色化学的研究进展主要集中在哪些方面，绿色能源采用生物学方法的优势。
4. 简述生物炼制的定义及生物炼制的主要研究框架。
5. 简述生物炼制的液体燃料种类及生物质热化学利用的方向。
6. 简述目前生物质热裂解技术存在的主要问题及需要解决的关键技术。
7. 简述生物质制氢的原理及相比于传统制氢方法，生物质制氢的优缺点。
8. 简述生物制氢的种类及光发酵和暗发酵的区别。
9. 简述微生物燃料电池的研究进展及微生物燃料电池未来的研究方向。

参考文献

[1] SCHWARTZ R C, JUO A S R, MCINNES K J. Estimating parameters for a dual - porosity model to describe non - equilibrium, reactive transport in a fine - textured soil [J]. Journal of Hydrology, 2000, 229 (3 - 4): 149 - 167.

[2] DEMIRBAŞ A. Energy balance, energy sources, energy policy, future developments and energy investments in Turkey [J]. Energy Conversion & Management, 2001, 42 (10): 1239 - 1258.

[3] BARATELLI F, GIUDICI M, VASSENA C. Single and dual - domain models to evaluate the effects of preferential flow paths in alluvial sediments [J]. Transport in Porous Media, 2011, 87 (2): 465 - 484.

[4] LEWIS W K, GILLILAND E R, REED W A. Reaction of methane with copper oxide in a fluidized bed [J]. Indengchem, 2002, 41 (6): 1227 - 1237.

[5] ACOSTA J A, JANSEN B, KALBITZ K, et al. Salinity increases mobility of heavy metals in soils [J]. Chemosphere, 2011, 85 (8): 1318 - 1324.

[6] STEPHENS H P. Preprints of papers presented at the 208th ACS National Meeting [M]. Washington D. C: American Chemical Society, 1994.

[7] ZHAO S, FENG C H, WANG D X, et al. Salinity increases the mobility of Cd, Cu, Mn, and Pb in the sediments of Yangtze Estuary: Relative role of sediments'properties and metal speciation [J]. Chemosphere, 2013, 91 (7): 977 - 984.

[8] GUEVARA - RIBA A, SAHUQUILLO A, RUBIO R, et al. Effect of chloride on heavy metal mobility of harbour sediments [J]. Analytical and Bioanalytical Chemistry, 2005, 382 (2): 353 - 359.

[9] ROUT S, RAVI P M, KUMAR A, et al. Study on speciation and salinity - induced mobility of uranium from soil [J]. Environmental Earth Sciences, 2015, 74 (3): 2273 - 2281.

[10] 周光召. 科技进步与学科发展 [M]. 北京：中国科学技术出版社，1998.

[11] HONG L. Synthesis of Fluoropolymers in Supercritical Carbon Dioxide [J]. Science, 1992, 257 (5072): 945 - 947.

[12] HANSON B, HOPMANS J W, SIMUNEK J. Leaching with subsurface drip irrigation under saline, shallow groundwater conditions [J]. Vadose Zone Journal, 2008, 7 (2): 810 - 818.

[13] TOKUDA G, WATANABE H, LO N. Does correlation of cellulase gene expression and cellulolytic activity in the gut of termite suggest synergistic collaboration of cellulases? [J]. Gene, 2007, 401 (1 - 2): 131 - 134.

[14] APPELO C A J, POSTMA D. A consistent model for surface complexation on birnessite (- MnO_2) and its application to a column experiment [J]. Geochimica Et Cosmochimica Acta, 1999, 63 (19 - 20): 3039 - 3048.

[15] HU L, ZHAO G, HAO W, et al. Catalytic conversion of biomass - derived carbohydrates into fuels and chemicals via furanic aldehydes [J]. RSC Advances, 2012, 2 (30): 11184 - 11206.

[16] Werpy T, Petersen G, Aden A, et al. : DTIC Document, 2004.

[17] 彭林才. 生物质直接醇解合成乙酰丙酸酯的过程调控及其机理研究 [D]. 广州：华南理工大学，2012.

[18] HANAOKA T, YOSHIDA T, FUJIMOTO S, et al. Hydrogen production from woody biomass by steam gasification using a CO_2 sorbent [J]. Biomass & Bioenergy, 2005, 28 (04): 63 - 68.

[19] WANG T, CHANG J, LV P. Synthesis Gas Production via Biomass Catalytic Gasification with Addition of Biogas [J]. Energy & Fuels, 2005, 19 (2): 637 - 644.

[20] ASADULLAH M, MIYAZAWA T, ITO S I, et al. Novel biomass gasification method with high efficiency: catalytic gasification at low temperature [J]. Green Chemistry, 2002, 4 (4): 385 - 389.

[21] 袁振宏，吴创之，马隆龙. 生物质能利用原理与技术 [M]. 北京：化学工业出版社，2005.

[22] CALZAVARA Y, JOUSSOT - DUBIEN C, BOISSONNET G, et al. Evaluation of biomass gasification in supercritical water process for hydrogen production [J]. Energy Conversion & Management, 2005, 46 (4): 615 - 631.

[23] HUBER G W, SHABAKER J W, DUMESIC J A. Raney Ni - Sn catalyst for H_2 production from biomass - derived hydrocarbons [J]. Science, 2003, 34 (40): 2075 - 2077.

[24] BENITO M, SANZ J L, ISABEL R, et al. Bio - ethanol steam reforming: Insights on the mechanism for hydrogen production [J]. Journal of Power Sources, 2005, 151 (2): 11 - 17.

[25] WYKOFF D D, DAVIES J P, MELIS A, et al. The regulation of photosynthetic electron transport during nutrient deprivation in Chlamydomonas reinhardtii [J]. Plant Physiology, 1998, 117 (1): 129 - 139.

[26] SCH TZ K, HAPPE T, TROSHINA O, et al. Cyanobacterial H_2 production — a comparative analysis [J]. Planta, 2004, 218 (3): 350 - 359.

[27] MANESS P C, HUANG J, SMOLINSKI S, et al. Energy generation from the CO Oxidation - hydrogen production pathway in rubrivivax gelatinosus [J]. Applied & Environmental Microbiology,

2005, 71 (6): 2870 - 2874.

[28] NASSAR I N, HORTON R. Heat, water, and solute transfer in unsaturated porous media. 1. Theory development and transport coefficient evaluation [J]. Transport in Porous Media, 1997, 27 (1): 17 - 38.

[29] HAMAMOTO S, PERERA M S A, RESURRECCION A, et al. The solute diffusion coefficient in variably compacted, unsaturated volcanic ash soils [J]. Vadose Zone Journal, 2009, 8 (4): 942 - 952.

[30] ANGENENT L T, KARIM K, AL - DAHHAN M H, et al. Production of bioenergy and biochemicals from industrial and agricultural wastewater [J]. Trends in Biotechnology, 2004, 22 (9): 477 - 485.

[31] KATZ E, WILLNER I, KOTLYAR A B. A non - compartmentalized glucose O_2 biofuel cell by bioengineered electrode surfaces [J]. Journal of Electroanalytical Chemistry, 1999, 479 (1): 64 - 68.

[32] CHOI Y, JUNG E, KIM S, et al. Membrane fluidity sensoring microbial fuel cell [J]. Bioelectrochemistry, 2003, 59 (1 - 2): 121 - 127.

[33] PARK H S, KIM B H, KIM H S, et al. A novel electrochemically active and Fe (Ⅲ) - reducing bacterium phylogenetically related to clostridium butyricum isolated from a microbial fuel cell [J]. Anaerobe, 2001, 7 (6): 297 - 306.

[34] SJ. P C J, NT. P, LEE J, et al. A novel electrochemically active and Fe (Ⅲ) - reducing bacterium phylogenetically related to [J]. Anaerobe, 2003, 223 (1): 129 - 134.

[35] CHAUDHURI S K, LOVLEY D R. Electricity generation by direct oxidation of glucose in mediatorless microbial fuel cells [J]. Nature Biotechnology, 2003, 21 (10): 1229 - 1232.

[36] NIESSEN J, SCHR DER U, ROSENBAUM M, et al. Fluorinated polyanilines as superior materials for electrocatalytic anodes in bacterial fuel cells [J]. Electrochemistry Communications, 2004, 6 (6): 571 - 575.